面向全球能源互联的电气工程人才培养改革与实践

张恒旭　赵　罡　王日照　编著

科学出版社
北　京

内 容 简 介

构建全球能源互联网，不仅需要大量传统电气工程专业人才，而且迫切需要具有国际视野、了解地缘政治和国际关系、掌握国际贸易和法律、熟悉能源和环境现状与发展趋势的领军人才。为支撑全球能源互联、以清洁和绿色方式满足全球电力需求，依托全球能源互联网（山东）协同创新中心，山东大学致力于探索高层次电气工程人才培养新模式，提出了“一个中心、两条主线、三个体系、四个抓手”的总体培养思路，全方位进行人才培养体系改革和实践。

本书深入探讨电气工程领域人才培养现状，剖析全球能源互联网构建对高层次电气工程人才需求的特殊性，形成电气工程领域高层次人才培养的全方位改革方案，希望为全球能源互联背景下电气工程人才培养模式开拓思路、提供借鉴。

图书在版编目（CIP）数据

面向全球能源互联的电气工程人才培养改革与实践/张恒旭，赵罡，王日照编著.—北京：科学出版社，2017.6

ISBN 978-7-03-053711-9

Ⅰ.①面…　Ⅱ.①张…②赵…③王…　Ⅲ.①电气工程－人才培养－教育改革－研究－中国　Ⅳ.①TM

中国版本图书馆CIP数据核字（2017）第138035号

责任编辑：范运年／责任校对：桂伟利
责任印制：张　伟／封面设计：铭轩堂

科学出版社 出版
北京东黄城根北街16号
邮政编码：100717
http://www.sciencep.com
北京建宏印刷有限公司 印刷
科学出版社发行　各地新华书店经销
*
2017年6月第　一　版　开本：720 × 1000　1/16
2017年6月第一次印刷　印张：15
字数：301 000

定价：98.00 元

（如有印装质量问题，我社负责调换）

前　言

能源关系国计民生和人类福祉。自工业化以来近300年的现代能源工业发展期间，化石能源大量开发带来的资源紧张、环境污染、气候变化等问题日益突出，严重威胁人类生存和可持续发展。传统的能源发展方式难以为继，清洁能源取代化石能源将是大势所趋。为统筹解决能源和环境问题，推进能源革命，全球能源互联网应运而生。2015年9月26日，习近平主席出席联合国发展峰会，并发表题为《谋共同永续发展做合作共赢伙伴》的重要讲话，倡议探讨构建全球能源互联网，推动以清洁和绿色方式满足全球电力需求。2016年3月30日，联合国副秘书长吴洪波在全球能源互联网大会致辞时表示，构建全球能源互联网，符合全人类的共同利益，联合国将积极组织有关各方，共同推动全球能源互联网创新发展。

全球能源互联网恢弘构想的实现将永久解决人类能源和环境问题，然而其实现也面临多方面挑战，需要多学科、多单位联合攻关，并对人才培养提出了新的需求。构建全球能源互联网，不仅需要大量传统电气工程专业人才，更迫切需要具有国际视野，熟悉国际政治、能源贸易和法律的领军人才。因此，探讨并改革目前我国电气工程人才培养中的不合理因素，制定适应全球能源互联需求的人才培养框架是当务之急。

依托全球能源互联网(山东)协同创新中心，山东大学电气工程学院一直致力于探索电气工程人才培养新模式。本书关于我国电气工程学科现状分析、人才培养新需求和人才培养框架建议，希望能够为适应全球能源互联网战略背景下的人才培养改革提供思路和建议。

全书分为9章。第1章全面回顾电气工程学科人才培养的演变历程，首先对于“人才”的发展及现代化思考进行阐述；其次从理论基础、电机发展和发/输电三方面总结电气工程学科的诞生过程；然后对国内外的电气工程学科设置情况进行回顾；最后介绍人才培养模式的内涵及发展。第2章首先介绍全球能源发展史，总结能源与工业革命和社会发展的密切联系；其次描述当前全球能源现状及构建全球能源互联网大背景下未来全球能源的发展趋势。第3～5章分别从专业设置、培养目标及培养体系三方面分析我国电气工程学科人才培养现状，总结特点、剖析问题，并对专业设置、培养目标和培养体系提出了相应的设计依据。第6章首先分析美国9所著名高校的电气工程专业本科生的培养目标、专业设置及课程体系，并与我国电气工程学科人才培养模式进行对比分析，总结美国电气工程人才培养的有益启示。第 7 章综合全球能源发展和电气工程人才培养现状，探讨全球能源互联大背景下的电气工程人才培养新需求，提出“实现一个总体目标，具备两种全球观，掌握三大知识体系，拥有国际视野”的需求框架。第 8 章综合电气工程人才培养现状和人才培养新需求，提出“一个中心、两条主线、三个体系、四个抓手”电气工程学科人才培养模式的改革思路。第 9 章首先介绍山东大学电气工程及其自动化专业培养方案，然后结合山东大学电气工程学科人才培养模式的实际情况，提出电气工程人才培养探索的具体改革措施。

由于编者的水平有限，以及我国目前处于构建全球能源互联网的初级阶段，对于新型电气工程人才的新需求还有待进一步摸索，本书的结构体系和内容取舍不见得完全合理，同时书中也难免有不妥之处，恳请读者批评指正。

本书受山东省高校教学改革重点项目“面向国际化的卓越电气工程人才培养综合改革”资助，特此感谢！

编　者

2017 年 4 月

目　　录

第 1 章　电气工程学科人才培养演变

1.1　人才定义的发展及人才的内涵

人才的定义一直是从古至今人们思考和探讨的问题，而对人才的内涵和特征的探讨，既是人才培养理论研究的起点，也制约着人才培养、开发、使用、管理等一系列实践活动。改革开放近 40 年来，中国人才培养理论研究取得了丰硕成果，为中国改革开放和现代化建设作出了突出贡献。纵观人才学的发展历史，人才定义是最为根本的问题，它既是人才学理论研究的逻辑起点，也制约着人才培养、开发、使用、管理等一系列实践活动[1]。现就人才概念的历史发展探讨人才的内涵和特征。

1.1.1　人才定义发展回顾

我国古代对“什么是人才”这个问题有过很多说法，但是始终没有上升到理论和学术高度。直到 20 世纪 70 年代初，这个问题在人才学的创立过程中，才被提升到理论研究高度。纵观人才定义的发展，大致分为以下三个阶段。

1) 起始阶段

1979 年 11 月，在中国首届人才学术讨论会上，研究人才学的专家学者对人才的定义提出了许多看法，这一阶段人才定义理论与人才学研究相伴而生，对于人才的定义呈现出百家争鸣的局面，其中形成了两种具有代表性的人才定义。

雷祯孝和蒲克在《立当建立一门“人才学”》一文中指出，人才是指“那些用自己的创造性劳动成果，对认识自然改造自然，对认识社会改造社会，对人类进步作出了某种较大贡献的人”。这个人才定义首次揭示了人才五个方面的重要特征：一是人才的劳动性质为创造性；二是人才劳动价值的超常性；三是以贡献评价人才；四是人才劳动的方向性；五是人才劳动的领域为自然和社会。同期另一个具有代表性的人才定义由人才学重要创始人王通讯提出，他认为“人才就是为社会发展和人类进步进行了创造性劳动，在某一领域、某一行业或某一工作上作出较大贡献的人”。相较于前者，该定义强调了人才劳动创造性的同时并未明确指出是否要有具体的成果，简言之，进行了创造性劳动，但由于各种因素被埋没，也该归为人才的范畴。

这一阶段，国内学术界对人才的定义还没有形成比较一致的观点。

2）发展阶段

20 世纪 90 年代，对人才的定义有了新发展，其中以叶忠海的定义最具代表性。他认为“人才，是指那些在各种社会实践活动中，具有一定的专门知识、较高的技术和能力，能够以自己创造性劳动，对认识、改造自然和社会，对人类进步作出了某种较大贡献的人”。

21 世纪初期，在中共中央人才工作会的积极推动下，“人才是第一资源”的观念深入人心，人才的定义继续深化。这一时期，罗洪铁的人才定义最具代表性。他指出“人才是指那些具有良好的内在素质，能够在一定条件下通过不断地取得创造性劳动成果，对社会的进步和发展产生了较大影响的人”。他的定义中包括四个基本点：一是人才的内在素质要高，但不一定要超常；二是人才的活动必须基于一定的自然和社会条件；三是衡量人才的外在标准为人能通过主观能动性的发挥取得创造性成果；四是人才的贡献要大于常人，将成果转化为推动社会进步的动力。

在这个阶段，研究者对人才概念的研究逐步深化，虽然与起始阶段的主流定义在基本内涵上是一脉相承的，但已经注意到了人才问题的复杂性，对人才的社会性、相对性、进步性等问题作了比较深入的探讨，已经注意到人才的层次问题，人才的门槛开始降低。

3）现代化思考

2003 年至今，科学人才观提出，主流性人才定义内涵得到中央确认。2003 年 12 月 26 日颁布的《中共中央国务院关于进一步加强人才工作的决定》（简称《人才工作决定》）直接汲取了人才学研究的理论成果，形成了科学人才观，对具体的社会主义人才作了阐述：“只要具有一定的知识或技能，能够进行创造性劳动，为推进社会主义物质文明、政治文明、精神文明建设，在建设中国特色社会主义伟大事业中作出积极贡献，都是党和国家需要的人才。”这是对传统人才概念的重大突破，体现了科学的人才观，对人才发展具有重大意义，也为社会各方面所接受。科学人才观认为，人才存在于人民群众之中。同时还强调，“要坚持德才兼备原则，把品德、知识、能力和业绩作为衡量人才的主要标准，不唯学历、不唯职称、不唯资历、不唯身份，不拘一格选人才”。鼓励人人都作贡献，人人都能成才。可见，《人才工作决定》充分认可人才的素质良好性、劳动创造性、贡献的较大性、作用进步性及社会历史性等本质特征。这标志着人才学中具有代表性的人才定义在国家权威文件中得到确认。

从人才概念的发展看，人才定义经历了一个内涵不断丰富、外延不断扩展的过程。在各个不同阶段，从事人才学研究的专家学者对人才概念的界定，使人才概念逐步得到丰富和发展，这些都为科学人才观的提出准备了必要条件。而科学人才观的提出，使人们对人才成长的看法经历了由少数人能够成才到人人通过努力都能成才的革命性变化，对我国处于变革时期的人才工作起到了十分重要的推动作用，同时，也为进一步深化对人才概念的理论探讨奠定了基础。

1.1.2　人才的内涵

通过对人才概念发展的历史回顾，人才的定义虽不相同，但却从不同角度揭示了人才的内涵，归纳起来主要强调以下三方面内容。

1) 强调时代性和社会性

人才是一定社会历史条件下的人才，离开了社会和历史条件，人才无从谈起。受时代和社会条件的限制，人才发挥的作用会受到不同程度的约束，过去的人才和现在的人才的贡献不能相提并论。马克思主义学说指出“人民群众是一个历史的概念。在不同的国家地区和历史时期赋予不同的内涵”。人才作为人民群众的一部分，固然具有这种属性。

2) 关注内在素质

一般来说，人才是在某一或某几方面有特殊优越素质的人。这里的素质区别于狭隘的德智体美劳等范畴，是广义的素质。一个人的内在素质越好，他就越能凭借良好素质从事创造性劳动。这种定义强调人才内在素质的优化，有助于认识人才培养的首要任务，即在环境影响下通过教育和社会实践的锻炼，提高其素质。只有素质提高了，劳动成果的价值才会大，对社会的贡献才能显著。

3) 劳动成果的创造性

创造性也是广义的概念，包括物质和精神层面。人的劳动按其性质可分为模仿性劳动、重复性劳动和创造性劳动。常人的劳动属于前两者，人才则由于具备优越的内在素质，决定了他们能站在前人的肩膀上有所创造。劳动成果的创造性强调人才的劳动不同于一般模仿性和重复性的劳动，人才的劳动成果是创造性的，贡献要远大于常人。

综合学术界对人才定义研究成果精华，本书对人才定义表述为：“人才就是在一定历史条件下的各类社会实践活动中，具有良好素质并能通过自己的主观努力以创造性的劳动，对人类社会发展和进步作出某种较大贡献的人。”这一人才定义包含人才的时代性、才能性、实践性、创造性、贡献性、进步性及广泛性和相对性等基本特征。

1.2　电气工程学科高等教育回顾

1.2.1　现代高校职能与使命

大学的起源可以追溯到古希腊的“学园”，甚至还要早。现代大学起源于欧洲中世纪，最初是一种带有行会性质的教师和学生聚合在一起的专门从事教学的组织。中世纪的大学从某种程度上讲是一个“象牙塔”，不以研究作为组织目标，其主要职能就是培养人才。因此，19 世纪以前的大学也称为教学型大学。19 世纪开始，西方自然科学得到巨大的发展，创新知识成为大学的新职能，大学从普遍学问的传授转移到关注新知识的探索。其标志性事件是 1810 年柏林大学的诞生，它倡导大学教育应当与科学研究相结合，其办学理念彻底改变了中世纪大学的传统办学模式。继柏林大学之后，许多大学陆续将教学与科研相结合，发展科学成为大学的第二职能。后来居上的美国约翰·霍普金斯大学把科学研究的职能推向了极点，被视为现代研究型大学的鼻祖。20 世纪初叶，大学的社会服务意识逐渐凸显出来，大学不再是远离社会生产实际的“象牙塔”，而是从社会的边缘走向社会的中心。美国的高等教育促使近代大学最终迈出“象牙塔”，将培养人才、科学研究和为社会服务三大职能整合为“三位一体”。20 世纪 60 年代，克拉克·克尔提出了“多元化巨型大学”的概念，并把大学比作“一座变化无穷的城市”，从而把大学直接为社会服务的职能发展到了极限。

概言之，培养人才、发展科学和为社会服务构成高校的职能，这三项职能并不是从大学产生之时就同时存在的，而是随着社会进步逐渐发展而来的。培养人才这个职能从近代大学一产生就有，是大学的第一职能；科学研究则成为大学的第二职能；大学的第三职能即为社会服务。虽然大学职能随时代而变化，但现代大学的基本职能依然是培养人才，培养人才作为大学固有使命，始终是大学生存和发展的基础，是区别于其他社会机构的本质特征。“如果把直接的社会服务放在第一位，高等学校就会变成服务社，而若把科研放在第一位，又会使高等学校成为变相的科研机构。”《中华人民共和国高等教育法》也明确指出，我国“高等学校应当以培养人才为中心”。人才培养定位不仅是学校培养定位的逻辑起点，甚至可以说学校培养定位一定程度上就是人才培养目标的定位。可见，人才培养定位是学校定位的核心。因此，高等学校在设置培养定位时，要把人才培养目标作为首要依据，作为思考培养过程中一切问题的起点，高等学校定位的主要依据应当是高等学校人才培养的职能，要依据人才培养目标对高校层次、类型进行合理的划分。

1.2.2 电气工程学科的产生

1）理论基础

自然界中的雷电现象使人类对电有了最早、最朴素的认识，而吸铁石是人类对磁现象的最早观察。2000 多年前，古希腊和中国的古代文献都记载了琥珀摩擦后吸引细微物体的静电吸引现象和天然磁石吸铁的现象。战国时期，出现了用磁石指示方向的仪器——司南，成为中国古代四大发明之一，图 1-1 是后人根据描述复制的司南模型。到了宋代，用磁铁制成的指南针得到了广泛的应用[2]。

图 1-1　司南模型

近代电磁学的研究可以认为开始于英国的吉尔伯特(William Gilbert)，他是“electricity(电)”这一名词的创始人。1600 年，他用拉丁文发表了《论磁石》一书，系统地讨论了地球的磁性，认为地球是一个大磁石，还提出可以用磁倾角判断地球上各处的纬度。

随后，英国人格雷(Stephen Gary)发现了电的导体和绝缘体。法国人杜斐(Charles du Fay)是当时深入探讨静电现象的第一人，他于 1733 年由众多的实验中发现，几乎所有的物质都可以摩擦生电。他更仔细地发现，所产生的电有两种，带同种电荷会互相排斥，带异种电荷互相吸引。

1752 年，美国人富兰克林(Benjamin Franklin)通过著名的风筝实验证明电在自然界中存在，并首次将正、负号用于电学中。随后，英国化学家普利斯特里(Joseph Priestley)发现了电荷间的平方反比律；法国物理学家库仑(Coulomb)找出了在真空中两个点电荷之间的相互作用力与两点电荷所带的电量及它们之间距离的定量关系，这就是静电学中的库仑定律。库仑定律是电学发展史上的第一个定量规律，它使电学的研究从定性进入定量阶段，是电学史上重要的里程碑。

1800 年，意大利物理学家伏特(Alessandro Volta)发明了能够产生稳定电流的伏打电池，从而使化学能可以转化为源源不断输出的电能。这一装置使电不再是微弱的或转瞬即逝的现象，从而让电学迈出了静电学的狭小范围，极大地推动了电学的研究与应用。图 1-2 为伏打电池。

图 1-2　伏打电池

1820 年，丹麦物理学家奥斯特（Hans Christian Oersted）发现载流导线的电流会产生作用力于磁针，使磁针改变方向，首次发现电和磁之间的相互作用。奥斯特对磁效应的解释虽然不完全正确，但这并不影响这一实验的重大意义，它证明了电和磁之间的相互转化，为电磁学的发展打下基础。奥斯特发现电流磁效应的实验引起了法国科学家安培（Andre Marie Ampere）的注意，使他长期信奉库仑关于电、磁没有关系的信条受到极大震憾。两周后，安培提出了磁针转动方向和电流方向的关系及右手定则的报告，后来称为安培定则，安培定则成为电动力学的基础。1827 年，德国科学家欧姆（Georg Simon Ohm）用公式描述了电流、电压、电阻之间的关系，创立了电学最基本的定律——欧姆定律。

1831 年，英国科学家法拉第（Michael Faraday）成功地进行了“电磁感应”实验，并在此基础上创立了电磁感应定律。至此，电与磁之间的统一关系终于被人类所认识，电磁学从此诞生。19 世纪 60 年代，英国物理学家麦克斯韦在前人成就的基础上，建立了统一的经典电磁场理论和光的电磁理论，预言了电磁波的存在。1873 年，麦克斯韦完成了划时代的科学理论著作——《电磁学通论》，这是一部可以同牛顿的《自然哲学的数学原理》相媲美的著作，奠定了广泛应用电磁技术的理论基础。

1881 年，在巴黎博览会上，电气科学家与工程师统一了电学单位，一致同意采用早期为电气科学与工程作出卓越贡献的科学家的姓作为电学单位名称，从而使电气工程成为在全世界范围快速传播的一门新兴学科。

2）电机发展

在生产需要的直接推动下，具有实用价值的发电机和电动机相继问世，在应用中不断得到改进和完善。发电机和电动机的发明是交叉进行的。

1821 年 9 月，法拉第发现通电的导线能绕永久磁铁旋转以及磁体绕载流导体的运动，第一次实现了电磁运动向机械运动的转换，从而建立了电动机的实验室模型，其原理图如图 1-3 所示。1831 年，法拉第发现了电磁感应现象之后不久，他又利用电磁感应发明了世界上第一部感应发电机模型——法拉第盘，如图 1-4 所示。

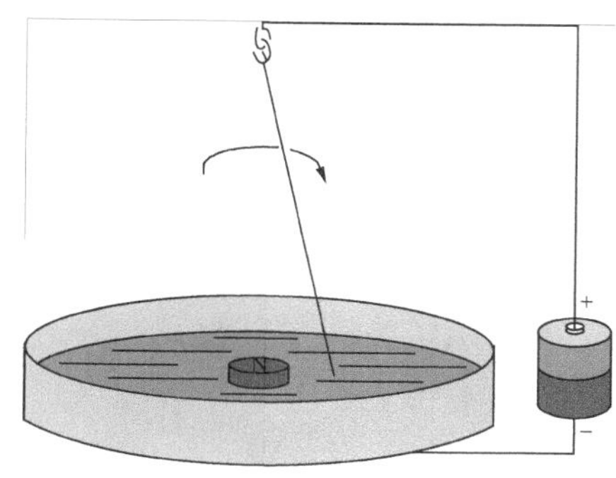

图 1-3　第一台电动机原理图

图 1-4　法拉第盘发电机原理图

初始阶段的发电机是永磁式发电机，即用永久磁铁作为场磁铁。1832 年，法国科学家皮克斯(Hippolyte Pixii)在法拉第的影响下发明了世界上第一台实用的直流发电机模型，如图 1-5 所示。1845 年，英国物理学家惠斯通(Charles Wheatstone)通过外加伏打电池电源给线圈励磁，用电磁铁取代永久磁铁，随后又改进了电枢绕组，从而制成了第一台电磁铁发电机。1866 年，德国科学家西门子(Ernst Werner von Siemens)制成第一台自激式发电机，如图 1-6 所示。西门子发电机的成功标志着制造大容量发电机技术的突破，在电学发展史上具有划时代的意义。

图 1-5　皮克斯发明的直流发电机

图 1-6　西门子发明的自激式发电机

俄国物理学家雅可比(Moritz Hermann von Jacobi)在 1834 年发明的功率为 15

瓦的棒状铁心电动机被公认为世界上第一台实用的电动机，如图 1-7 所示。1885 年，意大利物理学家费拉里斯(Galileo Ferraris)提出了旋转磁场原理，并研制出二相异步电动机。1886 年，特斯拉(Nikola Tesla)也独立地研究出二相异步电动机。1888 年，俄国工程师多利沃·多勃罗沃利斯基(Mikhail Osipovich Dolivo Dobrovoliskii)研制成功第一台实用的三相交流单鼠笼异步电动机。

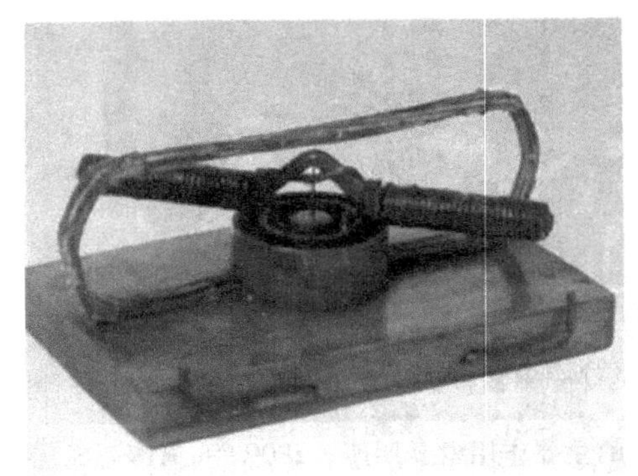

图 1-7　雅可比发明的世界上第一台电动机模型与实用电动机

交流电机的研制和发展，特别是三相交流电机的研制成功为远距离输电创造了条件，同时把电工技术提高到了一个新的阶段。19 世纪后期，在资本主义迅速发展、商品竞争日益加剧的形势下，新技术的采用往往成为维持生计、借以发展和出奇制胜的法宝，此时电动机的使用已经相当普遍。电锯、车床、起重机、压缩机、岩石钻等都已由电动机带动，甚至电磨、家用吸尘器等也都用上了电动机。

3) 发电和输电发展

电机制造技术的进步和电能应用范围的扩展以及工业生产对电能需求的迅速增长，明显促进了发电厂和发电站的建设。1875 年，法国巴黎火车站建立了世界上最早的一座火力发电厂。1882 年，爱迪生电气照明公司在纽约建成了商业化的电厂和直流电力网。1882 年，美国兴建了第一座水力发电站，之后水力发电逐渐发展起来。

最早的发电厂都采用直流发电机。第一条直流输电线路在 1873 年建成，长度仅有 2 千米。世界上第一条远距离直流输电试验线路由法国人建立。1882 年，法国物理学家和电气工程师德普勒(Marcel Deprez)在慕尼黑国际博览会上展出了一条实验高压直流输电线路，把米斯巴赫一台容量为 2.2 千瓦的水轮发电机发出的电能输送到相距 57 千米的慕尼黑，驱动博览会上的一台水泵形成了一个人工喷泉。这一实验成功表现出电力的巨大潜力，证明了远距离输电的可行性。在直流输电的发展过程中，经过技术改进曾一度达到甚为可观的水平。但这种势头很快就遇上技术上的极限，难以取得新的进展。在这种情况下，交流输电显示了优越性，从而促进了交流高压输电方式的发展。

交流输电技术最早获得成功的是俄国的亚布洛契可夫，他在 1876～1878 年成功试验了单相交流输电技术。1880 年前后，英国的费朗蒂改进了交流发电机，并力主采用交流高压输电方式。1882 年，法国的高兰德和英国的吉布斯获得了“照明和动力用电分配办法”的专利，并成功研制了第一台具有实用价值的变压器。可以说，有了变压器就具备了高压交流输电的基本条件。1884 年，英国的埃德瓦德、霍普金斯又发明了具有封闭磁路的变压器。1885 年，威斯汀豪斯对高兰德和吉布斯变压器的结构又进行了改进，使之成为一台具有现代性能的变压器。1891 年，布洛在瑞士制造出高压油浸变压器，后又研制出巨型高压变压器。由于变压器的不断改进，远距离高压交流输电取得了长足的进步。

在采用直流输电还是交流输电的问题上曾产生过一场争论。当时在美国电气界最负盛名的发明家爱迪生和对电气化作出了重要贡献的著名英国物理学家威廉·汤姆森以及罗克斯·克隆普顿等都极力反对采用交流输电，主张发展直流输电方式；而英国的费朗蒂、高登等和美国的威斯汀豪斯、特斯拉等则力主采用交流输电。随着输电技术的发展，交流电很快取代了直流电。这场关于交、直流输电方式的争论也告一段落，最终以交流输电派的取胜而告结束。

电力的应用和输电技术的发展，促使一大批新的工业部门相继产生。首先是与电力生产有关的行业，如电机、变压器、电气仪表等电力设备的制造厂和电力安装、维修与运行等部门；其次是以电作为动力和能源的行业，如照明、电镀、电解、电车、电报等企业和部门，而新的家用电器生产部门也应运而生。这种发展的结果，又反过来促进了发电和输电技术的提高。

1870～1913 年，以电气化为主要特征的第二次工业革命，彻底改变了世界的经济和政治格局。20 世纪初，发电、输电、配电形成了以交流发电机为核心，以汽轮机(涡轮机)、水轮机等为动力，以变压器等组成的输配电系统为动脉的输电网，使电力的生产、应用达到较高的水平，并具有相当大的规模。从此，电力取代了蒸汽，使人类历史迈进了电气化时代。电的应用，很快渗透到人类社会生产、生活的各个领域，它不仅创造了极大的生产力，而且促进了人类文明的巨大进步，并导致了第二次工业革命，使 20 世纪成为“电气化世纪”[3]。

1.2.3 电气工程高等教育的发展历程

电气工程是现代科技领域核心学科之一，传统的电气工程定义为用于创造产生电气与电子系统的有关学科的总和。21 世纪的电气工程概念已经远远超出这一范畴，如今电气工程涵盖了几乎所有与电子、光子有关的电气行为。电气工程的发展程度直接体现了国家的科技进步水平。因此，电气工程的教育和科研在高等教育中始终占据着重要地位。

1) 国外电气工程学科发展

电气工程学科是一门历史悠久的学科。从世界范围来看，早在第二次工业革命时期，英、美、法等许多西方国家就已经开设了这一学科。哥伦比亚大学于 1882 年建立电气工程系。哥伦比亚大学位于纽约市中心，于 1754 年成立，属于美国常春藤八大盟校之一。1883 年康奈尔大学建立电气工程系。康奈尔大学坐落于纽约州伊萨卡市，1865 年由商人埃兹拉·康奈尔和学者安德鲁·迪克森·怀特创建。普林斯顿大学于 1889 年建立电气工程系。1895 年德州大学建立电气工程系，美国德州大学奥斯汀分校成立于 1883 年，是德州大学系统中的主校区，也是德州境内最顶尖的高级学府之一。在各类学术表现及评鉴排名中，该校在全美大学中名列前茅。1902 年麻省理工学院建立电气工程系。该校是培养高级科技人才和管理人才的高等院校，是美国从事科学和技术方面教学与研究的中心之一。随后，欧美大学先后设立了电气工程专业，这门学科的教育逐渐普及。百余年来，其名称虽然没变，但其内涵已随着科技发展发生了巨大变化。国外大学的电气工程系最初都从学习和研究电能的产生、传输及利用开始。后来，电子技术飞速发展，信息工程的重要性不断提升，而电力工程则相对成熟，发展减缓。发达国家大学中的电气工程系的教学科研内容逐渐演变为以电子通信为主，电力的内容则退居次要地位。目前，国外著名大学以电气工程单一学科存在的院系已经很少了，并且其内涵较之国内的电气工程及其自动化专业也有显著差异。

2) 国内电气工程学科发展

电气工程作为我国最早建立的工程学科之一，其高等教育发展历程也有了百余年的历史。1908 年，上海交通大学(当时称南洋公学)设立了电机专科，这是我国大学最早的电机专业。该校电气工程系历史悠久，其源头可追溯到清光绪三十四年，该校电气工程系的发展历史基本体现了我国电气工程教育的发展史。上海交通大学于 1908 年设立电机专科，1912 年按教育部规划，改名为电气机械科；1918 年改专科三年制为四年制；1921 年交通大学北京邮电班调整至沪校，复称电机工程科，分电力工程、有线电信、无线电信三个专业；1924 年有线电信和无线电信两个专业合并为电信专业；1928 年 4 月份按交通部训令改称为电机工程学院；1937 年教育部建制改为电机工程系，隶属工学院；1940 年重庆小龙坎分校招生；1943 年重庆小龙坎总校创设电信研究所，招收大学电信专业毕业生，研读两年后授予硕士学位；1945 年重新回到上海，1951 年交通大学、同济大学、大同大学、震旦大学四校电机系及沪江大学物理系电讯组，交通大学电信科、上海工业专科学校电力科等校电机科系合并组成交通大学电机系，分设电工器材制造、电力工程、电信工程3个系，当年起连续两届本科三年级提前毕业，并加设专修科，学制两年；1954年本科生教育由四年制改为五年制；1957年电工器材制造与电力工程两系分设上海、西安两地，留上海部分与新建的上海船舶学院船舶电气系以及筹建中的南洋工学院电机系合并；1958年上海部分电工器材制造与电力工程两系合并，名称仍沿用电机工程系；1970年电机系连同有关基础及技术基础课教师组成船舶电工(第三)大队，下设3个车间；1972年恢复电机系建制，次年改称电力电机系，招收工农兵大学生，学制三年；1977年恢复高等学校招生统一入学考试，本科学制四年；电机系与自动控制系、计算机系合并，组成电工及计算机科学系，之后电机工程系自主扩充成系，各系再下设专业；其后，电类各系合而为院，电机工程系设电机、电力系统及其自动化、高电压技术及设备3个专业，隶属于电子电工学院；1987年成立电力学院，设4个系和1个电力科学技术研究所，电力学院实行系为实体的体制；1988年电力学院实体化运作；1999年能源工程并入动力学院，电机工程系与电力工程系组成电气工程系，电力学院下设电气工程系和信息与控制工程系；2002年电力学院与电子信息学院合并成为电子信息与电气工程学院，电力学院变成现在的电气工程系。

1912年，同济医工学堂设立电机科，现在发展为同济大学电子与信息工程学院的一个系。同济大学电气工程系由上海交通大学原机车车辆工程系电力机车专业发展而来，长期从事电气工程及其自动化、电力牵引领域的研究，并紧密配合国民经济的发展。1920年，浙江大学(公立工业专门学校)设立电机科。浙江大学是国家教育部直属、学科门类齐全的综合性重点大学。电气工程学院由原浙江大学电机工程系发展而来。该系历史悠久，始建于1920年，是我国创建最早的电机系之一。1923年，东南大学(后改为中央大学)设立电机工程系，现已发展成电气工程学院。从中央大学、南京工学院到今天的东南大学都一直设有电气工程相关学科和专业。1932年，清华大学设置电机系，现为电机工程与应用电子技术系。随着科学技术的发展，该系早已突破了传统的学科范围，在电气工程的基础上，扩展到计算机、电子技术、自动控制、系统工程和信息科学等新科技领域，开拓了许多新的研究方向。1933年，北洋大学(天津大学)设立电机工程系，现已发展成为天津大学电气与自动化工程学院。

1952年，我国在大学中学习苏联经验，进行大规模院系调整，建立了一大批以工科为主的大学，其中大多设立了电机工程系。这些学校数量多，影响也大，在我国高等教育中占据着大半壁江山。这段时期我国在高等院校中进行了大规模的重组和合并，使大学的格局发生了重大的变化，1952年院系调整的影响至今清晰可辨。早在俄国十月革命后，列宁曾有一句名言："共产主义就是苏维埃加电气化。"这句话曾在我国广为流传，直至20世纪五六十年代仍有很大影响。这句话形象地说明了当时电气工程的重要性。

“文化大革命”结束后，高考制度恢复，大部分学校的“电机工程系”改为“电气工程系”。20 世纪 90 年代以后，又陆续改为“电气工程学院”。1998 年，我国高校进行了大规模专业目录调整，将电工类专业和电子与信息类专业合并为“电气信息类”专业，专业数量明显减少，专业口径明显拓宽。表 1-1 是 60 多年来我国大学本科专业目录的调整情况。经过一个多世纪的发展，电气工程专业在我国的高等教育系统中已经形成了一个相对完善的体系。该专业除了为我国培养了大批电气工程师，一批国家领袖人物也出身于该专业。时至今日，我国已有近 300 所大学设置了电气工程专业。我国设置电气工程的大学数量迅速增加，一方面说明我国高等教育发展迅速，对电气工程人才需求旺盛；另一方面说明电气工程专业在我国高等教育中占据着十分重要的地位[4]。

表 1-1　60 多年来我国大学本科专业目录的调整

年份	门数	类数	专业数	备注
1954	—	40	257	我国首次定专业目录
1963	—	—	510	宽窄并存，以宽为主
1980	—	—	1037	“文化大革命”期间十分混乱，越来越多、窄、细，适当进行了整合
1985	—	—	823	
1986	—	—	651	
1993	10	71	504	适当拓宽，去掉重复
1998	11	71	249	新增管理学、工科引导性专业
2012	12	93	506	新增艺术学

1.3　电气工程人才培养模式的内涵及演变历程

1.3.1　人才培养模式的内涵

人才培养模式改革是高等学校教育教学改革中带有全局性、系统性的工作，一直以来都是我国高等教育不同历史时期教学改革工作的重点和关键。在高等教育大众化发展阶段，我国高等学校如何走出人才培养目标同质化、人才培养模式统一化的发展误区，构建适应我国经济社会发展需要以及学校培养实际的人才培养模式，成为高等学校深化教育教学改革的关键问题。

以“人才培养模式”为主题词在百度检索，涉及的结果有 378 万余条；在中国期刊全文数据库检索，学术论文有 4 万多篇(以上两项检索时间均为 2016 年 9 月)，可见其关注度之高。人才培养模式不只是培养理念、专业设置、培养目标、培养体系、培养制度等要素的简单组合，更是一个有机的系统构成，并在人才培养实践中形成的定型化范式。其内涵包括以下五个方面。

1) 培养理念

培养理念是人才培养模式构建的指导思想，是人才培养模式的灵魂，支配着培养目标、培养体系、培养途径与方式以及培养机制等。高等学校要根据经济社会发展对人才培养的现实需要，遵循高等教育发展规律，注重素质教育，树立富有时代特征的人才培养理念。

2) 专业设置

专业设置和专业结构调整是人才培养的基本前提，以专业的方式组织教学是我国高等学校人才培养的重要特征。高等学校要根据区域经济社会发展需求、学校培养目标定位以及学校培养实际合理设置专业，优化专业布局，加强专业内涵建设。

3) 培养目标

人才培养活动源于主体的兴趣和需要，培养目标则为人才培养活动指明了方向。培养目标是人才培养的标准和需求，是人才培养模式构建的核心，对人才培养活动具有调控、规范、导向作用。首先，人才培养目标是教育理念的具体化。虽然教育理念对于人才培养有着重要的作用和意义，但是如果没有人才培养目标对其进行具体化，教育理念只能是空谈。高等学校要根据培养目标定位、社会人才需求、服务面向定位、生源特征及学校培养条件，确立合理的人才培养目标。

4) 培养体系

培养体系是整个人才培养模式的核心内容，课程体系、实践教学内容的改革是人才培养模式改革的主要落脚点，是人才培养模式的具体表现和主体。高等学校要根据人才培养目标，优化课程体系和教学内容，形成符合人才培养的知识、能力、素质结构要求的培养体系。

课程体系不仅包括课程设置、教学内容，而且包括教学方法、手段与组织形式。课程体系的改革是实现培养目标、落实人才培养模式、提高教育质量的因素。高等学校要根据专业的人才培养体系，选择有利于实现培养目标的人才培养途径，包括教学方法、教学手段以及各种具体的教学模式。

5) 培养机制

培养机制是人才培养活动科学有序开展的重要保证。因此，高等学校要围绕人才培养目标和培养体系，完善教学制度，健全教学评价机制，加强教学质量监控，稳步提高人才培养质量。

教育部在《关于深化教学改革，培养适应 21 世纪需要的高质量人才的意见》中，对人才培养模式的构建也提出了基本范畴及构成要素。在培养理念方面，提出要淡化专业意识，拓宽基础，加强素质教育和能力培养。在专业设置方面，提出要按照科学、规范、拓宽的方针做好现有专业目录修订和专业调整工作。高等学校要根据新的专业目录，相应地调整专业设置。在培养目标方面，提出要根据《关于普通高等学校修订本科专业教学计划的原则意见》，从修订教学计划入手，着力于对学生的知识、能力、素质结构进行调整。在培养体系方面，提出要大力减调、合并与职业对口的狭窄专业，扩大专业口径，对一些有一定社会需求的专门人才，可通过在宽口径专业内设置柔性的专业方向或选修课程组进行培养。要拓宽基础，其中既包括自然科学基础，也包括人文社会科学基础；既包括本专业学科基础，也包括相邻专业学科知识；既包括基础理论和基本知识传授，也包括基本能力和基本素质培养。在培养途径方面，提出要加强对学生的素质特别是文化素质的教育，加强对学生能力特别是自学、思维、实践、创新能力的培养，深入研究，积极探索，将素质教育和能力培养贯穿于人才培养的全过程。在培养机制方面，提出要积极为学生提供跨学科选修、双学位、主辅修等多种教育形式，培养大批复合型人才。

当然，将人才培养模式划分出不同的要素是基于讨论和研究的需要，事实上有些人才培养中的要素既可以说是体系，也可以说是途径，还可能涉及制度。例如，课程不仅是人才培养的重要载体，也是教学内容的基本反映，而且体现了教学组织安排等。因此，在后续的讨论中，由于讨论的重点和角度的差异，很多要素将会在不同的场合出现。

1.3.2 人才培养模式的提出与发展

人才培养模式的提出与我国 20 世纪 80 年代开始的高等教育体制改革有着密切关联。一定程度上，人才培养模式的提出是我国高等教育整体改革的产物，不同历史时期的人才培养模式也是我国高等教育改革与发展的重要见证。

20 世纪 50 年代，我国高等教育主要照搬苏联的人才培养模式，十分强调专业教育，专业划分庞大而细致，以适应社会主义经济建设对大量专门人才的需要。应该说，在计划经济体制下，这种人才培养模式确实为社会主义各条战线及时输送了对口人才。

20 世纪 80 年代以来，中共中央先后颁布了关于经济体制改革的若干规定。关于科学技术体制和高等教育体制改革方案的颁布，标志着我国进入了由计划经济向社会主义市场经济的历史过渡。同时，随着现代科学既高度分化又高度综合，社会职业结构不断分化重组以及知识增长速度加快，知识的老化和更新周期进一步缩短，按行业甚至是按岗位、产品设置对口专业的过度专业化的人才培养模式所带来的专业口径过窄、人才适应性差成为高等学校人才培养的主要弊端，要求高等教育人才培养模式变革的呼声开始出现。

1983年，文育林率先在《高等教育研究》第2期发表了题为《改革人才培养模式，按学科设置专业》的文章。该文指出："为了开创高等工程教育的新局面，提高人才培养的质量，首先必须科学地调整现有的专业设置，改革人才培养的模式。"人才培养模式作为一个完整的词组被正式提出，至于人才培养模式的内涵，文章并没有作进一步解释。事实上，在整个20世纪80～90年代初期，关于人才培养模式的讨论中，人们似乎更加强调人才培养模式改革的现实必要性及其具体措施，而不在意人才培养模式内涵的科学界定或者说内涵普遍比较模糊，这大概与高等教育的实践者最先察觉并力主改革狭窄的专业人才培养模式，而不是教育理论研究者从理论上研究人才培养模式这一现实情况有关。

作为一个学术名词，人才培养模式真正进入教育理论研究者的视野，要追溯到20世纪90年代中期。教育学术界能在这一时期关注人才培养模式，与国家全面启动和实施高等教育教学改革密不可分。1994年，原国家教委制定并实施了《高等教育面向21世纪教学内容和课程体系改革计划》，作为我国高等教育的最高管理层首次明确提出了人才培养模式这一术语，并规定未来社会的人才素质和培养模式是《高等教育面向21世纪教学内容和课程体系改革计划》的主要任务之一。在高等教育诸多的改革中，教学改革是核心，而在教学改革中，教学内容和课程体系的改革是重点和难点，也是人才培养模式改革的核心内容。因此，该计划的出台带动了人才培养模式改革的热潮，由此也使得人才培养模式的研究逐渐成为我国教育界所关注的焦点。同年，刘俊明等在《大学教育环境论要》一书中首次对人才培养模式这一概念作出了界定，指出人才培养模式是指在一定的培养条件下，为实现一定的教育目标而选择或者构想的教育、教学样式，认为课程体系是人才培养的核心要素，其他要素则是为了使课程体系正确有效地安排和实施，从而使培养目标得以落到实处。

1996年，第八届全国人民代表大会第四次会议批准的《中华人民共和国国民经济和社会发展"九五"计划和2010年远景目标纲要》指出，高等教育要改革人才培养模式，由应试教育向全面素质教育转变。这样，人才教育模式作为我国教育教学的重要内容首次载入我国国民经济和社会发展纲要，被赋予了至高的教育教学改革地位。

1998年，教育部在《关于深化教学改革，培养适应21世纪需要的高质量人才的意见》中，对人才培养模式的内涵作出正式界定，指出"人才培养模式是学校为学生构建的知识、能力、素质结构以及实现这种结构的方式，它从根本上规定了人才特征并集中体现了教育思想和教育观念"。这是我国高等教育管理权威部门首次对人才培养模式这一概念所下的官方定义，意义重大，影响深远，成为我国高等学校人才培养模式改革的一项重要理论依据。

1999 年，江苏教育出版社出版了南京农业大学的龚怡祖关于人才培养模式的学术专著《论大学人才培养模式》，首次系统论述了人才培养模式的定义、人才培养模式的要素、人才培养模式的变革、人才培养模式的构建和培养方案。作为第一部关于人才培养模式的专著，这一定义也得到了较为广泛的援引[5]。

1.3.3　电气工程专业人才培养模式的演变历程及规律

19 世纪中期，我国刚从国外引入电气工程专业，1908 年我国高等学校最早设立电机专修科，实行的是三年制，1917 年开始改为四年制。直至 1949 年，我国大学各专业的人才培养模式主要以西方为蓝本，注重拓展学生的知识面，培养拥有扎实基础的通才，其中较多地采用了美国的做法，最为著名的是人才培养目标、课程体系、师资队伍和培养途径都参照哈佛大学和耶鲁大学的北洋大学堂。

1949 年后的一段时间，以美国为首的 12 个西方国家成立了北大西洋公约组织，对我国严加经济封锁，我国的高等教育也自然受到了西方国家经济封锁的波及。这一时期，我国大学从专业设置到培养模式，都是向苏联学习其专才教育模式。这一时期高等工程教育的鲜明特点之一是强调大学人才培养教育和计划经济体制的密切结合，大学的工程类专业都是按照行业，甚至是按照产品来设置的，教育重心放在与经济建设相关的专业，专业逐渐细化，二级学科不断增加。就电气工程而言，1952 年设置工业企业电气化专业，1953 年设置电气绝缘与电缆技术专业，电气工程专业也分为电机和电器两个方向。另外，发电厂专业、输配电专业也是在这一时期产生的。1956 年又设置高电压技术专业，而把发电厂和输配电两个专业合并为发电厂电力网及电力系统专业。上述格局一直延续到 1966 年“文化大革命”开始。

就大学的学制而言，由于专业分得很细，专业课程设置也比较多，四年制本科教育的学制就显得难以满足要求。因此从 1954 年入学的新生起，开始改为五年制本科教育，这种五年制的本科教学体系一直延续到“文化大革命”前入学的最后一级，清华大学甚至采用六年本科教育的体制。

就五年制大学本科而言，大体上是大学一、二年级学习基础课程，三年级学习专业基础课程，四年级和五年级上学期学习专业课程，最后一学期进行毕业设计。

从 1966 年开始，我国中断了高考制度，大学也停止了招生。1972 年开始招收工农兵学员，免试推荐入学，大学也改为三年制。这一制度延续到 1976 年，前后共招收了 5 届工农兵大学生，这一批学生中的不少人后来也取得了杰出的成就。但总的来说，这批学生入学后花费了大量时间补基础课，学制太短，对基础课和专业基础课重视不够，强调以产品带教学，因此所学的知识系统性不够，人才培养质量有所降低。

从 1977 年开始，中断长达 11 年之久的高考制度得以恢复，大学本科教育也重新改为四年制，我国高等教育迎来了第二个春天。1977～1998 年的 21 年间，我国的高等教育平稳、快速发展。1999 年后，我国高等教育迎来了高速发展期，每年大学生的招收人数都大幅增加，到 2003 年，大学新生毛入学率已突破 15%，我国大学教育从精英教育跨入大众教育阶段。与此同时，电气工程专业的高等教育也得到了很快的发展。

改革开放后，中国确立社会主义市场经济体制，培养的单一专业人才不能满足社会和经济发展的要求。再加上经济全球化为中国带来的巨大挑战，高校人才培养不得不由专才教育回归至通才教育模式，即复合型人才的培养模式。发展至今，电气工程专业人才培养的学位制度主要有主辅修制、双学位制、第二学士学位制等三种类型[6]。

主辅修制指在校学生在保证修读主修专业的同时，学有余力，自愿申请，再修读本学科或跨学科的另一个专业的主要基础课程和专业主干课程，达到规定学分的基础上，获得另一专业的辅修证书，学制 3～4 年。随着学分制在我国高校的普遍推行，辅修制应运而生，最早由武汉大学于 1983 年率先在国内高校中推行，清华大学从 20 世纪 80 年代末也开始设置相当数量的辅修专业，如计算机、经济、管理、英语等。辅修制度不仅给学生学习第二个专业的机会，也有利于复合型人才的培养。目前，国内不少高校都已开设辅修专业，虽然有国家政策的引导，如教育部修订的自 2005 年 9 月 1 日起施行的《普通高等学校学生管理规定》中“鼓励和引导高校建立并实施学分制、主辅修制、跨校修读制等新的有利于人才成长的管理制度”，开设辅修专业主要还是高校的自主行为，但是主辅修制已成为高校充分利用自身资源满足学生兴趣、培养复合型人才以求适应社会需要的手段之一。

双学位制即双主修教学计划。具体指高校学生在本科学习阶段，学习本专业并取得学士学位的同时，跨学科门类攻读另一专业的学位课程且取得其学士学位，学制 4 年。学分制在全国高校的普遍推行为双学位教育的开展创造了条件。1983 年，武汉大学率先开始了主辅修制与双学位制培养模式的探索。1985 年《中共中央关于教育体制改革的决定》中明确提出，“减少必修课，增加选修课，实行学分制和双学位制”。此后，双学位模式便开始在我国部分重点院校及少数普通院校试行。经过试点高校的探索，20 世纪 90 年代，双学位模式开始在全国高校普遍推行。1998 年颁布的《关于深化教学改革，培养适应 21 世纪需要的高质量人才的意见》中进一步指出，“努力实现人才培养模式的多样化是人才培养模式改革的一个方面”“要积极为学生提供跨学科选修、双学位、主辅修等多种教育形式，培养大批复合型人才”。在深入推进教育体制改革的同时，教育部号召有条件的高校通过校际联合培养、共享优质教学资源，推动区域高校的发展以及培养效益的提高。由此，我国部分高校开始改革双学位制培养模式，建立校际联合培养机制，鼓励在校大学生跨校辅修另一专业或攻读双学位。

第二学士学位制是经过我国教育部批准设立第二学士学位专业的高校，按招生计划，统一考试后录取进校学习的一种培养方式，学制两年，考试合格即可获得第二学士学位。1984 年，我国开始授予第二学士学位，少数高校开始了对第二学士学位教育模式的探索。1987 年，《高等学校培养第二学士学位生的试行办法》颁布，使得培养第二学士学位生的工作开始制度化、规范化，有条件的高校亦陆续开始推行第二学士学位这一培养模式。1998 年，高等教育司依据《普通高等学校本科专业目录新旧专业对照表》，对普通高等学校现设的第二学士学位专业进行了整理。至此，经批准设置第二学士学位的高校达到 81 所。然而，由于教育部对第二学士学位的专业申报、招生规模等审核比较严格，加上主辅修制与双学位制在国内高校的普遍施行，近年来，部分高校减少了第二学士学位专业数量与培养人数，个别大学甚至停止了招收第二学士学位生。

电气工程专业设立近一个世纪以来，特别是近几十年来，人才培养模式的演变规律可以概括为以下两点。

(1) 人才培养模式经历了"博—专—博"的演变过程。20 世纪 50 年代以前，培养模式接近美国的通才教育，要求学生具有扎实的基础和较宽的知识面，而专业课的设置较少。50 年代以后，由于我国实行计划经济，国民经济行业的分工越来越细，电气工程领域专业的设置也越分越细，要求学生学习的专业课程也越来越多。应该说这种培养模式和当时的国民经济发展大体是适应的，也促进了国民经济的发展。近几十年来，人们逐渐意识到，在大学里所学的知识不可能享用一生，大学主要还是打好基础。因此，高等工程教育应更强调基础，强调拓宽专业面。同时，对授课时数也严加限制。在专业设置上，把原电工类中的多个专业合为一个口径较宽的专业，这样原先的专业课大多变为了选修课。与此同时，考虑到电气工程专业的实践性很强，对教学实践环节应该十分重视。教育体制改革的另一个趋势是强调专业间的交叉融合，强调复合型人才的培养。电气工程专业的学生还要学习更多的自动化技术、信息科学、计算机科学乃至人文科学方面的知识。两次人才培养模式的转变可以看出，电气工程作为一门应用型学科，其人才培养模式的改革历程主要以社会需求为导向，即为社会主义发展需要而培养合格的电气工程人才。在构建全球能源互联网的大背景下，新时代的电气工程人才还需具备一定的环境、经济、法律等方面的素养，新一轮的人才培养改革迫在眉睫。

(2) 学制经历了"短—长—短"的演变过程。除去电机工程专业设立之初的 10 年间采用三年制，在本科教育中长时间采用四年制。20 世纪 50 年代后，专业越分越细，专业课越设越多，大学本科也相应地改为五年制，清华大学甚至采取六年制。1977 年后恢复高考制度，考虑和世界接轨等因素，又恢复为四年制。

1.4　本章小结

本章首先剖析了人才概念的发展历史，分三个阶段探讨了不同时期对人才的理解，综合提出了人才的内涵；然后从电磁学理论基础、电机和发/输电理论与技术三方面分析了电气工程学科的发展历程，梳理了国内外电气工程高等教育的发展轨迹，总结了电气工程学科的内涵；最后就人才培养模式的内涵和演变进行了探讨，点明了人才培养模式的重要组成部分，以时间为主线总结了我国电气工程人才培养模式的演变历程，揭示了人才培养模式的演变规律。

参考文献

[1] 张家建. 人才定义理论的历史发展与现代化思考[J]. 人才开发，2008，(2):7-9.

[2] 贾文超. 电气工程导论[M]. 西安：西安电子科技大学出版社，2007.

[3] 邵红，黄镇宇，万玲莉. 应用型人才培养的理论与实践[M]. 武汉：武汉出版社，2012.

[4] 范瑜. 电气工程概论[M]. 北京：高等教育出版社，2006.

[5] 钱国英. 高等教育转型与应用型本科人才培养[M]. 杭州：浙江大学出版社，2007.

[6] 电气工程及其自动化专业教学指导分委会. 电气工程及其自动化专业发展战略研究报告[R]. 郑州：郑州大学出版社，2005.

第 2 章　全球能源发展与全球能源互联网

2.1　人类能源利用简史

纵观人类历史，每一次生产力的提升都伴随着能源应用的革新。人类能源利用历史大致经历了四个里程碑式的发展：钻木取火使人类逐渐步入农业文明，也开启了能源的薪柴时代；18 世纪蒸汽机的发明拉开了工业革命的序幕，煤炭所带来的动力开始广泛应用于大机器生产；19 世纪电力和内燃机的发明带来了第二次工业革命，石油广泛应用到交通、化工等行业，推动了城市化与全球化。如今，人们已置身于信息时代，科技发展日新月异，第三次工业革命呼之欲出，而能源领域的又一场变革吸引了各国的目光，风、光以及核能等新式能源的大规模开采与应用正把人类带入一个全新的能源时代。

从最早的猿人对火的利用，数万年的发展中，人类早已离不开能源。可以说能源是人类生存、生活与发展的基础，每一次能源利用的里程碑式发展，都伴随着人类生存与社会进步的巨大飞跃。能源科学与技术、能源的利用与发展一直是人类社会进步的强力推动器。

2.1.1　薪柴时代

在发明用火之后，人类开始真正意义上的大规模使用资源，像人们耳熟能详的钻木取火便是利用摩擦将机械运动转化为热能，从而使人类能够利用自然中储存的能源。对火的认识和使用，是人类历史上第一个伟大的发现。它为物质发生化学变化创设了重要条件，增长了人类和自然作斗争的威力，也改变了人们的生活习惯和生活方式。可以说火的使用既改造了自然，也改造了人类本身。自然野火到人工取火的发展也使能源的利用更加稳定，并自此开启了薪柴时代的大门。图 2-1 为钻木取火的场景。

人工火的使用促进了人类社会的复杂化，人类社会从最低的生存需求上升至社会需求甚至是科技需求，而要保证火的供应便要保证燃料的供应。在我国古代，燃料丰富多样，除了作为燃料主体的薪柴，也发现了煤炭、石油甚至是天然气的记录文献。

图 2-1　钻木取火

总的来说，在薪柴时代能源主要以转化为热能的形式直接使用，人们利用热能来取暖、做饭、冶炼金属，制造各种金属生产工具、武器以及生活用具。青铜以及铁器的大量使用，促进了冶金、建筑、运输以及工具制造等行业的发展，使手工业从农业、畜牧业中逐渐分离出来。薪柴时代中，人类摆脱了完全依附自然的生存状态，开拓了文明的新局面。人类从仅仅利用自身的能量发展到利用火，利用风力水力，不断提高了适应自然、征服自然的能力，使得社会生产力不断提高。薪柴时代一直持续到 18 世纪第一次工业革命的到来。

2.1.2　煤炭时代

18 世纪，人类发明了蒸汽机，从而引发第一次工业革命，人类社会由此进入工业时代。蒸汽机的发明带动了煤炭的大量使用，从而使传统的能源消费结构发生了翻天覆地的变化。蒸汽机提供了薪柴时代人类无法获得的动力，生产活动由过去的手工业发展至机器作业。

机器作业带来了机遇，同时也为能源的利用提出了新的问题。首先，进入 16 世纪之后，欧洲国家(以英国为首)由于人口大幅增长、工业飞速发展以及国家需要，对钢铁的需求快速增加，而当时炼铁所需的木材供应量也越来越大。一个炼铁厂一年就要消耗 400 英亩(1 英亩=4046.85 平方米)的林地。无止境地砍伐木材让国家森林数量急速下降。18 世纪初，英国森林覆盖率已下降到 5%，木材甚至变成稀有战略物资。第一次工业革命才刚萌芽，就面临严重的能源危机。此时，煤炭作为一种容易开采、燃烧值高的新型燃料闪亮登场。相关研究证明，每 100 万吨煤炭产生的热量相当于600 万亩(1 亩=666.7 平方米)树林里所有木柴燃烧后所得到的热量。更重要的是，英国是煤炭储量最高的国家之一，而且主要产煤区附近都分布着河流或紧靠海边，这种得天独厚的地理条件让英国人能方便地将煤炭送往全国各地。18 世纪中期，英国人对焦炭炼铁实现了多次重大技术突破，从此煤炭开始大规模运用于冶炼行业，并改变了整个英国的能源结构。随着对煤炭需求量的增加，表层煤矿已经无法满足需求，矿井不断向地下延伸。如何高效排除矿井积水则是煤矿开采中的大问题。正是在这种迫切需求下，蒸汽机被发明出来——第一代纽科门蒸汽机 1712 年出现时就是用于矿井抽水。18 世纪 80 年代，瓦特在纽科门蒸汽机基础上改进出的瓦特蒸汽机标志着工业化时代的到来。它改变了工业的生产方式，使人类进入机器时代。以蒸汽机为原理及动力的其他机械广泛使用，煤炭的消耗量也逐渐增加，煤炭在能源消费中的地位日益提高。图 2-2 为煤炭时代的工人。

图 2-2　煤炭时代的工人

2.1.3　油气时代

英国不但开启了煤炭能源时代的大门，同样也在“新能源”——石油的使用中独具慧眼。英国近代海军的奠基人费舍尔勋爵率先认识到石油的重要性，他在 1901 年写道：“石油燃料将使海军战略发生一场根本的革命。它将是一个唤醒英国的事件！”

自从工业革命发生后，煤炭开始广泛使用，并继续保持着人类主要能源的地位。直到 20 世纪，两个事件彻底改变了石油时代的发展。第一件事是亚伯拉罕·皮诺·格斯纳于 1846 年发明了煤油，将煤和石油变成照明燃料。煤油这一发明提高了石油的可用性，并因此增加其需求。第二件事则是埃德温·德雷克于 1859 年发明了用于现代深水油井的钻井技术，促进石油开采业开始蓬勃发展。卡尔·本茨亦于 1885 年设计和制造了世界上第一辆能实际应用的内燃机发动的汽车，致使石油需求大增。20 世纪以后，才真正意义上进入了石油时代。

1914 年，第一次世界大战爆发，军用的坦克、卡车和战舰都以石油为燃料，第一次世界大战显示了石油在国家国防方面的重要性。当今无石油，国防便无从谈起。第一次世界大战期间，军事集团不断更新升级并扩张海军舰队，由此展开了一场激烈的海军军备竞赛。现代战舰从燃煤驱动转换为燃油驱动，战舰的速度和战斗力也得以提升。

1967 年，石油首次超越煤炭成为世界第一大能源。该年，石油在世界一次能源消费中占比 41%，天然气占比 19%，煤炭占比 38%。石油在世界能源中的地位更加举足轻重，一提到能源，想到的第一个词一定是石油。第二次石油危机以后，世界原油生产一直处于稳定发展时期。1985～2015 年，石油产量由 27.94 亿吨增加到 38.97 亿吨，平均年增 3676 万吨。

2.1.4 新能源浪潮

世界正在走向后化石能源时代。后化石能源时代是新能源、可再生能源快速成长和发展时期，也是煤炭、石油替代产品的培育、成长和发育时期。当前化石能源利用面临着三大矛盾：一是人类能源需求总量持续增长与化石能源供应有限和不均衡的矛盾；二是人类对能源需求的永久性与可开采化石能源储量有限性之间的矛盾；三是化石能源的高污染、高排放与人类对美好自然环境期望之间的矛盾。特别是我国，近几年接近 60%原油需要进口，已经给中国经济的可持续发展造成巨大的压力。

在过去的近 400 年中，人类经历了从薪柴到煤炭、再从煤炭到石油的两次能源革命，这两次能源转型都是从低密度能源转向高密度能源。如果按照这个趋势，石油的替代能源应当是更高密度的核能，但是因为各种因素，核能并没有改变石油的主导地位。不仅如此，这次转型的路径恰恰相反，当代大力发展的新兴清洁能源，如 LNG(液化天然气)、风能、太阳能、潮汐能的能量密度远小于石油，甚至带有一定的不连续性，这一趋势恰恰说明了人们对环境问题的严重关注。近年来，新能源的开发、输送和使用领域的新技术，公众对参与能源决策的期望以及环境问题的恶化，已经成为了推动新能源浪潮的一股新力量。图 2-3 为风能与太阳能发电。

图 2-3　风能与太阳能发电

新能源开发浪潮首先表现为世界各国能源消耗的多元化。从长期来看，随着全球环保意识的普遍提高和可再生能源利用技术的进步，太阳能、风能、地热能、海洋能等化石能源的替代能源快速发展，各种节能减碳政策陆续问世，将使得全球石油需求呈现下降趋势。可以预见，在这种多类型能源共同发展的趋势下，未来将不会是能源一极化的时代。

2.2　能源与工业革命

纵观人类能源史可以发现，能源结构的每一次重大改变，都会引发工业领域质的飞跃，甚至引发整个生产方式的重大革命。美国经济学家里夫金认为，工业革命是能源的革命：煤炭—石油—可再生能源—能源互联网，主要体现为生产方式的变革。下面将从能源与三次工业革命的关系上来具体分析。

2.2.1　三次工业革命发展历程

1. 第一次工业革命

近代第一次工业革命发源于 18 世纪中期，由于市场所需的必然性，传统的人力、畜力已经不能适应工业化的到来。因此，在强有力的需求刺激下，蒸汽时代应运而生。蒸汽机提供了大规模利用煤炭产生热能并为机械装置供给动力的手段，它标志着人类开始摆脱对畜力、风力和水力由来已久的依赖，也是人类大规模利用化石能源的开始。工业革命是一般政治革命所不可比拟的巨大变革，其影响涉及人类社会生活的各个方面，使人类社会发生了巨大的变革，对推动人类的现代化进程起到了不可替代的作用，把人类推向了崭新的蒸汽时代。从此，长埋地下的能源宝库煤炭为人类所利用。普遍认为，蒸汽机、煤炭、钢铁是促成工业革命技术加速发展的三项主要因素。而在这三个因素中，起基础性作用的便是煤炭。煤炭的开采和利用促进了蒸汽机的发展与应用，在很大程度上，蒸汽机的发明作为第一次工业革命的核心，反映了能源利用技术的重大飞跃和能源结构的巨大变革。反之，蒸汽机的广泛使用又促进了能源工业的进一步发展，最后导致人类社会由薪柴时代进入蒸汽时代。可以说能源革新和工业革新相辅相成，使人类由农业社会走向工业社会[1]。图 2-4 为瓦特蒸汽机。

图 2-4　瓦特蒸汽机

2. 第二次工业革命

19 世纪下半叶～20 世纪初，人类开始进入电气时代，并出现了两个重要的发展——科学开始显著地影响工业，大规模生产技术得到了改善和应用。与第一次工业革命相同，第二次工业革命的核心技术仍然表现在动力源方面，电气化是第二次工业革命的主要标志之一。电力从它开始踏上近代技术舞台的时候起，就同时显示了它为社会充当动脉和神经的双重职能。有线电报、电话、无线电报等接踵出现的电讯技术，使人类跨进了新的通信时代，直接促进了经济繁荣和社会发展。除此之外，电力不仅是工业的基本动力，而且逐渐成为生产生活的主要动力来源。由于技术条件限制，此时火力发电为电力主要的生产方式[2]。

19 世纪的另一项重大发明是实用化内燃机的出现和应用，它促使汽车、飞机、轮船、石油等工业的兴起和发展。世界上内燃机的保有量在动力机械中居首位，它在人类活动中占有非常重要的地位。内燃机的普遍使用为石油的推广打开市场，美国石油工业的发展为内燃机制造的兴起提供了充足的动力，内燃机的普及又为石油工业从灯油市场转向汽油市场提供了坚实的保证。石油首先规模化应用于汽车，其后又成为动力机车、飞机、坦克、军舰的重要燃料，石油进入了动力时代。

第二次工业革命所引起的巨大社会变革为人类初次带来了现代社会的曙光，而电力的应用与内燃机的发明等能源技术的革新再次成为这种社会变革的主导革命力量。

3. 第三次工业革命

与前两次工业革命不同的是，这次工业革命并未局限于一两项核心技术，而是突破了前两次工业革命单项突进、以点带面的扩展方式，在自然科学的六大领域全面展开：数学领域的计算机技术、物理学领域的原子能技术、化学领域的材料技术、生物学领域的基因工程技术、天文学领域的航空航天技术，以及地学领域的海洋技术和地热开发技术等。社会产业结构的形成与经济的增长又发展到了一个新的历史时期[3]。

第三次工业革命涵盖了自然科学的各大领域，形成了各种高新技术同时发展应用的局面。同样地，能源的发展也不再局限于某一两种主导性能源。第三次工业革命中，能源虽然没能成为推动工业发展的最主要力量，但是其对于社会经济以及科技发展仍具有不可忽视的作用。可以说，能源结构以及能源形式的革新仍然是第三次工业革命的重要组成部分。

2.2.2　能源与工业革命的关系

第一次工业革命开始于纺纱与织布的工业规模化和蒸汽机的广泛应用，以内燃机发明、汽车工业的起点为结束；第二次工业革命开启了电气化和电话、电子通信产业的发展，而在计算机互联网技术发展时达到了顶峰(即信息革命、资讯革命)；第三次工业革命应该以有机化工的末尾、基因工程的开始、系统生物学与合成生物学的迅速发展为起点。三次工业革命中，能源上的技术革新都有着举足轻重的作用，甚至决定了前两次工业革命的走向[4]。能源技术革新与工业革命的发展路线图如图 2-5 所示。

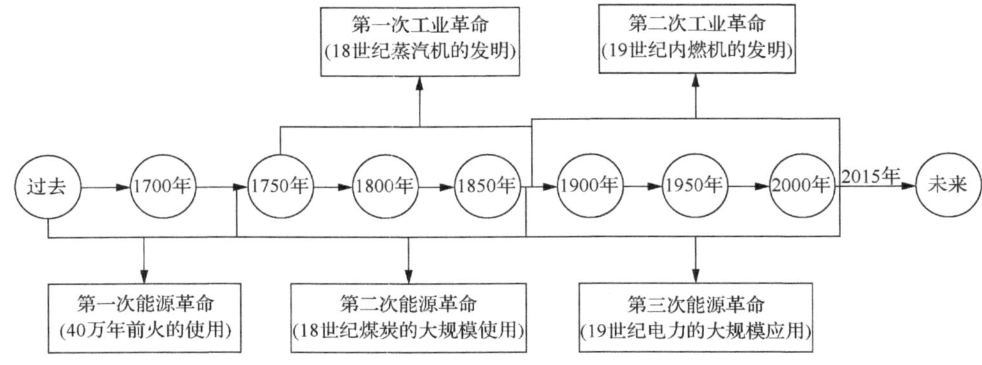

图 2-5　能源技术革新与工业革命的发展路线图

有关能源的技术往往都在工业科技中起到了核心作用，能源技术对于工业革命的作用主要体现于以下两方面。

能源技术创新可以引导工业革命的走向。作为第一次工业革命中的标志性发明——蒸汽机的出现直接解决了以往工业发展动力供给不足的现状，从而促进了纺织业的大力发展，继而推广到冶金制造业和运输业。在第二次工业革命中，电力成为了工业和人们日常生活的新动力来源。作为第二次工业革命先导的近代第二次技术革命表现为从材料、能源、信息到运输通信技术的全面变革，当电气技术兴起后，所有这些新技术都转移到了利用电能的基础上来，形成一个以电气技术为核心的技术体系。在第三次工业革命中，原子能技术的研发加深了人们对物质的了解，促进了基础物理学科的发展，从而带动了与基础物理相关的一系列学科的进步和发展。

能源技术创新是工业创新的重要组成部分，这一点在三次工业革命中得到了充分的体现。在第一次工业革命中，蒸汽机使人们把热能转化为机械能，是人类在发明用火之后利用能源的一次重大突破，成为第一次工业革命的主要标志。第二次工业革命的核心技术体现在电力技术的革新和内燃机的发明，电力技术的革新使人们得到了方便、清洁、高效的二次能源，内燃机则在蒸汽机的基础上向前迈进了一大步。在第三次工业革命中，原子能技术仍然成为第三次工业革命早期的主要标志之一，以核能技术和太阳能技术为代表的新能源技术也成为第三次工业革命向纵深发展的六大高新技术领域之一。

三次工业革命的历史表明，工业技术与能源的结合一方面导致能源系统的革命性变化，另一方面会为工业技术的全面发展开辟道路。在能源开发的新浪潮中，科学技术与能源的互动，还将创造出新的奇迹。在 21 世纪的世界能源经济中，应当更多地关注工业技术与能源的互动作用。当前大力构建的全球能源互联网会加快新能源革命进程，同前两次能源革命一样，新能源革命将对人们的生产、生活方式以及人们所依赖的全球环境产生深远的影响[5]。

2.3　全球能源发展现状及趋势

从远古时代人类学会钻木取火开始，世界能源发展依次经历了薪柴时代、煤炭时代、油气时代，目前正在朝着以新能源驱动的电气时代演变。从能源消费结构来看，全球能源消费仍旧以化石能源为主，其中又以石油消费占比最大。同时，能源消费结构还受到资源禀赋和能源生产结构的影响。2015 年，在全球一次能源消费中，石油占比 37.1%，天然气占比 26.9%，煤炭占比 32.9%，其他占比 3.1%，如图 2-6 所示。从地区来看，中东石油和天然气消费占比较高，在该地区能源消费中分别占比 48.5%、50.3%；亚太地区煤炭消费占绝对优势，占比 55.5%。中东地区油气资源最为丰富，开采成本极低，其能源消费也相应几乎全部为石油和天然气，比例明显高于世界平均水平，居世界之首。亚太地区煤炭资源丰富，使得煤炭在能源消费结构中所占比例也较高，而石油和天然气比例明显低于世界平均水平。中南美洲地区水资源丰富，故其清洁能源消费所占比例为全球最高。

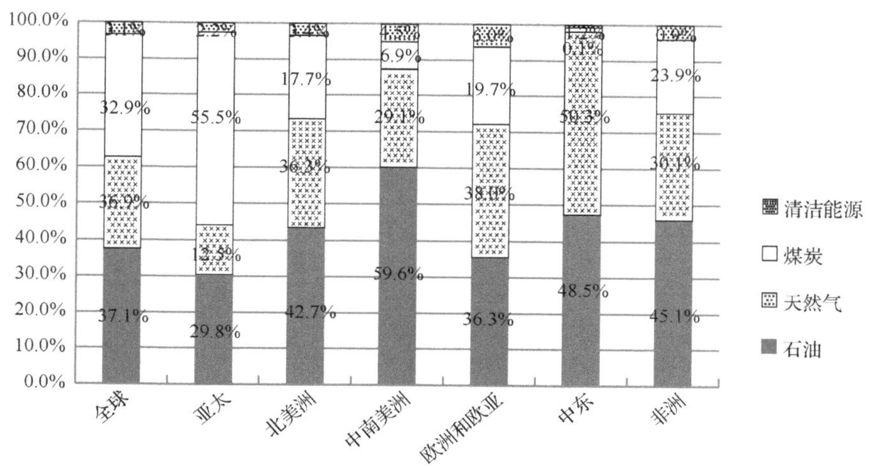

图 2-6　全球一次能源消费结构

资料来源：BP. Statistical Review of World Energy 2016

2.3.1　化石能源开发与消费

化石能源主要是指煤炭、石油、天然气等由远古生物质经过亿万年演化形成的不可再生资源。作为人类生存和发展的重要物质基础，煤炭、石油、天然气等化石能源支撑了19～20世纪近200年来人类文明进步和经济社会发展。然而，化石能源的不可再生性和人类对其的巨大消耗，使化石能源正在逐渐走向枯竭。

1）石油

石油是支撑现代工业体系的主导能源。石油作为当今世界最重要的战略资源之一，不仅是现代经济的命脉，更是一种军事、外交资源，它直接关系一国的经济发展、政治稳定和国家安全。19世纪，人类开始开发和利用石油。1859年，世界第一口油井在美国宾夕法尼亚州投入使用，美国因此成为早期最主要的石油生产国和消费国之一，随后苏联也开始了油井采油，现代石油工业逐步建立。随着内燃机的广泛应用，对燃料油的需求猛增，一些国家开始大量地开采和提炼石油，石油产量迅速增长。20世纪20年代以后，石油开始广泛应用；40年代以后，主要发达国家的能源消费重心逐步从煤炭转向石油；60年代，石油在能源消费结构中的比例超过煤炭，成为世界主导能源；90年代，石油已占全球一次能源消费总量的40%以上。可以说，20世纪中叶以后，世界能源发展进入了石油时代。石油行业的发展、电力的发明与应用推动了第二次工业革命，交通、化工、电力以及汽车、电器等行业实现了大发展。

全球石油资源产量总体保持稳定增长的势态。世界经济快速发展，石油供需不断增长。近半个世纪以来，全球石油总量保持稳定增长，仅1973～1974年和1979～1980年两次石油危机期间，石油产量有一定程度的下降。1965～1980年，世界石油年产量从15.7亿吨增长至30.9亿吨，翻了一番，年均增长率达4.6%。近30年来，全球石油产量增速明显放缓。1980～2015年，全球石油产量年均增长率仅为1.2%，2015年达到43.6亿吨。1965～2015年全球石油产量变化趋势如图2-7所示。

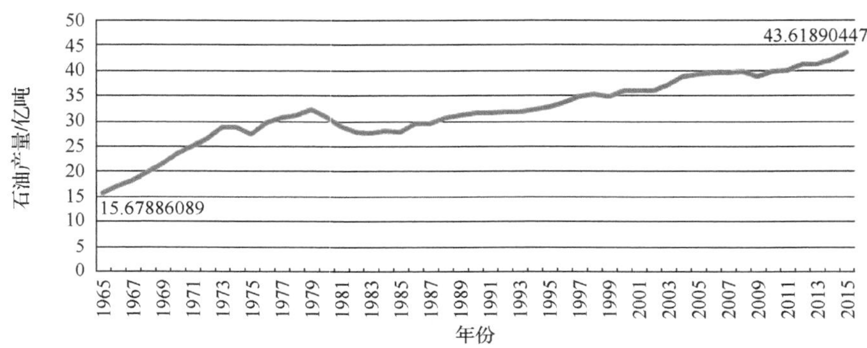

图2-7　1965～2015年全球石油产量变化趋势

资料来源：BP. Statistical Review of World Energy 2016

石油资源在全球范围内的分布极度不均匀，从2015年全球各地区石油已探明储量来看，中东地区已探明储量占到全球总量的 47.3%，处于绝对领先地位；中南美洲以 19.4%居于第二；北美洲、欧洲和欧亚大陆及非洲地区石油储量也较为丰富，分别占全球总量的 14.0%、9.1%、7.6%；亚太地区储量相对稀少，占总量的 2.5%，说明全球石油储量呈现强烈的区域性特征，各地占比严重不均。2015 年全球石油探明储量分布图如图 2-8 所示。

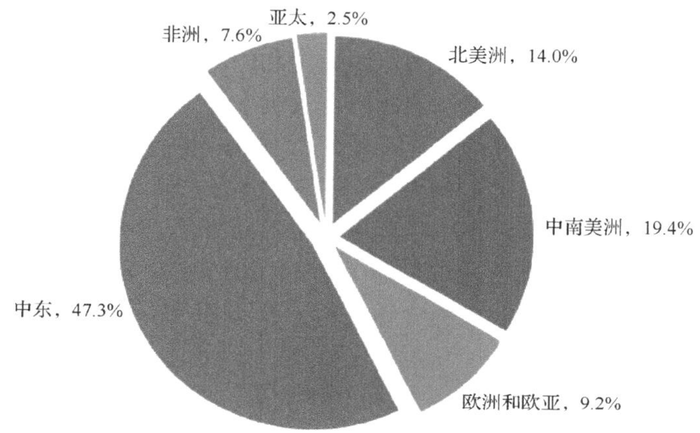

图 2-8　2015 年全球石油探明储量分布图

资料来源：BP. Statistical Review of World Energy 2016

世界石油资源消费结构逐步改变。1965～2015 年，全球石油消费量由 15.3 亿吨增长到 43.3 亿吨，增长了 1.8 倍，年均增长率约 2.1%。1965 年与 2015 年各地区石油消费占比如图 2-9 所示。1965 年世界石油消费主要集中在北美洲、欧洲

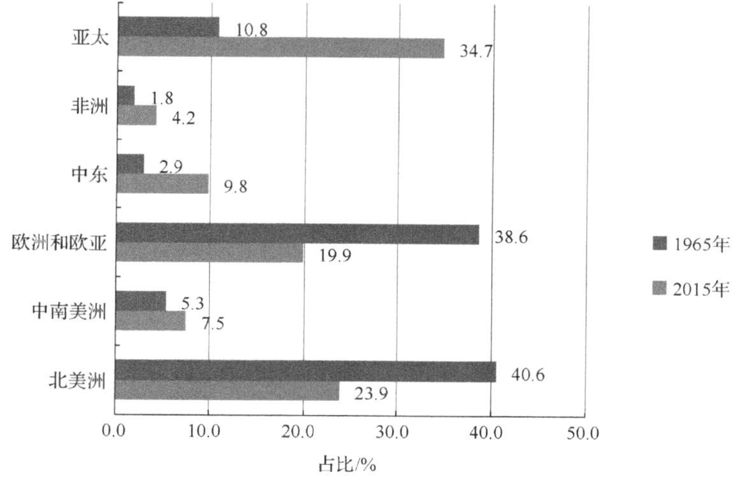

图 2-9　1965 年与 2015 年各地区石油消费占比

资料来源：BP. Statistical Review of World Energy 2016

和欧亚大陆、亚太地区，原油消费量较多的 7 个国家依次为美国、中国、日本、俄罗斯、德国、印度、韩国，其消费总量占全球的 52.1%。近年来亚太地区的石油消费呈快速增长态势。21 世纪世界能源消费的一个重要变化是地区结构发生了改变。

2）天然气

1821 年美国宾夕法尼亚州最早开始实现天然气商业应用。随后，世界各地发现了大量天然气田，但受到气体管道运输安全制约，天然气工业发展严重滞后于石油工业。天然气作为优质的清洁能源，在人类生产生活中发挥着越发重要的作用。近年来，全球天然气消费总量持续提高。1965～2015 年，全球天然气年消费量由 6438 亿立方米增加到 34686 亿立方米，增加约 4 倍。1971 年全球天然气消费量首次突破 1 万亿立方米，1991 年突破 2 万亿立方米，2008 年突破 3 万亿立方米。1965 年天然气仅占全球消费总量的 15.6%，2015 年上升至 23.7%，在过去 50 年里天然气消费占比提高了约 8 个百分点。1965～2015 年全球天然气消费总量变化趋势如图 2-10 所示。

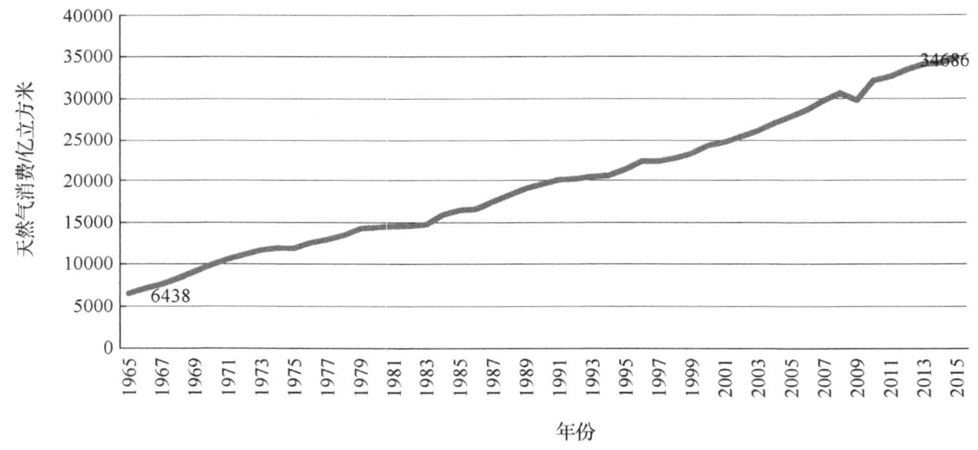

图 2-10 1965～2015 年全球天然气消费总量变化趋势

资料来源：BP. Statistical Review of World Energy 2016

世界天然气资源分布很不均匀。截至 2015 年年底，全球天然气剩余探明可采储量约为 187 万亿立方米，中东地区、欧洲和欧亚大陆分布最多，储量优势明显，主要储气国为伊朗、俄罗斯。其中，中东剩余探明可采储量为 80 万亿立方米，占全球总量的 42.8%。中东、欧洲和欧亚大陆地区之和占世界天然气剩余探明可采储量的 73.2%。随着勘探技术进步，天然气可采储量不断增加。1980～2015 年，世界天然气剩余探明可采储量从 72 万亿立方米增长至 187 万亿立方米，年均增长率约为 2.9%。全球天然气剩余探明可采储量地区分布如图 2-11 所示。

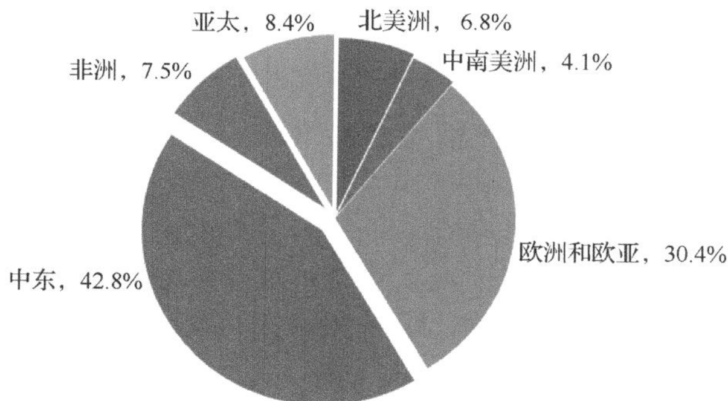

图 2-11　全球天然气剩余探明可采储量地区分布

资料来源：BP. Statistical Review of World Energy 2016

全球天然气产量持续增长，由于资源分布、技术水平、经济发展水平和政治环境的不同，欧洲和欧亚大陆、北美洲天然气产量最多，主要产气国为美国和俄罗斯。2015 年，全球天然气产量 3.4 万亿立方米，是 1980 年的 2.3 倍，年均增长率达到 26%。与 1980 年相比，2015 年中东、亚太、非洲天然气产量占全球总产量比例分别上升 14.9 个百分点、10.8 个百分点和 4.3 个百分点。进一步分析可以看出，中东地区天然气储量丰富而产量较小，反观北美洲地区，过度开采导致天然气储量急剧下降。近年来，中国天然气生产也步入快速发展阶段，产量增长较快。1980 年和 2015 年全球天然气产量区域分布如图 2-12 所示。

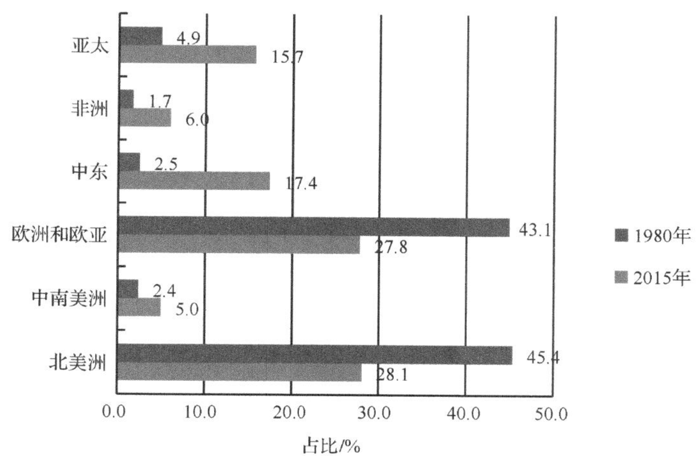

图 2-12　1980 与 2015 年全球天然气产量区域分布

资料来源：BP. Statistical Review of World Energy 2016

3) 煤炭

煤炭作为燃料使用至今已有 3000 多年的历史，是人类最早实现大规模开发利用的化石能源。到 19 世纪末，煤炭成为世界主导能源，随后比例有所下降，直到 20 世纪中叶，煤炭在世界能源结构中都占据主导地位。近年来，虽然煤炭比例有所下降，但世界煤炭开发利用规模始终保持增长势态。在全球能源结构中，煤炭是第二大一次能源，占整个能源消费构成的 32.9%，仅次于石油，高于天然气。

煤炭是世界上蕴藏量最丰富的化石能源，世界上的煤炭主要分布在北半球，以亚洲和北美洲最为丰富。截至 2015 年，世界煤炭资源剩余探明可采储量约为 8915 亿吨，按热值计算，分别相当于石油和天然气剩余探明可采储量的 1.8 倍和 2.5 倍。欧洲和欧亚大陆的煤炭资源储量最为丰富，达到 3105 亿吨，占全球总储量的 34.8%；其次是亚太地区，储量为 2883 亿吨，占全球总储量的 32.3%；北美洲煤炭储量也很丰富，为 2451 亿吨，占全球总储量的 27.5%；中南美洲、中东及非洲煤炭资源有限，合计仅占全球总储量的 5.3%。2015 年全球煤炭剩余探明可采储量地区分布如图 2-13 所示。

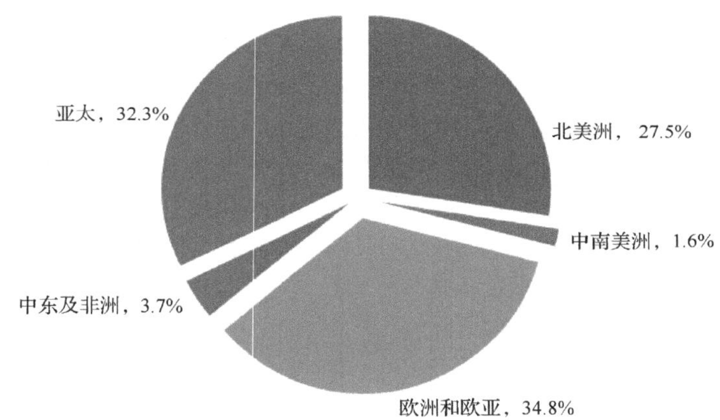

图 2-13　2015 年全球煤炭剩余探明可采储量地区分布

资料来源：BP. Statistical Review of World Energy 2016

煤炭产量持续增长，亚太成为全球主要产区。2015 年，全球煤炭产量达到 78.6 亿吨，比 1980 年翻了一番，年增长约 2.3%。目前，煤炭生产主要集中在亚太、北美洲、欧洲和欧亚大陆等地。1980～2015 年，亚太地区煤炭产量占全球比例从 26.7%上升到 70.6%。其他煤炭产区均有不同程度的下降，北美洲地区煤炭产量从 26.3%下降到 12.9%，欧洲和欧亚大陆地区从 42.4%下降至 11.0%。自 1985 年以后，中国超过美国成为世界上煤炭产量最多的国家，2015 年煤炭产量达到 37.4 亿吨，约占世界煤炭生产总量的 1/2。1980 年与 2015 年全球煤炭产量的区域分布如图 2-14 所示。

煤炭消费总量逐渐增加，但在能源结构中的比例总体呈下降趋势。1980 年以来，世界煤炭消费量从 25.9 亿吨标准煤上升到了 2015 年的 54.9 亿吨标准煤，每年增长约 3.2%。但由于石油、天然气消费量的快速增加，20 世纪下半叶开始，煤炭占世界一次能源的比例由 1965 年的 38.1%下降至 2015 年的 30.1%，下降了 8 个百分点。20 世纪 80 年代开始，以中国、印度为代表的新兴经济体快速发展，拉动了煤炭消费量的快速增长，延缓了煤炭消费占比下降的速度。1980～2015 年全球煤炭消费总量变化趋势如图 2-15 所示。

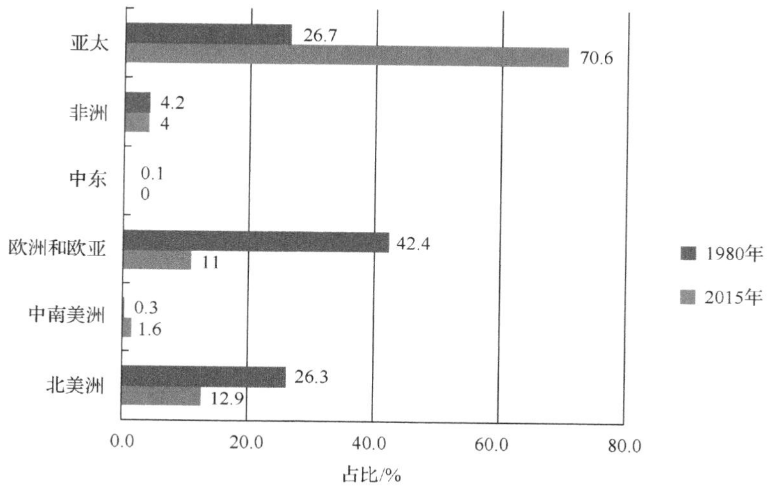

图 2-14 1980 年与 2015 年全球煤炭产量的区域分布

资料来源：BP. Statistical Review of World Energy 2016

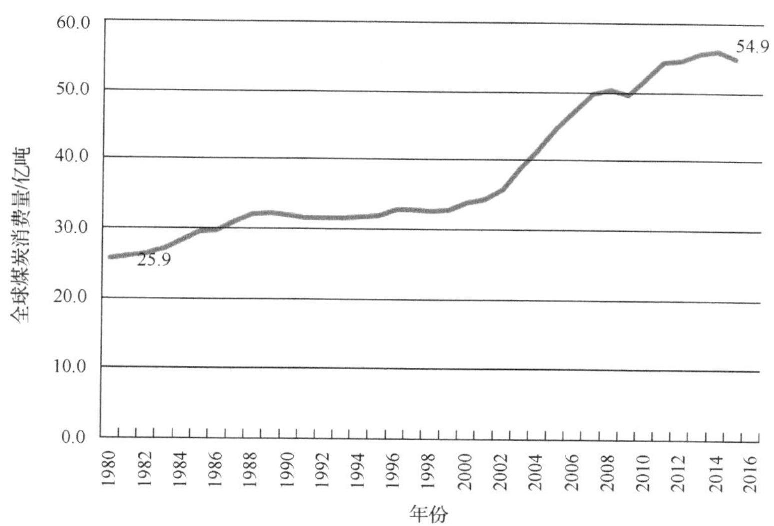

图 2-15 1980～2015 年全球煤炭消费总量变化趋势

资料来源：BP. Statistical Review of World Energy 2016

2.3.2 清洁能源开发与消费

清洁能源主要包括水能、风能、太阳能、核能、生物质能等，其资源丰富，开发潜力巨大。随着清洁能源开发技术的突破，经济性大幅提升，以清洁能源替代化石能源将成为全球能源发展的重要趋势。全球水能资源超过 100 亿千瓦，陆地风能资源超过 1 万亿千瓦，太阳能资源超过 100 万亿千瓦，可开发总量远远超过人类全部能源需求。

1) 风能

20 世纪 90 年代以来，世界风电技术不断突破，使风电成本逐渐降低。全球风能资源丰富，世界风能资源理论蕴藏量为 20000 万亿千瓦·时，受地形、大气环流等因素影响，全球风能资源分布很不均匀。世界各大洲风能资源分布如图 2-16 所示。

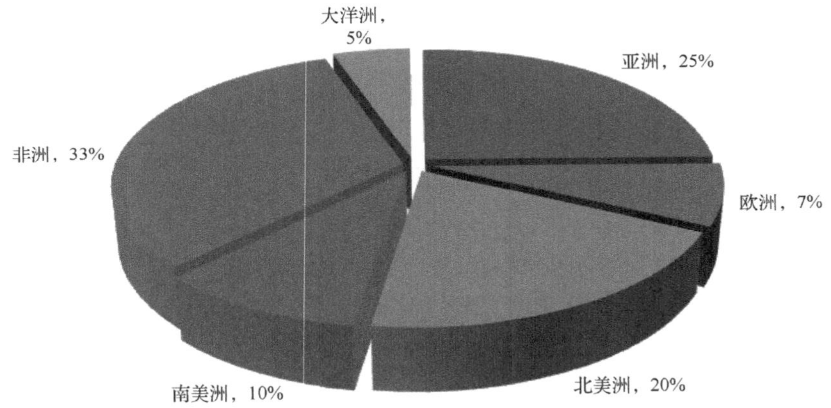

图 2-16 世界各大洲风能资源分布

资料来源：英国 3TIER 风能与太阳能资源评估公司

目前，风电是全球增长速度最快的能源发电品种之一，已经成为仅次于水电、核电的第三大清洁能源发电品种。2015 年全球累计风电装机容量达到 4.32 亿千瓦。从全球来看，已开发的风电主要集中在风能资源优越、接近负荷中心、电网接入条件好的地区，开发规模仅占世界风能资源量的很小一部分，未来随着远距离输电技术的发展应用，一些远离负荷中心的优质风能资源也能够得到有效开发利用。世界风电装机容量如图 2-17 所示。

2) 水能

水能是目前技术最成熟、经济性最高、已开发规模最大的清洁能源。全球水能资源技术可开发量约为 16 万亿千瓦·时，占理论蕴藏量的 41%，其中亚洲占世界可开发总量的 46%，水能资源最为丰富。世界各大洲的水能技术可开发水能量如图 2-18 所示。

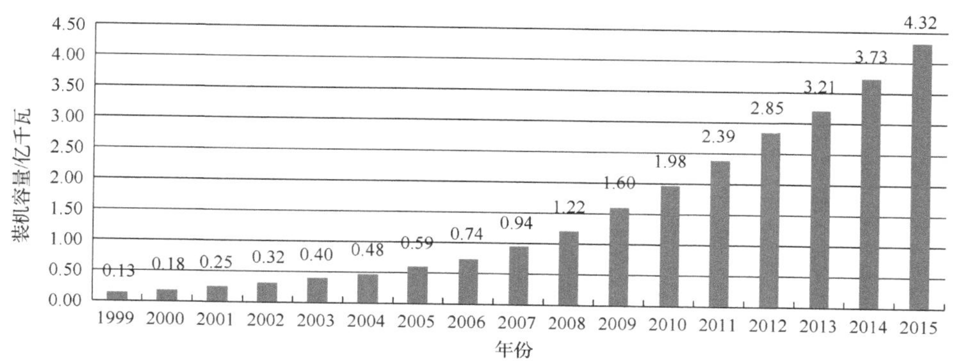

图 2-17　世界风电装机容量

资料来源：BP. Statistical Review of World Energy 2016

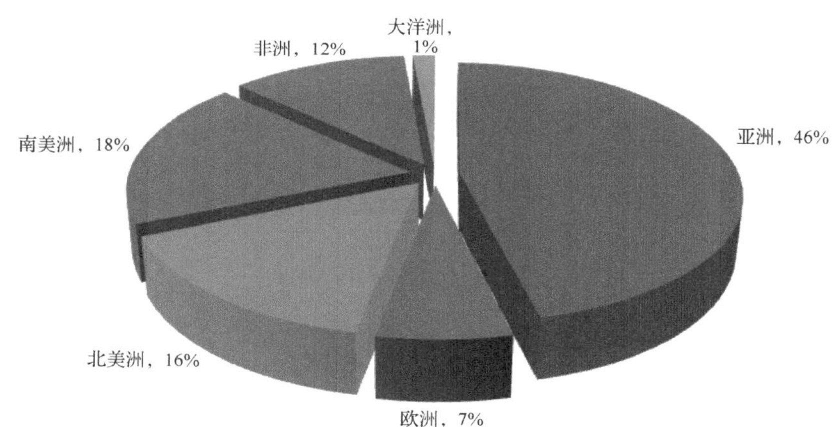

图 2-18　世界各大洲水能技术可开发水能量

资料来源：世界能源理事会. World Energy Resources, 2015 Survey

近年来，世界水电装机总量持续增长，但水电占总装机量的比例有所下降。1990～2013 年，世界水电年装机容量从 6.4 亿千瓦增加到 10.1 亿千瓦，增长了 57.8%，年均增长 2.0%。2013 年全球水电装机容量占发电总装机量的 16.8%，较 1990 年下降了 6.5 个百分点。1990～2013 年全球水电装机容量及其占总装机容量比例如图 2-19 所示。

3) 太阳能

21 世纪以来，全球太阳能发电呈现快速发展势头，超过风电成为增长速度最快的清洁能源发电品种。太阳能开发潜力巨大，地球上除了核能、潮汐能和地热能等，其他能源都直接或者间接来自太阳能。太阳能资源由阳光照射角度和大气散射两个主要决定因素影响。非洲太阳能蕴藏量最大，占全球的 40%，主要分布在苏丹、南非、坦桑尼亚等国家。世界各大洲太阳能理论蕴藏量分布如图 2-20 所示。

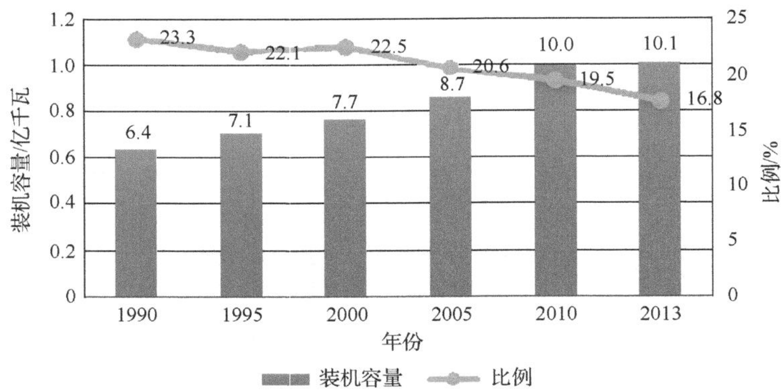

图 2-19 1990～2013 年全球水电装机容量及其占总装机容量比例

资料来源：BP. Statistical Review of World Energy 2016;
世界能源理事会. World Energy Resources, 2015 Survey

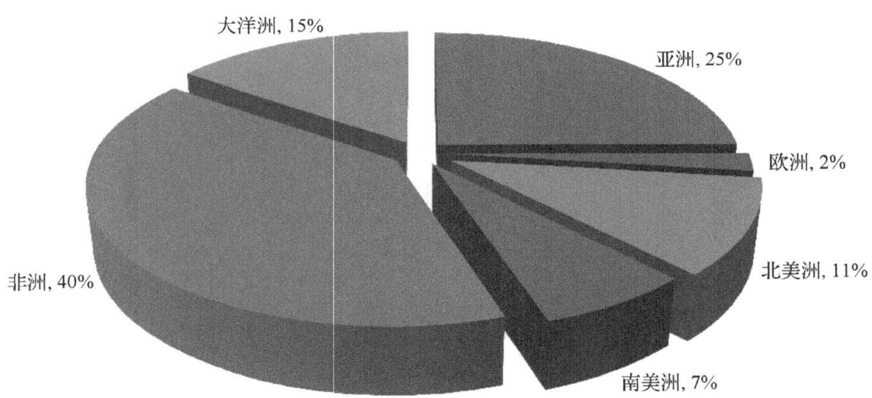

图 2-20 世界各大洲太阳能理论蕴藏量分布

资料来源：国际可再生能源署. Estimating the Renewable Energy Potential in Africa, 2014

太阳能发电是实现太阳能高效利用的最重要形式，主要包括光伏发电和光热发电。从 2008 年开始，太阳能发电进入快速发展时期，到 2015 年全球太阳能发电消费量高达 57.3 百万吨油当量，2008～2015 年，太阳能发电消费量增长了 32.7 倍。2000～2015 年太阳能发电消费量变化趋势如图 2-21 所示。

2015 年，世界太阳能发电总装机容量为 2.29 亿千瓦，占总装机容量的 3.8%。2000～2015 年世界太阳能发电装机容量增长了 179 倍(利用未四舍五入的原始数据计算)，世界太阳能发电装机容量如图 2-22 所示。目前太阳能电池制造已进入工业化生产，预计到 2030 年可达 5000 万千瓦，光伏组建成本和光伏发电系统建设成本持续下降，为光伏发电大规模使用创造了条件。光伏组件和我国地面光伏电站建设成本变化分别如图 2-23 和表 2-1 所示。

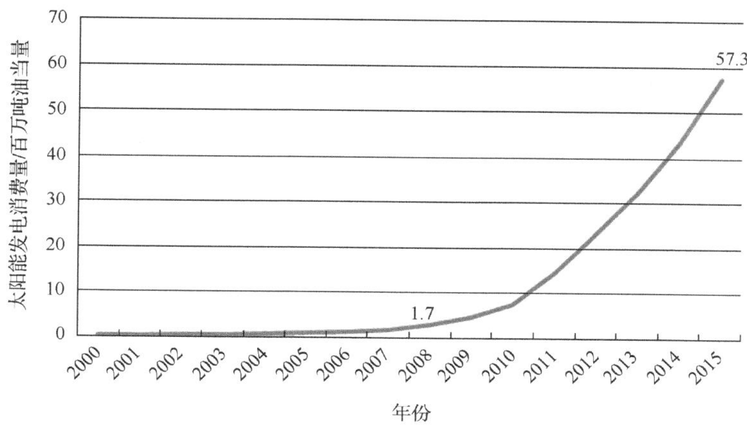

图 2-21　2000～2015 年太阳能发电消费量变化趋势

资料来源：BP. Statistical Review of World Energy 2016

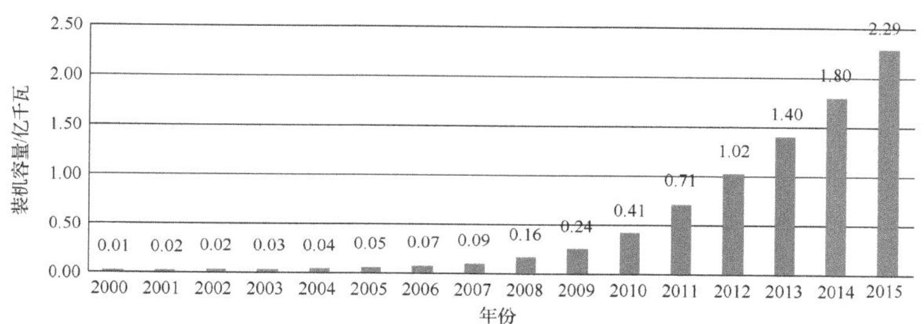

图 2-22　世界太阳能发电装机容量

资料来源：BP. Statistical Review of World Energy 2016

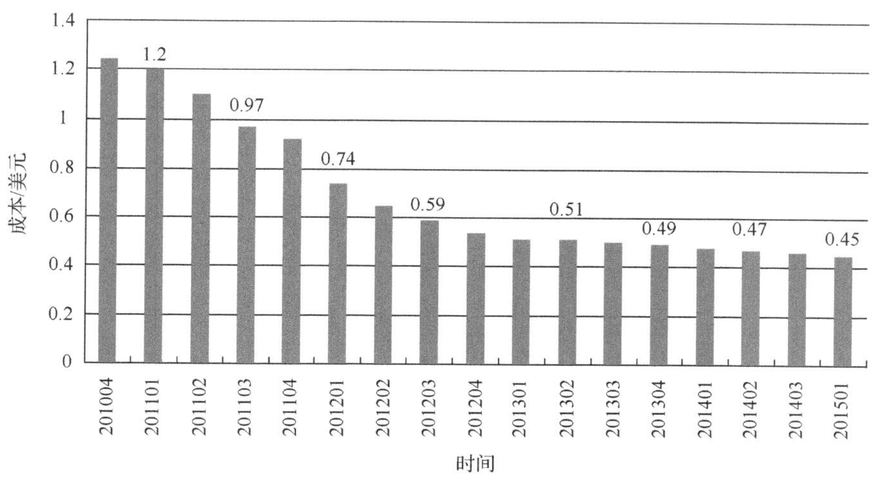

图 2-23　组件成本变化图

表 2-1　我国地面光伏电站建设成本变化表

年份	2009	2012	2013	2015	2020(预计)	2030(预计)
成本/(元/瓦)	20	10	8～10	7.9～9	7～7.5	3～5

4) 其他清洁能源

目前，核电普遍利用的是核裂变技术，全球核电站采用的堆型都是裂变堆。核聚变是未来核电的发展方向，但受技术制约，前景尚不明确。由于安全性等问题的影响，核电占世界总装机容量比例持续下降。

生物质能是一种以生物质为载体的可再生的清洁能源。从全球来看，生物质能主要集中在南美洲、非洲中部、东欧、大洋洲和东亚地区。截至 2015 年年底，世界生物质发电总装机容量约为 7640 万千瓦，欧盟地区是生物质发电规模最大的地区。

地热能是地壳中蕴藏的热能的总称。据统计，全球地热能可采储量相当于 50 亿吨标准煤。目前地热的主要利用形式有热利用和地热发电两种方式，地热发电规模较小。截至 2015 年年底，全球地热发电机装机容量约为 12995 万千瓦。世界地热能利用分布如图 2-24 所示。

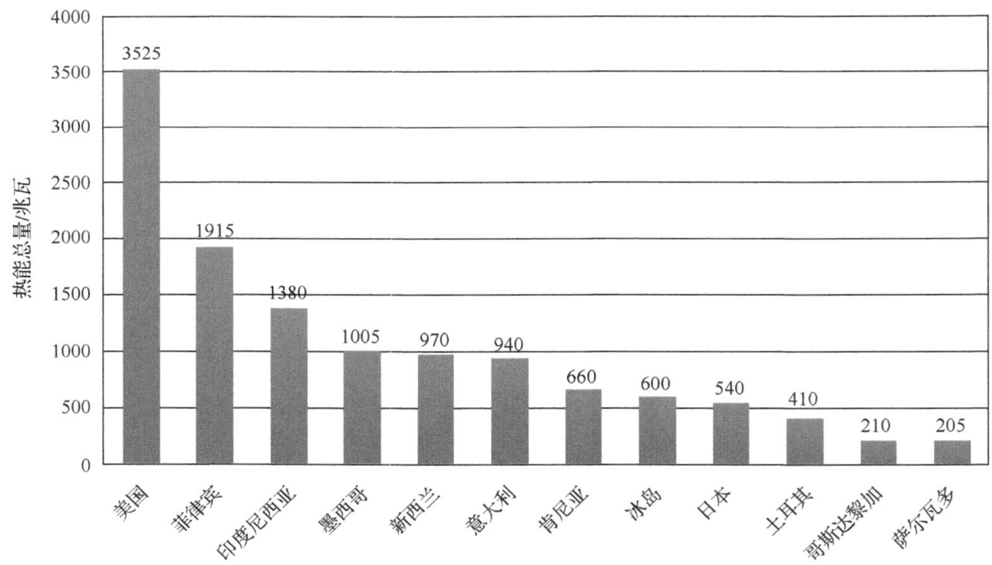

图 2-24　世界地热能利用分布

资料来源：BP. Statistical Review of World Energy 2016

2.3.3 电能消费与电网建设

电力是清洁、高效的二次能源。电力的发明和利用是人类能源工业的一场革命，使人类迎来了“电气化时代”。电力工业始于 19 世纪 80 年代，至今已有百余年的历史。自 20 世纪 70 年代以来，各国的电力工业从电力生产和建设规模到电源和电网技术都发生了深刻的变化。

1) 电能开发与消费

电能是清洁、高效、便利的终端能源载体，在大力推进低碳发展、大规模开发可再生能源、积极应对气候变化的全球发展趋势下，提高电能占终端能源消费比例已成为世界各国的普遍选择。20 世纪 90 年代以来，随着全球经济的快速发展以及各类发电技术的不断突破，全球发电量大幅提升，1985～2015 年发电量由 10.0 万亿千瓦·时增长到 24.1 万亿千瓦·时，年均增长率约为 4.7%。1985～2015 年全球发电量变化趋势如图 2-25 所示。

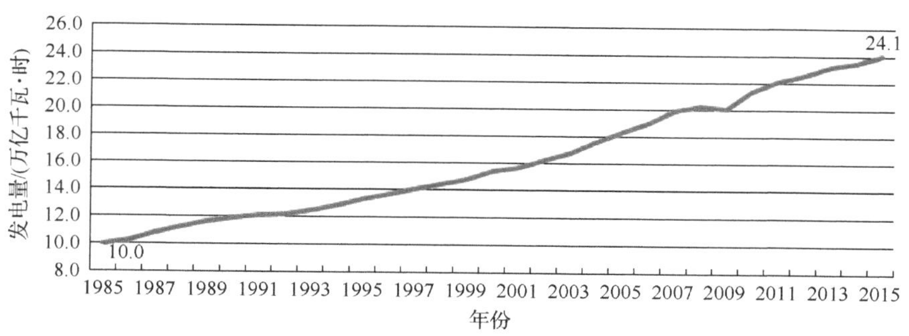

图 2-25　1985～2015 年全球发电量变化趋势

资料来源：IEA. 2016 Key World Energy Statistics

电力生产结构仍以煤电等化石能源发电为主，但逐步呈现清洁化。截至 2015 年年底，全球发电总量达到 24.1 万亿千瓦·时，其中核能、水能、风能、太阳能等清洁能源发电量约为 7.6 万亿千瓦·时，占全球发电总量的 31.5%。

2) 电网建设

1875 年，法国巴黎建成世界上第一座火力发电厂，标志着电力时代的到来。19 世纪末～20 世纪中期，电力工业经过数十年的发展，形成了以交流发电和输配电技术为主导的电网，直到第二次世界大战结束都属于初级阶段。电网规模以城市电网、孤立电网和小型电网为主，运行技术还处于起步阶段。第二次世界大战后，全球经济快速发展，规模化工业生产对能源电力的巨大需求和廉价的化石能源推动了电力工业的快速发展和电网技术的空前进步与创新。电力技术日益向高电压、大机组、大电网方向发展。20 世纪中期～20 世纪末期，电网规模不断扩大，形成了大型互联电网，建立了 330 千伏及以上的超高压交直流输电系统。欧洲、北美洲电网在 20 世纪 50 年代开始快速发展，80～90 年代，覆盖广、交换规模大的跨国、跨区大型互联电网基本形成。90 年代，新的远方大能源基地开发，促成了远距离、大容量输电干线和互联线。

为适应电网规模的扩大，世界电网的电压等级也不断提高。20 世纪 60 年代起，世界开始研究特高压输电。进入 21 世纪，中国为了保障能源资源的大范围优化配置，大力推进特高压交直流输电技术研究和工程建设。

随着社会的发展和技术的进步，电源与用户之间的距离越来越近，为实现更远距离、更大容量和更高效率的电力输送，输电网的电压等级越来越高，电网的规模越来越大。回顾 100 多年来的电网发展史，就是一部电压等级不断提升、电网规模不断扩大的历史。加强跨国互联电网建设、扩大电网覆盖范围、实现更大范围能源资源优化配置是世界电网发展的主要趋势。

2.3.4 全球能源发展面临的趋势

随着时代发展，人类对能源的要求日益提高，未来能源要求有足够满足人类生存和发展所需要的储量，并且不会造成影响人类生存的环境污染问题。未来的人类社会依然要依赖于能源的可持续发展。因此，必须现在就很清楚地了解地球上的能源结构和储量，发展必须开发的能源利用技术，才能使人类的生存得以永久维持。

事实上，进入 21 世纪后，人类目前技术可开发的能源资源已面临严重不足的危机，当今煤、石油和天然气等化石燃料资源日益枯竭，按现有开发速度甚至不能维持几十年。因此，必须寻找可持续的替代能源。近半世纪的核能和平利用，已使核能成为新能源家属中，迄今为止能替代有限化石能源的唯一现实的高密度能源。但不同国家对核能利用持截然不同的态度，法国、德国等某些国家已经颁布了彻底淘汰核电的计划。

世界能源发展经历了从高碳到低碳、从低效到高效、从局部平衡到大范围配置的深刻变革。认识和把握这一发展规律，对于推动能源科学发展具有重要作用。

1）能源结构从高碳向低碳方向发展

能源发展过程中，人类不断寻找更多种类的能源，但不同发展阶段的主导能源不同。随着需求的变化和技术的发展，主导能源不断升级，总体是朝着更加低碳的方向发展。从薪柴到煤炭、石油、天然气，到水能、核能、风能、太阳能以及其他清洁能源的发展过程，就是逐步减少碳排放的过程。表 2-2 为各类能源碳排放强度。

表 2-2　各类能源碳排放强度

能源	煤	石油	天然气	水能	核能	风能	太阳能
碳排放强度/(吨 CO_2/吨标准煤)	2.77	2.15	1.65	0	0	0	0

化石能源碳排放强度高，持续上百年的开发利用已经排放了大量二氧化碳，对全球气候的影响也开始显现。要减缓气候变化、实现人类可持续发展，必须降低能源结构中化石能源比例、提高清洁能源比例。全球拥有丰富的太阳能和风能资源，具有大规模开发利用的巨大潜力，它们将成为未来最重要的清洁能源。在现有和未来可预期的技术条件下，太阳能、风能转换为电能是最便捷的利用方式。在能源资源开发环节提高太阳能、风能的比例，不仅是清洁替代的具体体现，而且为电能替代提供充足的清洁电力。

2) 能源利用从低效向高效方向发展

提高能源开发利用效率关键在于技术创新。18 世纪后期，蒸汽机技术创新对能源发展具有划时代的意义，推动了煤炭的大规模高效开发和利用，促使社会生产从手工劳动转向大机器生产。19 世纪后期，蒸汽机技术的提升潜力越来越小，对煤炭主导的能源发展的推动作用开始逐渐减缓。随着内燃机、电动机的出现和广泛应用，以石油和电力为代表的新的能源形式登上历史舞台，推动能源效率和劳动生产力进一步提升。发展到今天，化石能源效率的提升空间越来越小。目前，汽油内燃机直接燃油效率在 30%左右，燃煤发电机组效率最高在 50%左右。

考虑未来清洁能源将在能源结构中占主导地位，能源利用效率将主要取决于作为一次能源的风电、太阳能发电、水电的开发转化效率；而电能的终端利用效率远高于化石能源直接利用的效率，电动机效率可以超过 90%。因此，大规模开发清洁能源并转化为电力，全球能源利用效率将获得极大的提升。图 2-26 显示了能源利用从低效向高效发展的趋势。

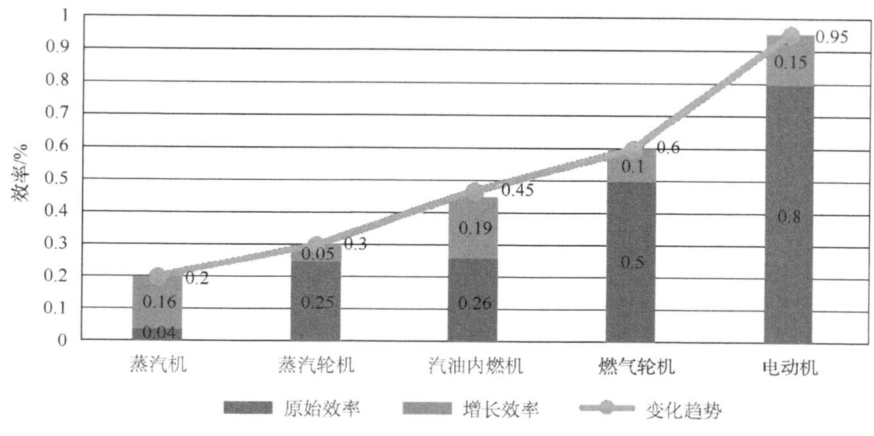

图 2-26　能源从低效向高效发展示意图

3) 能源配置从局部平衡向大范围优化方向发展

网络是现代社会发展的产物，通过网络可以把各个点、面、体联系到一起，实现资源的传输、接收和共享。如果一种产品的原料开发、生产和需求的地理位置距离较远，通过建立网络就会最大限度地优化配置、提高效率、降低成本，物流网、电力网、铁路网等都是应此而生。从能源发展看，全球化石能源生产与消费具有明显的逆向分布特征，南美洲、中东的石油、天然气送到亚洲，远东西伯利亚的石油、天然气送到欧洲，距离长达数千千米，能源配置逐步从点对点输送向物流网、管网方向发展，呈现强烈的网络化趋势。

未来，在以清洁能源为主导、以电为中心的能源发展格局下，电网将成为能源配置的主要载体。全球清洁能源的分布同样很不均衡，除了分布式开发的清洁能源就地利用，北极、赤道附近地区和各洲内大型的水电、风电、太阳能发电基地，大多距离负荷中心数百甚至数千千米，需要构建电网从能源基地向负荷中心输电。随着全球清洁能源大规模开发，电网覆盖范围将进一步扩大至全球，形成全球广泛互联的能源网络。图 2-27 显示了电网配置各类能源资源的情况。

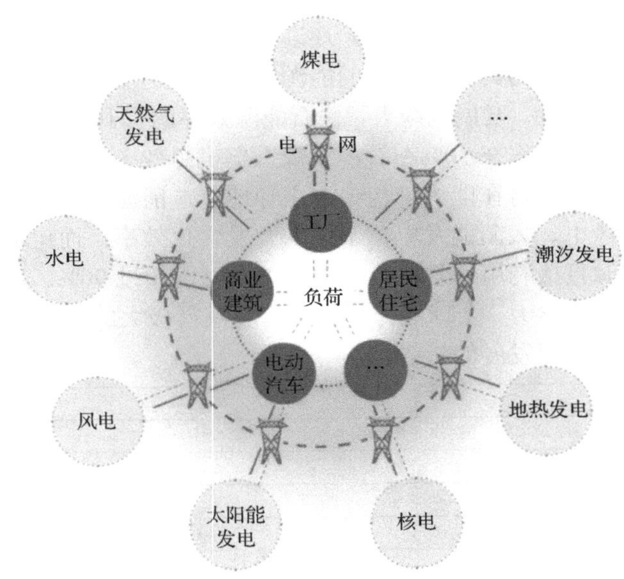

图 2-27　电网配置各类能源资源示意图

2.4　全球能源互联网

全球能源互联网是以特高压电网为骨干网架(通道)，以输送清洁电力能源为主导，多种能源形式泛在互联、全球范围优化配置的能源互联网络。全球能源互联网将由跨国跨洲骨干网架和涵盖各国各电压等级电网(输电网、配电网)的国家泛在智能电网构成，连接各洲大型能源基地，适应各种分布式电源接入需要，能够将风能、太阳能、海洋能等可再生能源输送到各类用户，是服务范围广、配置能力强、安全可靠性高、绿色低碳的全球能源配置平台[6]。

2.4.1　关键要素

1) 一带一路

“一带一路”是“丝绸之路经济带”和“21 世纪海上丝绸之路”的简称，是习近平主席在 2013 年 9 月份和 10 月份分别提出建设“丝绸之路经济带”和“21 世纪海上丝绸之路”的战略构想。

“一带一路”必将促进我国与俄罗斯、哈萨克斯坦、土库曼斯坦等中亚邻国、中东国家在石油、天然气、电力和新能源等能源领域的广泛深入合作，因此全球能源互联网结合“一带一路”发展战略打开能源领域的全球视野。

2) 一极一道

从世界清洁能源资源分布来看，北极圈及其周边地区(“一极”)风能资源和赤道及其附近地区(“一道”)太阳能资源十分丰富，简称“一极一道”。集中开发北极风能和赤道太阳能资源，通过特高压等输电技术送至各大洲负荷中心，与各洲大型能源基地和分布式电源相互支撑，提供更安全、更可靠的清洁能源供应，将是未来世界能源发展的重要方向。

3) 清洁替代

清洁替代是指在能源开发上，以清洁能源替代化石能源，走低碳绿色发展道路，逐步实现从化石能源为主、清洁能源为辅向清洁能源为主、化石能源为辅转变。清洁替代将从根本上解决人类能源供应面临的资源约束和环境约束问题，是实现能源可持续利用的战略举措，也是未来全球能源发展的必然趋势。

4) 电能替代

电能替代是指在能源消费上，以电能替代煤炭、石油、天然气等化石能源的直接消费，提高电能在终端能源消费中的比例。随着电气化进程加快，电能将在终端能源消费中扮演日益重要的角色，并最终成为最主要的终端能源品种，实现更加清洁、便捷、安全的能源利用。

5) 全球能源观

全球能源观是遵循能源发展规律，适应能源发展的新趋势，形成的关于全球能源可持续发展的基本观点和理论。全球能源观的核心是坚持以全球性、历史性、差异性、开放性的观点和立场来研究与解决世界能源发展问题，更加注重能源与政治、经济、社会、环境的协调发展，更加注重各种集中式(基地式)与分布式清洁能源的统筹开发，要求以“两个替代”为方向，以全球能源互联网为载体，统筹全球能源资源开发、配置和利用，保障世界能源安全、清洁、高效、可持续供应。

6) 国家泛在智能电网

国家泛在智能电网是全球能源互联网的基本组成单元，广泛连接国内能源基地、各类分布式电源和负荷中心，并与周边国家的能源互联互通，承接全球能源互联网跨国跨洲配置的清洁能源。国家泛在智能电网应坚持坚强与智能并重的发展原则，在发挥大电网和坚强网架作用的基础上，有效解决清洁能源发电随机性、间歇性问题，实现各地集中式电源与泛在分布式电源的优化接入和高效消纳，更可靠地保障能源供应。

2.4.2 总体布局

全球能源互联网是一个由跨洲电网、跨国电网、国家泛在智能电网组成，各层级电网协调发展的有机整体。在全球范围看，全球能源互联网将依托先进的特高压输电和智能电网技术，形成连接各洲大型可再生能源基地与主要负荷中心的总体布局。

全球能源互联网发展的核心是建设连接包括“一极一道”在内的全球各类清洁能源基地与主要负荷中心的跨国跨洲骨干网架和洲际联网通道。其中，“一极一道”清洁能源基地向负荷中心的输电通道如下：北极地区风电基地向亚洲、欧洲、北美洲送电，北非、中东太阳能发电基地向欧洲、南亚送电，澳大利亚太阳能发电基地向东南亚送电。跨洲电网主要包括亚洲与欧洲互联、亚洲与北美洲互联、欧洲与非洲互联、亚洲南部与非洲互联、北美洲与南美洲互联。此外，还包括各洲内大型能源基地向所在洲负荷中心的送电通道。

2.4.3 基本原则

全球能源互联网是落实全球能源观、实现“两个替代”的重要载体。在其发展过程中，最核心的是要坚持两个基本原则。

1) 清洁发展的原则

清洁发展是应对气候变化、实现人类可持续发展的根本要求。在形成全球广泛共识的基础上，各国应围绕清洁低碳发展目标，制定能源发展战略规划，加快转变能源发展方式、提高清洁能源比例，共同推动全球清洁能源开发利用。全球能源互联网要围绕世界能源清洁、低碳发展这个目标加快布局、加快建设，更好地推动各种集中式、分布式清洁能源的高效开发利用，推动能源发展方式从传统化石能源主导向清洁能源主导转变。

2) 全球配置的原则

实施全球配置是由全球能源资源与负荷中心逆向分布特征所决定的。清洁能源具有随机性、间歇性特征，具备大规模开发条件的清洁能源资源一般远离负荷中心，只有在更大范围优化配置才能解决大规模开发、高比例接入电网所带来的消纳问题，才能够发挥清洁能源的作用。全球能源互联网建设要立足世界能源资源禀赋，统筹考虑全球政治、经济、社会、环境因素，构建连接能源基地、负荷中心的全球能源配置平台，实现全球能源的高效开发、优化配置和有效利用。具有大容量、远距离输电能力的特高压输电技术发展，为实现电力跨洲、大规模、高效率配置奠定了技术基础。清洁能源全球配置，还有利于将经济不发达地区的资源优势转化为经济优势，促进区域经济协调发展。

2.4.4 重要特征

全球能源互联网是全新的全球能源配置平台，具备网架坚强、广泛互联、高度智能、开放互动等四个重要特征。

1) 网架坚强

网架坚强是构建全球能源互联网的重要前提。坚强的网架是实现资源全球配置的基础。只有形成坚强可靠的跨国跨洲互联网架，才能实现全球能源的广泛互联和大范围配置。各国电网规划科学、结构合理、安全可靠、运行灵活，才能适应风电、光伏发电、分布式电源大规模接入和消纳。

2) 广泛互联

广泛互联是全球能源互联网的基本形态。全球能源互联网的广泛互联带来了全球能源资源及相关公共服务资源的高效开发和广泛配置。洲际骨干网架、洲内跨国网架、各国家电网、地区电网、配电网、微电网协调发展、紧密衔接，可以构成广泛覆盖的电力资源配置体系。

3) 高度智能

高度智能是全球能源互联网的关键支撑。各类电源、负荷实现灵活接入和确保网络安全稳定运行。通过广泛使用信息网络、广域测量、高速传感、高性能计算、智能控制等技术，实现各层网架和各个环节的高度智能化运行，自行预判、识别大多数故障和风险，具备故障自愈功能；通过信息实时交互支撑整个网络中各种要素的自由流动，真正实现资源在各个区域之间的高效配置。

4) 开放互动

开放互动是全球能源互联网的基本要求。构建全球能源互联网，需要各国的相互配合、密切合作。全球能源互联网的运营也要对世界各国公平、无歧视开放。

充分发挥电网的网络市场功能，构建开放统一、竞争有序的组织运行体系，促进用户与各类用电设备广泛交互、与电网双向互动，能源流在用户、供应商之间双向流动，实现全球能源互联网中各利益相关方的协同和交互。

总之，全球能源互联网充分体现了互联网的特征和概念。一是连接的广泛性。全球能源互联网与互联网一样，用户从一个单独的设备，到一个家庭、一栋楼宇、一个工厂、一个园区都可以平等地连接到这个网络中。二是消费者与生产者参与。与互联网类似，全球能源互联网用户的定位发生根本转变，既是消费者，也是生产者，用户的参与度和影响力明显提升。三是能源和信息的自由流动。全球能源互联网可以使能源像互联网中的信息一样，实现全球范围的自由流动。用户可以方便地享用数千千米之外的清洁能源，距离和资源限制不再成为问题，可以使生产和生活得到解放，充分释放能源要素的生产力。四是服务的多元化。依托全球能源互联网，可以形成综合服务平台，开展丰富的多元化服务，拉动上下游及相关产业的快速发展，推动形成良性发展的产业生态圈。

2.4.5　主要功能

随着特高压输电、各种智能等先进技术的全面推广应用，全球能源互联网远超出了传统意义上的电能输送载体的范畴，它更是一个功能强大的资源配置、市场交易、产业带动和公共服务的平台。能源传输是全球能源互联网最基本的功能，煤电、水电、核电、风电、太阳能发电等电能的传输都通过电网进行，全球能源互联网将成为能源综合传输体系的核心部分；全球能源互联网是能源优化配置的重要平台，电力的传输配送过程，本质就是资源优化配置的过程；全球能源互联网既承担着能源电力交易的平台职责，又肩负着电网调频、无功调压等任务；全球能源互联网是培育新兴产业的孵化器，全球能源互联网的发展对上、下游产业产生全面的带动作用；全球能源互联网将会是服务全社会各行各业、千家万户的平台。概言之，全球能源互联网将是未来重要的能源和服务枢纽，以此为基础实现能量流、信息流和业务流的统一。

2.5　本 章 小 结

本章首先简要回顾了全球能源从薪柴时代到煤炭时代，再到油气时代、新能源浪潮发展过程中的开发历程，通过分析三次工业革命中能源扮演的角色，总结了能源对工业革命重要的导向作用；然后具体分析了煤炭、石油、天然气三分天下，清洁能源快速发展的格局下化石能源和清洁能源的发展现状，并推演了未来全球能源发展的趋势和挑战；最后着重介绍了为应对全球能源危机而提出的全球能源互联网的基本构想，这对电气工程人才培养的新需求具有重要的指导意义。

参 考 文 献

[1] 周友光. “第二次工业革命”浅论[J].武汉大学学报，1985,(5):103-108.
[2] 陈雄. 论第二次工业革命的特点[J].郑州大学学报，1987,(5):34-37.
[3] 贾根良. 第三次工业革命：来自世界经济史的长期透视[J].学习与探索，2014,(9):97-104.
[4] 金碚. 世界工业革命的缘起、历史与趋程[J].南京政治学院学报，2015,(1):41-49.
[5] 王亚栋. 能源与国际政治[D]. 北京：中共中央研究生党校，2002.
[6] 刘振亚. 全球能源互联网[M]. 北京：中国电力出版社，2015.

第 3 章　电气工程专业设置现状

专业是高等学校教学的基本单元，高校是进行专业教育的重要场所。专业设置是大学进行专业教育的基础，专业结构的合理性直接关系上层建筑的人才结构，因此，对高校专业设置的研究一直以来都是高等教育界关注的一个重要问题。随着我国社会主义市场经济体制的建立和完善，现代社会、经济、科技、文化的发展和构建全球能源互联网伟大战略的提出，作为人才培养模式关键环节的专业设置已经成为 21 世纪以来我国高等教育改革的一项十分迫切而重要的任务。尤其是在高等教育大众化发展过程中，我国高等学校的学科专业设置趋同化色彩浓厚，与经济社会多样化人才需求的发展和复合型人才培养的要求不相适应。高校适应国家经济建设、社会进步和构建全球能源互联网的现实需要，优化专业布局与结构，突显复合型电气工程人才培养的自身特点，是避免我国高等教育人才培养同构化的关键。

3.1　当前我国电气工程专业设置现状

3.1.1　我国本科专业设置现状

在我国，基于基本国情的需要，为了能给各高校专业设置做出更好的规范以及为学生报考方向提供参考，教育部每年都会颁发《普通高等学校本科专业目录》。它是高校设置专业的重要标准，也是高等教育工作的基本指导性文件。它规定专业划分、名称及所属门类，是设置和调整专业、实施人才培养、安排招生、授予学位、指导就业，进行教育统计和人才需求预测等工作的重要依据。

专业目录根据《教育部关于进行普通高等学校本科专业目录修订工作的通知》要求，按照科学规范、主动适应、继承发展的修订原则，在 1998 年原《普通高等学校本科专业目录》及原设目录外专业的基础上，经分科类调查研究、专题论证、总体优化配置、广泛征求意见、专家审议、行政决策等过程形成。最近几年专业目录分为基本专业和特设专业两类，并确定了多种国家控制布点专业。

自 1978 年改革开放以来，我国经济体制改革不断深化，高等教育事业的探索也在逐步深入。在经济体制向市场经济转型的同时，我国的高等教育也展现了开放的姿态和全球化视野。这段时期，我国大学本科专业设置出现了四次重大调整[1]。

(1) 1987 年，国家颁布《普通高等学校本科专业目录》的修订版。专业种数由 1343 种减少至 671 种。本次修订强化了薄弱专业以及新兴专业，促进了专业名称科学化、规范化的进程，在一定程度上拓宽了专业口径，提高了专业人才培养的适应性。

(2) 1993 年，我国颁布了体系更为完整的《普通高等学校本科专业目录》，将学科划分为哲学、经济学、法学、教育学、文学、历史学、理学、工学、农学、医学 10 个门类，下设 71 个二级学科门类。专业数量进一步减少，口径再次拓宽。自此开始，专业设置以学科性质和学科特点为基本依据，摆脱了计划经济时代仅仅与行业部门对应的传统模式，是我国大学专业设置走向科学化、规范化的里程碑。

(3) 1998 年的专业调整，使学科专业更加适应我国社会主义市场经济体制。这一调整满足了加快改革开放的需要，适应现代社会经济、科技、文化以及教育的发展趋势，改善了高校长期存在的专业范围狭窄、专业划分过细的问题。专业数量再次下降，由 504 种减少至 249 种。简言之，这次调整突出强调了人才培养的社会适应性。

(4) 2012 年的专业调整着力于建立起能够主动适应经济社会发展需要的指导性、开放性的专业目录和专业设置动态调整管理新机制。根据科学发展观的根本要求，系统考虑、着重处理了历次修订中都面临的四个“老大难”问题。统筹兼顾本科专业口径“宽”和“窄”、专业目录“稳态”和“动态”、放权和加强监管以及增设专业和建设专业的关系。具体专业变化如表 3-1 所示。

表 3-1　四次重大专业调整情况

1987 年	文科	理科	工科	农林	医科	财经	政法	其他					总数
专业种数	107	70	255	75	57	48	9	50					671
1993 年	文学	理学	工学	农学	医学	教育学	经济学	法学	哲学	历史学			总数
二级门类	4	16	22	7	9	3	2	4	2	2			71
专业种数	106	55	181	40	37	13	31	19	9	13			504
1998 年	文学	理学	工学	农学	医学	教育学	经济学	法学	哲学	历史学	管理学		总数
二级门类	4	16	21	7	8	2	1	5	1	1	5		71
专业种数	66	30	70	16	16	9	4	12	3	5	18		249
2012 年	文学	理学	工学	农学	医学	教育学	经济学	法学	哲学	历史学	管理学	艺术学	总数
二级门类	3	12	31	7	11	2	4	6	1	1	9	5	92
专业种数	76	36	169	27	44	16	17	32	4	6	46	33	506

改革开放以来的30多年经济转型期，我国大学本科专业的设置和调整具有以下显著特点[2]。

(1) 国家教育主管部门主导大学专业目录的调整修订，这说明专业设置和调整的权力依然集中在国家教育主管部门，专业设置具有浓厚的计划经济色彩。另外，通过调研清华大学、华中科技大学等国内电气工程专业具有代表性的8所高校专业设置，发现部分高校对专业设置的描述呈现程式化的特点。

(2) 专业种数不断减少。由1980年的上千种变至1998年的249种，专业口径不断拓宽，不同于计划经济时代的以特定产品、特定行业、特定技术为导向的专业设置方式。这一特点与新中国成立前30年本科专业种数的上升趋势形成鲜明对比，除此之外，专业目录的修订频率也在不断下降。

(3) 专业设置的市场导向功能不断加强。1999年《中华人民共和国高等教育法》的颁布实施，标志着我国高等教育的改革与发展进入了一个新的历史时期。大学专业设置自主性不断加强，而且随着大学生就业情况的变化而调整。市场需求指引了专业热点的转换，毕业生的就业情况直接影响招生情况，最终影响大学专业设置和调整的价值取向。

下面以电气工程的专业目录为例分析其专业设置，电气工程专业目录如图3-1所示。

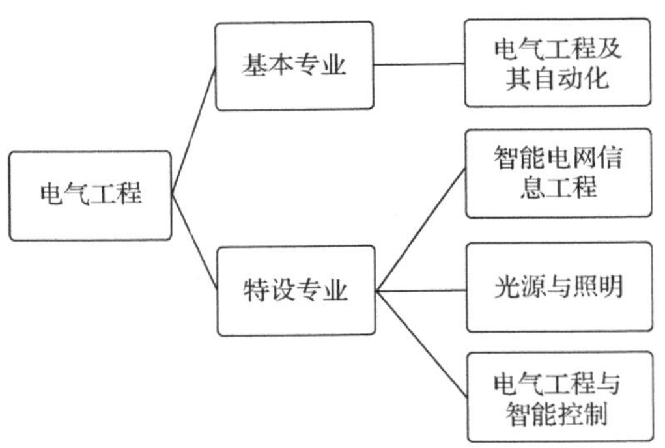

图3-1　电气工程专业目录

如图3-1所示，电气工程专业中基本专业为电气工程及其自动化一项，特设专业分为智能电网信息工程、光源与照明以及电气工程与智能控制。总体上呈现出了专业设置宽口径的特点，即专业按照大类划分不再具体细化。如果与其他工学专业横向对比(表3-2)，则这一特点更加明显，通过专业之间以及与往年专业设置的对比，可以发现我国大学专业设置呈现以下两个特点。

表 3-2　各专业设置情况

专业	机械类	材料类	计算机类	电子信息类	电气工程类
基本专业	机械工程、机械设计制造及其自动化、材料成型及控制工程、机械电子工程、工业设计、过程装备与控制工程、车辆工程、汽车服务工程	材料科学与工程、材料物理、材料化学、冶金工程、金属材料工程、无机非金属材料工程、高分子材料与工程、复合材料与工程	计算机科学与技术、软件工程、网络工程、信息安全、物联网工程、数字媒体技术	电子信息工程、电子科学与技术、通信工程、微电子科学与工程、光电信息科学与工程、信息工程	电气工程及其自动化
特设专业	机械工艺技术、微机电系统工程、机电技术教育、汽车维修工程教育	粉体材料科学与工程、宝石及材料工艺学、焊接技术与工程、功能材料、纳米材料与技术、新能源材料与器件	智能科学与技术、空间信息与数字技术、电子与计算机工程	广播电视工程、水声工程、电子封装技术、集成电路设计与集成系统、医学信息工程、电磁场与无线技术、电波传播与天线、电子信息科学与技术、电信工程及管理、应用电子技术教育	智能电网信息工程、光源与照明、电气工程与智能控制

(1) 不同专业之间方向设置差异大。对比其他传统工科专业，除了电气工程专业，机械、材料、计算机、电子信息等均设置多个专业方向，简言之，工科专业设置总体上存在专业划分过细的问题，不仅影响了学生的知识结构，而且培养出来的学生理论知识面窄，基础薄弱，适应能力差。随着社会的发展和全球能源互联网的构建，社会对复合型人才的需求越来越高。因而，划分过细的专业培养的学生不仅现在面临着找工作难题，而且在将来职业技能多变的趋势下，还会因适应能力差随时面临失业的危险。电气工程专业设置坚持宽口径人才培养，在大方向上解决了学生知识面窄的问题，符合复合型人才的培养要求。

(2) 专业设置存在滞后性。在专业方向的设置上，包括电气工程在内的工科专业还是以传统方向为主，特设专业或者新兴专业方向设置不及时，缺乏前瞻性，不利于培养紧跟市场需求的专业人才。

3.1.2　我国高校电气工程专业设置现状

电气工程及其自动化专业是 1998 年教育部在高等学校专业目录调整时，把原来的“电力系统及其自动化”“电机电器及其控制”“高电压与绝缘技术”“电气技术”四个强电类专业合并而成的专业，是新专业目录中合并调整原有专业最多的新专业之一。新专业的建设遵循“厚基础、宽口径、强能力、高素质”的原则，改变了过去专业设置过细、过多的做法，强调本科阶段对专业基础知识的掌握，具有强电与弱电、电工技术与电子技术、软件与硬件、元件与系统相结合的特点。电气工程专业作为工科一个重要专业，具有发展快、应用广及应用性和实践性强等特点，为了适应这些特点，其专业设置和培养体系必须紧跟科学技术发展的步伐，同时要强化学生实践能力的培养，使之具有解决实际工程问题的能力和较强的创新能力。目前，在高等教育大众化的情形下，我国电气工程专业在具有代表性的 8 所高校开设的具体专业以及划分方向如表 3-3 所示。

表 3-3　我国 8 所高校电气工程专业设置状况

学校	专业院系	方向	方向主修课程(部分)
清华大学	电机工程与应用电子技术	电力系统	电力系统分析、电力系统预测技术、智能电网概论、发电厂工程、电力系统稳定与控制、电力系统调度自动化、电力系统继电保护/实验、电力市场概论、电能质量基础、新能源发电与并网、信息论与电力系统、电网企业组织管理、电力系统实验
		信号控制	数字信号处理、通信系统原理
		高压及绝缘技术	输配电技术、现代电气测量、电气设备在线监测、大电流能量技术、电器原理及应用、过电压及其防护、电介质材料与绝缘技术、直流输电技术、数字化变电站、声光电磁测量技术、高电压工程与数值计算
		电力电子与电机	超导体在电气工程中的应用、电机分析、电力传动与控制、电力电子仿真设计、电子电机设计与分析、可再生能源与未来电力技术、太阳能光伏发电及其应用、电力电子技术专题、微特电机电力传动系统设计、智能电网中的储能技术
		计算机	面向对象程序设计、单片机技术与实验、数字信号处理(DSP)实验、可编程控制器及变频器系统
华中科技大学	电气与电子工程	电气工程及其自动化	电磁场与波、信号与系统、模拟电子技术、电路测试技术基础、电机学、超导应用基础、脉冲功率电子学、电力拖动与控制系统、电工材料及应用、计算机控制原理、电磁装置设计原理、高电压技术、电力系统分析、电磁兼容原理及应用、单片机原理及应用、电力电子学
西安交通大学	电气工程	发电	电力系统分析、电力系统继电保护原理、发电厂电气部分、电力系统自动化、电力系统综合实验、电力系统新技术专题
		高压	高电压绝缘技术基础、电力系统过电压及其防护、高电压试验技术、电力设备绝缘在线检测、高压直流输电技术、高电压综合实验
		工企	工业计算机控制技术、现代控制理论与智能控制基础、单片计算机原理及应用、电力拖动自动控制系统、软件工程基础、过程控制、可编程控制器应用技术、控制系统仿真
		电器	电器原理基础、电力开关设备、电器 CAD 基础、电器智能化原理及应用/工厂供电、成套电器设备状态检测技术、现代电器设计方法
		绝缘	工程电介质物理学、电气绝缘测试与诊断、电气功能材料学、

续表

学校	专业院系	方向	方向主修课程(部分)
西安交通大学	电气工程	绝缘	电力设备绝缘设计原理、通信电缆与光缆、设备测量传感与测控技术、电气绝缘试验、电气绝缘技术训练
		三电	嵌入式系统设计、DSP 技术与应用、可编程逻辑器件与应用
		电机	电机的智能控制、电机测试技术/电机优化理论、电机 CAD 技术、数字控制技术、控制电机、电机课程设计
浙江大学	电气工程	自动化	信号分析与处理、控制理论、现代控制理论、运动控制技术、检测与过程控制技术、电机与拖动、电力电子技术、微机原理与接口技术、嵌入式系统、DSP 原理与应用、FPGA(现场可编程门阵列)应用系统设计、计算机控制技术、供配电实用技术、网络控制系统设计、自适应控制
		电子信息工程	信号分析与处理、微机原理与接口技术、控制理论、电力电子技术、超大规模集成电路设计导论、电力电子器件、电力电子系统计算机仿真、电机与拖动、电子产品设计与调试、电子设计综合创新实践、面向 IC CAD 的软件技术、模拟与数模混合集成电路、计算机体系结构、可编程控制器系统
		电气工程及其自动化	电力系统稳态分析、电力系统暂态分析、发电厂电气系统、高电压技术、继电保护与自动装置、电力经济基础、电力信息技术、现代电机 CAD 技术、电机系统建模与分析、机电运动控制系统、电气装备计算机控制技术、特种电机及驱动技术、自动控制元
		系统科学与工程	信号分析与处理、控制理论、现代控制理论、应用统计学、运筹学、系统建模分析与仿真、系统理论与系统工程、信息融合技术、信息系统分析与集成、智能系统、系统优化与控制、决策支持系统、微机原理与接口技术、嵌入式系统、电气控制技术
重庆大学	电气工程	电机与电器	电工电子技术、电机与电器制造工艺、机械设计、电气控制技术、电机与电器测试技术、控制电机、微机原理及应用
		电力系统及其自动化	电路原理、电磁场原理、电子技术、信号与系统、自动控制原理、电机学、电力电子技术、电机测试与控制、电力系统稳态分析、高电压技术、电气传动、建筑供配电与照明技术
		高电压与绝缘技术	高电压绝缘技术基础、电力系统过电压及其防护、高电压试验技术、电力设备绝缘在线检测、高压直流输电技术
		电力电子与电力传动	电路原理、电磁场原理、模电/数电、现代电气控制技术、电力电子装置与系统
		电工理论与新技术	现代电力电子技术、电气传动自动控制系统、开关电源设计、数据采集系统原理、系统建模与仿真实验、电磁兼容原理、单片机原理、接口与应用

续表

学校	专业院系	方向	方向主修课程(部分)
重庆大学	电气工程	建筑电气与智能化	电气控制与可编程、建筑制图与识图、电工基础、电子技术基础、应用电机技术、电气 CAD、建筑供配电、建筑设备自动化、制冷与空调技术、楼宇给排水、楼宇综合自动化、电梯技术
华北电力大学	电气工程与计算机科学	通信工程	电路理论、信号与系统、模拟电子技术基础、数字电子技术基础、电磁场与微波技术、通信电子电路、信息论基础、单片机原理与应用、数据库技术及应用、C 语言程序设计、数字信号处理、通信系统原理、数字通信原理、通信网理论基础、交换技术、光纤通信技术、无线通信技术、数据通信、宽带数字网技术、微机原理与接口
		电气工程及其自动化	高等数学、计算机语言及应用、信号与系统、电子技术基础、自动控制理论、电路、电机学、电磁场、电力系统分析、电力电子技术、发电厂电气部分、高电压技术、继电保护等
		智能电网信息工程	高等数学、大学物理、计算机语言及应用、信号与系统、电子技术基础、自动控制理论、电路、电机学、电磁场、电力系统分析、电力电子技术、智能电网技术、通信原理、物联网、无线传感网络、传感器与检测、单片机原理、嵌入式系统等
		电子信息工程	电路理论、电子技术基础、信号与系统、数字信号处理、可编程逻辑器件原理与应用、微机原理与接口技术、传感器检测、单片机原理及应用、嵌入式系统、DSP 技术及应用、通信原理、数字通信技术和计算机技术系列课程
		电力工程与管理	电路理论、电机学、电子技术基础、自动控制理论、电气工程概论、电力系统分析基础、电力系统暂态分析、发电厂运行技术、电网运行技术、配电网运行与管理、发电厂经济运行与管理、电力营销、电力经济学基础、西方经济学等
		电子科学与技术	电路理论、电子技术基础、C 语言程序设计、数理方程、信号与系统、数字信号处理、数字通信原理、通信电子电路、现代光技术基础、薄膜材料、电子材料、量子力学、固体物理、电动力学、半导体物理、半导体器件、半导体集成电路、光电子技术、传感与检测技术等
哈尔滨工业大学	电气工程及其自动化	电气工程及其自动化	C 语言程序设计、机械学基础、电路、模拟电子技术基础、数字电子技术基础、电磁场、电机学、自动控制理论、嵌入式系统原理及应用、仿真技术与应用、电力电子技术、信号与系统、工业通信与网络技术
		建筑电气与智能化专业	电路、模拟电子技术基础、数字电子技术基础、电机学、自动控制理论、嵌入式系统原理及应用、电力电子技术、仿真技术与应用、建筑概论、现代建筑供配电技术、智能建筑自动化系统
		测控技术与仪器专业	电路、模拟电子技术基础、数字电子技术基础、信号与系统、数字信号处理、C 语言程序设计、误差理论与不确定度分析、

续表

学校	专业院系	方向	方向主修课程(部分)
哈尔滨工业大学	电气工程及其自动化	测控技术与仪器专业	单片机原理及应用、自动控制原理、传感技术及应用、过程控制技术与系统
		光电信息科学与工程	应用光学、物理光学、信息光学、光学系统设计、光电测试技术、光电仪器设计、模拟电子技术基础、数字电子技术基础、信号与系统、数字信号处理、精密机械学基础、单片机原理及应用、自动控制原理
上海交通大学	电子信息与电气工程	自动化专业	数字信号处理、自动化仪表、电力电子技术、自动控制原理、现代控制理论、过程控制系统、运行控制系统
		测控技术与仪器	传感器原理、精密仪器设计、测试与控制电路、仪器总线与虚拟仪器、光电检测技术
		信息工程	电磁场与波、数字信号处理、通信原理、数字系统仿真 VHDL 设计、微波与天线、通信基本电路、无线通信原理与移动网络、操作系统、数字图像处理
		电子科学与技术	半导体物理与器件、近代物理(电子类)、微波与天线、光电子学、薄膜晶体管原理及应用、超大规模集成电路设计基础
		计算机科学与技术	算法与复杂性、编译原理、操作系统、软件工程、数据库原理、计算机网络
		电气工程及其自动化	电气工程基础、电力电子技术基础、电机学、数字信号处理、电力系统继电保护、电力系统自动化、电机控制技术、电气与电子测量技术、电力系统暂态分析

专业设置是一个学校在该专业的发展历史和社会需求相结合的产物。表 3-3 中 8 所高校都是在电气工程领域比较有代表性的学校，通过对它们专业设置、专业方向划分以及主修课程的分析，我国电气工程专业设置的现状便可见一斑。伴随着我国经济建设与科技发展，我国电气工程专业逐步从突出电气化到电气化与自动化并重，再到突出自动化，具有明显的中国特色。基于表 3-3 和其他院校的电气工程专业设置情况，总结我国高校电气工程专业设置特点如下。

(1) 国内电气工程学院的专业设置以强电为主，主要包括四大方向：电力系统及其自动化、电力电子与电气传动、电机与电器、电工技术。8 所学校大多包括以上四个方面的内容，相同方向的专业核心课程也差异不大。例如，电气工程及其自动化方向，每所高校都相应设置了电气工程基础、电磁场、电机、电力电子等课程。专业建设紧随专业目录要求，遵循“厚基础、宽口径、强能力、高素质”的原则，很大程度上改变了过去专业设置过细、过多的做法，强调本科阶段对专业基础知识的掌握，具有强电与弱电、电工技术与电子技术、软件与硬件、元件与系统相结合的特点。

(2) 重视工业技术课程设置。在我国，企业的职工培训主要是针对工人的上岗培训而并非针对大学生。因此，在高等教育中，为了使大学生毕业后能尽快胜任工作岗位，除了要求掌握基础课程知识，专业课知识的掌握也是必不可少的，这是我国高等教育学者所认同的。新颁布的“电气工程与自动化”专业涵盖旧的专业方向，专业课的数量自然增多。因此，各高校在设计专业课程体系时一般都开设若干个专业方向模块课程，专业方向模块根据社会需求进行调整，不断引入该方向最新的知识内容。

(3) 交叉、综合性的学科特点。这无疑符合宽口径、多面手、复合型人才的培养要求，符合当前淡化专业、开展通才教育的人才培养改革方向，也使得学生掌握的知识要明显增多。

(4) 实行的是专业机制，高校自主性不够。专业机制的特点有两个：首先是自上而下的机制、被动的机制。从教育者的角度看，他们只是扮演一个执行者的角色，难以突破专业的限制去进行课程上的探索和改革。其次是惰性机制。专业一旦在高校设定，就要配备专门的师资和设备，因此，已设置的专业很难根据社会需要及时改动，而设置一个新专业就更不容易了。

虽然我国各高校在专业设置上拥有很多共性，但是由于地域差异、经济差异、政策扶持以及不同学校的不同办学理念和学科积淀，不同高校在电气工程专业设置上也在某些方面表现出了多样性。不同高校电气工程专业的优势方向不同，从而研究的重点领域也有很大的差异。除此之外，由于教育部授予高校专业自主设置权利，其能根据本校实际情况而进行计划招生教学。以下为部分高校的专业设置创新点以及优势方向。

(1) 清华大学。电机系本科生教育的特点是强电与弱电相结合、软件与硬件相结合、元件与系统相结合、信息与能量相结合。本科生主要学习电工电能技术、电子技术、信息控制、通信、计算机技术等专业知识。对高年级本科生还开设一些适应性强、覆盖面广的有关学科前沿科技发展的选修课程。为了培养全面发展的综合型、创造型人才，电机系还为学生量身定制了大量的实践环节，包括电子工艺实习、电子专题实践、计算机实践、综合论文训练、生产实习等。电机系拥有 5 个校级生产实习基地，而且与一些国内外著名大学和企业建立了联合研究所，形成了一些长期的科研合作关系。与国外著名大学相似，清华大学将计算机专业与电力专业结合，避免了学科之间的壁垒，顺应了当前电力系统高度智能化的趋势，能够很好地满足市场对高素质人才的要求。

(2) 华中科技大学。本科专业为电气工程及其自动化，跨电气工程、计算机科学与技术、控制科学与工程三个学科，坚持“大专业、宽口径”的标准，是一门与国际接轨的学科。电气工程专业的特点是电气与电子并重。电力电子与信息电子相融，软件与硬件兼备，装置与系统结合，其特色主要总结为以下三个方面：

一是淡化专业界限，拓宽专业口径，设置大专业；二是淡化专业概念而强调课程的学习，弱化教学管理机构对专业的控制；三是淡化专业对教育者、教育对象和教学活动及过程的束缚，把专业的规格性作用限定在最基本的、具有一定模糊性的层次上。

(3) 上海交通大学。上海交通大学电子信息与电气工程学院坚持“本科教育是立校之本”的办学思想，以通识教育为先导，以实践与创新教育及素质教育为支撑，构建与实施覆盖了九个本科学科电子信息类本科教学大平台。上海交通大学采用分流制度，设立电子信息与电气工程系，在大学二年级根据学科成绩和个人兴趣分流[3]为自动化专业测控技术与仪器、信息工程、电子科学与技术、计算机科学与技术、电气工程及其自动化。这一举措一方面实现了学科交叉，使不同学科之间能够相互影响，各学科知识相互影响、相互渗透、相互转化导致各专业学科间的界限开始模糊，各学科的概念、原理、方法相互移植、相互借鉴、共同发展，各专业已经不局限于单一学科，而是以学科群的方式存在；另一方面使学生在一段时间的学习后不仅能掌握稳固的基础知识，而且能选择适合自己的专业，避免了人才的浪费，符合国际化教育趋势[4]。

3.2　我国电气工程专业设置发展趋势

21 世纪的中国高等教育步入了新的发展时期，它所面临的社会环境发生巨大而深刻的变化，这些都会直接或间接地影响大学本科专业设置和调整的方向。在构建全球能源互联网的大背景下，传统的专业设置已经无法满足构建全球能源互联网的人才需求，本科专业设置需要注入新思路和新方法，因此，新一轮的电气工程专业人才培养改革势在必行。

《中华人民共和国高等教育法》的颁布实施在法律的框架内合理地界定政府、大学和市场三者的关系，这就要求教育主管部门建立一套行之有效、科学合理的专业设置和调整本科专业的制度体系，使之更加科学化和规范化。因此，在新的发展时期，我国大学电气工程专业设置表现出以下两方面发展趋势[5]。

1) 政府、大学和市场三者的关系界定和作用日益合理化

在计划经济时代，教育主管部门对本科专业设置和调整拥有绝对的权力。新中国成立后，在教育主管部门的主持下，《普通高等学校本科专业目录》进行多次重大专业调整。教育主管部门与高校是上下级的关系，教育主管部门根据市场需求为大学提供人才培养指令，大学的任务则是执行，可见，政府、市场和大学的关系是单链和单向的。随着社会主义市场经济体制的建立和完善，尤其是《中华人民共和国高等教育法》的颁布实施，大学在学科专业设置和调整上的自主权得

到了法律上的确认，使得政府、大学和市场三者的关系呈现出双向互动的格局。但从目前的情况看，人才市场的需求成为政府和大学共同关注的对象，人才市场需求的变化将会成为大学学科专业设置和调整的重要依据。

计划经济条件下，电气工程专业人才培养是按国家计划进行的，实行专业对口按需分配。但在市场经济背景下，教育部逐步放开了对本科专业设置的限制，给予大学更多自主设置专业的权力。新设置的这些专业，大多结合国家和地方电力产业结构调整的需要，契合前沿科技领域，能够较好地适应经济社会发展的快速变化。电气工程专业人才的使用更遵循市场规律，具有选择性和流动性的特点。政府和大学从宏观层面上把握电力人才市场对电气工程人才的需求，通过招生信息和就业信息来间接了解人才市场的需求，寻找专业设置和调整的市场依据。

《中华人民共和国高等教育法》第三十三条中明确规定：“高等学校依法自主设置和调整学科、专业”。它要求大学走出传统的象牙塔，发挥大学在专业设置和调整中的主导作用，促进专业建设和人才培养与经济社会发展接轨。相较于计划经济时代强调专业对口，市场经济条件下更侧重于素质教育。美国的大学在本科教育过程中淡化专业，提出人才毛坯的概念，强化课程组合，强调通识教育，强调素质和能力的培养，就是为了使大学生毕业后具有更好的社会适应性和可塑性。过去大学四年所学知识可享用一生的时代已经一去不复返了，因此，当前我国不少大学对本科教育越来越注重基础教育和科学素质、人文素质，以及各种能力的培养，而专业课程的分量在减少，其目的就是要适应多变的社会。

2）高校定位合理化，专业口径进一步拓宽

很长一段时间，我国专业设置出现雷同、混乱，具有盲目性和随意性，专业设置滞后于社会的发展等现象，这都是因为大学对自己的定位不明确。一味地争取专业的全与宽，而忽略了自身的客观条件，因而师资条件跟不上，导致教学质量差，更不要说办出自己特色的专业。随着高等教育质量的提高，我国高等学校在办学过程中，逐步明确自己的服务面向和专业方向。一般院校因为师资、硬件设施等方面的制约，不再强求办为省级或国家级重点学校，否则不仅没有自己的特色，而且会降低整个学校的教育质量。同时，各院校根据自己的所处地区和办学优势，发展自己的特色学科和专业，然后通过这些特色学科带动其他学科的发展，以更好地服务于地方经济的发展。与此同时，我国各高校逐步遵循专业宽口径的原则，不再过分细化专业设置，例如，上海交通大学采用国际化的分流制度，多学科同一学院统一学习，大学二年级根据个人兴趣和成绩进行具体专业的划分，不仅实现了学科的交叉发展，而且使得学生的专业基础更为牢固。

3.3　我国电气工程专业的发展策略以及建议

3.3.1　电气工程专业设置发展遵循原则

高校设置专业就是依据教育主管部门提供的专业目录和社会市场需求进行专业开设与调整的过程。在这一过程中高等学校首先要考虑培养方向、培养层次、生源特点、服务面向以及人才类型，即在哪个层次为哪些对象培养什么样的人才；然后考虑设置哪些专业、制定怎样的培养目标、提供多少的师资设备等一系列活动。《普通高等学校本科专业设置管理规定》对高等学校专业设置和调整提出了总要求，应适应国家经济建设、科技进步和社会发展的需要，遵循教育规律，正确处理需要与可能、数量与质量、近期与长远、局部与整体、特殊与一般的关系，应有利于提高教育质量和培养效益，形成合理的专业结构和布局，避免不必要的重复设置[6]。

1) 前瞻性原则

教育部门在进行高等教育的专业设置和调整时，一方面要立足现实需要，解决高等教育存在的现实适应性问题；另一方面要兼顾社会发展的未来需要，使高等教育专业的发展能够引导并促进社会和经济的发展。大学专业要与社会发展远景相协调，使得培养出的人才既能满足当前社会发展所需，又能为未来经济腾飞作好相应的人才储备。

不仅如此，专业设置和调整还要具有一定的超前性。在当前科技迅猛发展的时代，社会瞬息万变，对人才的素质要求也在不断提高，高等教育要尽量避免人才培养的滞后性，主动适应和引导社会的发展与变革，体现其先导作用。只有这样，才能培养出适应多变、多样社会需求的人才。

2) 系统化原则

高等学校设置新专业必须要有已设相关专业为依托，培养者必须考虑专业之间的关联度，有效地利用原有专业富余的教育资源，提高教学设备乃至师资的利用率，提高培养效益。所以，不但要尽可能形成专业群，而且专业群之间要尽可能形成某种联系，形成全校的专业体系特色。另外，任何专业设置都要服务于学校的整体利益，遵循学校的综合发展规划，有利于学校教育资源的统筹调配和最大效益的获得。如果开设某一专业会影响学校整体功能的发展，损耗学校大量的人力、物力、财力，不利于学校的深层次发展和进一步提高，甚至会损害学校的根本利益，则该专业不宜开设，应该放弃。前瞻性原则与可行性原则是先导，是在专业设置中首先要考虑的。学校在新专业设置时，既要考虑社会经济发展对人才的需求变化，又要结合本校的培养能力、定位与发展方向，当两者有一定的符合度时才选择发展新专业。系统化原则仅适用于当新专业设置方向确立时，要考虑相关基础学科的支撑性。

3）优化布局原则

我国幅员辽阔，区域差异大，对人才的类型和层次的需求也不尽相同，所以优化布局是非常有必要的。在全国统一布局的前提下，应当鼓励高校在专业设置与建设时发挥长处，体现特色，做到人无我有，人有我精，众有我新。专业的布局必须以社会对电气工程人才的需求为出发点，以经济供给能力为支撑点，充分考虑经济发展的承载能力和构建全球能源互联网的人才需求。教育必须在专业分布、人才培养层次、特色等方面体现独到之处，形成分工合理、错落有致、各具特色的专业结构，达到整体优化。

4）按需设置原则

众所周知，大学办学是为社会经济发展服务，因此，大学应主动适应社会需求的变化，体现在专业设置上，首先应遵循满足经济、科技和社会发展需要的原则；否则，高等教育将成空中楼阁。因此，专业设置要置于整个社会的动态变化系统中去考察，更好地满足社会所需，为社会发展服务。

3.3.2　对我国电气工程专业设置的反思以及改革策略

专业设置是大学教育的基础，是实现教育功能的高等载体，是高等教育的一个关键环节，也是连接学校与社会、市场的重要纽带，所以合理有效的专业设置对人才培养具有重要意义。对于我国在高等院校专业设置上的一些固有问题，如专业设置雷同、专业口径过窄、专业设置过于刚性化等问题，有必要进行分析并且提出可行的对策，以促进我国大学专业的合理设置，促进人才培养[7]。

专业设置的指标一般包括以下 4 项：设置口径，是指划分专业所规定的主干学科或主要学科基础及业务范围的覆盖面；设置方向，是指在专业口径之内是否分化专攻方向以及分化的数量；设置时间，是指专业设置的早晚选择空间，学生可以一进校门就定专业，也可以先模糊专业身份，到一定阶段之后再分流培养，有的甚至可以多次分流培养；设置空间，是指学生的专业确定之后还有没有更改的空间和可能。现基于专业设置的 4 项相关指标，提出以下四方面对策。

1）拓宽专业口径

针对专业口径过窄、适应性不强等问题，应该贯彻执行宽口径原则，坚持通才教育，培养复合型电气工程人才[8]。近年来我国相继提出的“宽基础，活模块”“两年打基础，一年定方向”等教学模式，确立了“加强基础，拓宽知识，注重技能，增强适应性”的教学原则，能够较好地解决宽与专的矛盾，增强毕业生的适应性。同时，设置的专业要有一定的适应性和灵活性，以满足不同地区、不同行业的具体要求。

同一专业的培养目标可以多元化。电气工程的人才可按专业人才以及非专业人才培养，其中专业人才可分为设计工程师、制造工程师以及操作技师，非专业人才可按与电气工程专业相关程度分为营销、管理、外贸三小类，具体架构如图 3-2 所示。如此一来，在专业大类不变的情况下实现人才培养目标的多样化、多元化，最终目的是满足市场需求多样化和细化的要求。

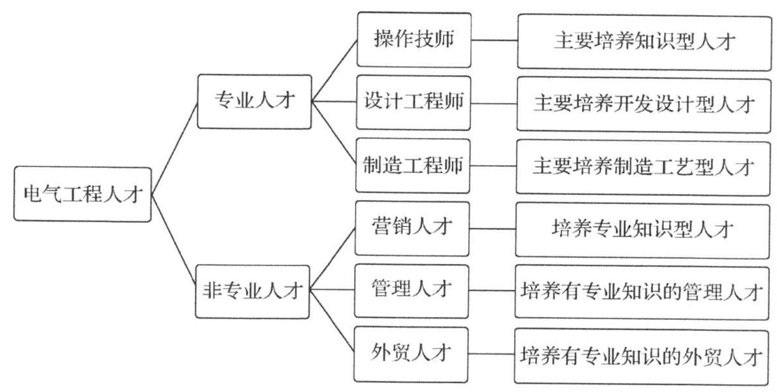

图 3-2　电气工程专业人才培养架构

2) 设置超前专业

特高压电网建设、电能替代导致电动汽车大规模增加、间歇性可再生能源大规模开发利用、多种能源形式的综合互联和协调运行导致全球能源互联网概念的产生，这使得传统专业设置不能满足市场需求。因此，高校电气工程专业方向的设立要有超前意识，要加强对未来人才需求走向的预测。

3) 专业升级

专业升级，是指在大学科背景下，通过学校内部教育资源的合理流动、优化配置，改变原来专业分散发展、低水平重复的粗放型局面，从而促进学科专业的交叉渗透和专业复合，增强学科专业的自我开发能力和对现代社会的适应性、竞争性，使学科专业可持续超前发展。专业升级主要包括 3 个方面的内容：一是发展新兴学科、边缘学科和高新技术学科专业。二是打破学科专业之间的壁垒，合并主干学科或主要学科基础相近的专业，构建“宽口径、大专业、多方向”的学科专业群，通过集约建设学科专业群，增强各学科专业间的内在联系和相互支撑，在学科的交叉渗透中，不断形成新的学科专业增长点。三是通过现代化的技术改造提升传统学科专业，赋予传统学科专业以新的课程体系、教学内容、研究方向及新的技术装备和现代实验手段，增加专业的高新技术附加值。

4) 优化管理机制

在专业改革过程中，教育主管部门的宏观管理要与高校的自由权有机地结合起来，建立起专业结构优化自我调节、自我完善的有效监控机制，实行弹性化管理。一是要依法落实高校专业设置的自主权；二是要加强对高校办学的正确指导，政府部门要从宏观上把握好教育的发展方向，帮助学校规划专业的发展，为高校自主权行使提供更加可靠的有效信息；三是要建立相应的调控机制并落到实处。

3.4 本章小结

本章首先根据我国本科专业设置的三次重大调整分析了专业设置历史发展的大方向；然后选取了8所具有代表性的高校进行电气工程学科的专业和方向介绍，总结了我国电气工程专业重强电、重工业、缺乏交叉力度以及实行专业机制的现状，同时着重介绍了具有创新特色的高校专业设置情况；最后围绕政府、大学和市场三者的关系指出了未来专业设置的发展趋势，并揭示了电气工程专业设置所遵循的原则，为电气工程专业设置提供了新的改革思路。

参考文献

[1] 王晓村，鲍健强，池仁勇，等．我国大学本科专业设置与调整的历史演变与现实思考[J]．高等教育研究，2006,(11):32-37.

[2] 周光礼，吴越．我国高校专业设置政策六十年回顾与反思[J]．高等工程教育研究，2009,(5):62-75.

[3] 罗文广，曾文波，石玉秋．地方高校电气信息类专业分层分流人才培养模式研究[J]．中国电力教育，2009,(7):27-28.

[4] 牛文娟，张翠玲，郭莹．电气信息大类招生背景下专业分流制度与学生管理工作探讨[J]．考试周刊，2012,(74):160-161.

[5] 俞佳君，钟儒刚，彭少华．高校专业设置管理的历史与反思[J]．湖南师范大学教育科学学报，2013,12(1):59-60.

[6] 赵本全．调整和改进高等学校本科的专业设置与专业结构[D]．南京：河海大学，2005.

[7] 周丽霞．当代我国大学专业设置存在的问题及改革策略[J]．科教文汇，2010,(9):22-23.

[8] 黄文力，苗满香．电气工程及其自动化专业课程体系的改革[J]．郑州航空工业管理学院学报，2011,30(4):164-167.

第 4 章　我国电气工程学科人才培养目标现状

人才培养目标作为人才培养模式的先决概念，是人才培养活动的出发点和依据，对整个人才培养活动都起着决定性的指导作用。构建全球能源互联网伟大战略对电气工程领域人才培养提出了新的要求。细致了解人才培养目标定位是教学资源配置、师资队伍建设、教学内容确定、教学方法选择、教学活动形式组织、教学管理制度建立、教学质量评价等各项工作开展的先决条件。人才培养目标定位不仅是人才培养模式构建的基础性工作，而且是学校培养定位的逻辑起点。因此，各高校在正确的教育思想观念指导下，了解当前的人才培养目标现状，根据本地区经济与社会发展对电气工程人才的需求情况进行恰当的人才培养目标定位，不仅是构建复合型电气工程人才培养模式的基本前提和重要内容，而且对满足全球能源互联网对人才培养的新要求具有重要的现实意义。

4.1　人才培养目标的变迁

培养目标是高校人才培养的核心和灵魂，高校人才培养首先要有合理的培养目标，即在一定的指导思想下，对学生知识结构、能力和素质进行符合社会发展的设计。因此，科学定位电气工程学科的人才培养目标是决定电气工程专业人才培养质量的关键因素和前提。

新中国成立以后，为适应社会主义改造和建设需求，我国设立了与政治密切结合的专业化人才培养目标。例如，1961 年 9 月颁布的《教育部直属高等学校暂行工作条例(草案)》在总则中规定，高等学校的基本任务，是贯彻执行教育为无产阶级的政治服务、教育与生产劳动相结合的方针，培养为社会主义建设所需要的各种专门人才；在高等学校中，必须加强党的领导，加强党和非党的团结合作。这种专业化的培养目标是紧紧与政治目标联系在一起的，即高等学校培养的是又红又专的社会主义建设所需要的各种专门人才[1]。这一培养目标凝聚人心，但是过分强调政治功能，使其偏离了高等教育的核心要求和根本属性，不可能为中国高等教育的健康发展提供持续、深入的指导。

改革开放以后，伴随思想的解放和我国人才培养体系表现出的诸多问题，高等学校人才培养目标的改革势在必行。在对人才内涵的理解上，培养目标的政治功能逐渐淡化，转而强调学生的知识、技能和综合素养。正如邓小平同志指出的：“培养人，中心是把基础打好，然后干哪一行都行。”邓小平同志的讲话精神，为培养一专多能的人才扫除了思想上的障碍。1985 年 5 月颁布的《中共中央关于教育体制改革的决定》明确提出要“多出人才，出好人才”。经过改革开放初期的扬弃和发展，专业化的人才培养目标成为我国高等学校培养目标的一条主线，这条主线一直延续到现在，但其内涵却处于不断分化、丰富和发展过程中。

经过改革开放的发展，我国的高等教育事业不断取得新的进步，整体规模不断扩大。高等教育人才培养目标中的政治目标得到进一步的调整，学术目标和经济目标逐渐显现。进一步协调政治与业务的关系，就是在坚持政治目标的基础上进一步提高学术目标和经济目标，将质量作为高等学校的生命线。国务院在转发原国家教委起草的《关于加快改革和积极发展普通高等教育的意见》(1993 年)中阐述的三个有利于第一次将高等教育的政治目标、经济目标和学术目标全面统合在一起并给予清晰的表述，并且将教育质量和培养效益相提并论，对高等教育的人才培养目标产生了不可估量的影响，为我国人才培养目标多元化发展奠定了基础。

我国的社会主义市场经济体制逐步确立对高校人才培养目标提出了更高的要求，推动着高校人才培养目标的多元化发展。人才培养的政治目标依然存在，且必须将正确的政治方向放在第一位，这是由我国的社会主义根本制度所决定的。1999 年 6 月 13 日颁布的《中共中央国务院关于深化教育改革全面推进素质教育的决定》提出了多样化的人才培养目标。高等学校的目标就是要培养学生的全面素质而不是单纯传授知识和技能，创新精神和实践能力受到重视。针对外部社会的种子需求，各高校如雨后春笋般开始进行教育教学工作内部改革，确立具有自身特色的人才培养目标。可以说，高素质人才、创新型人才和复合型人才正受到越来越多的重视，成为 21 世纪高等学校的人才培养目标[2]。

总之，经过改革开放 30 多年的发展，我国高校人才培养目标的政治色彩逐渐淡化，人才培养的学术目标、经济目标、社会目标逐步确立，并朝着多元化的方向不断发展，推动着我国高校的人才培养与市场经济和知识经济的要求相适应和对接，为中国特色社会主义建设提供人才和智力的支持。

4.2 现行人才培养目标

2015 年 5 月，教育部高等学校电气类专业教学指导委员会在《电气类专业教学质量国家标准》提出的电气类专业的培养目标如下：培养可以从事与电气工程有关的规划设计、电气设备制造、发电厂和电网建设、系统调试与运行、信息处理、保护与系统控制、状态监测、维护检修、环境保护、经济管理、质量保障、市场交易等领域工作，具有科学研究、技术开发与组织管理能力的复合型工程科技人才。

除了数学、自然科学、人文社会科学等通识教育，该专业学生主要学习电工理论、电子技术、信息技术、控制理论、计算机技术等方面较宽广的技术基础知识和以电能生产、传输与利用为核心的相关专业知识；培养利用所学知识提炼科学和技术概念、解决工程问题和构建复杂工程系统的能力；具有良好的社会道德和职业道德、形成适应社会发展的综合素养。毕业后，经过实践锻炼达到工程师的职业要求。

人才培养业务方面要求如下。

(1) 具有良好的人文社会科学素养、有社会责任感和工程职业道德。

(2) 具有从事电气工程专业所需数学、自然科学以及经济和管理知识。

(3) 掌握电气工程基础理论和专业知识，具有较系统的工程实践学习经历；了解电气类专业的前沿发展现状和趋势。

(4) 具备设计和实施工程实验的能力，并能够对实验结果进行分析处理。

(5) 具有追求创新的态度和创新意识；具有综合运用理论和技术手段设计系统与过程的能力，设计过程中能够综合考虑经济、环境、法律、安全、健康、伦理等制约因素。

(6) 掌握文献检索、资料查询和运用现代信息技术获取相关信息的基本方法。

(7) 了解与电气类专业相关行业的生产、设计、研究与开发、环境保护和可持续发展等方面的方针、政策和法律、法规，能正确认识工程对于客观世界和社会的影响。

(8) 具有一定的组织管理能力、表达能力和人际交往能力以及在团队中发挥作用的能力。

(9) 对终身学习有正确认识，具有不断学习和适应发展的能力。

(10) 基本掌握一门外语，具有国际视野和跨文化的交流、竞争与合作能力。

4.3　人才培养目标的现状

4.3.1　高校人才培养目标

本章选取清华大学、华中科技大学等国内电气工程专业具有代表性的 8 所高校作为研究样本。各高校电气工程专业的人才培养目标及基本要求如下。

1) 清华大学

本专业面向与电能产生、传输、分配和使用相关的电力系统和电工设备制造业，培养基础扎实、创新能力突出、有国际视野的电气工程专业人才。

电气工程专业本科毕业生应达到如下知识、能力与素质的要求：掌握与电气工程相关的数学、科学和工程方面的基本原理与实践技能；保持对知识的渴望，关注交叉学科并乐于发现知识，具备通过终身学习来解决各种复杂问题的能力；在学术素养、沟通技巧、团队精神等方面具有良好的道德品质；了解中国和世界面临的各种挑战并愿意承担相应的社会责任。

2) 华中科技大学

本专业面向电力系统、电气装备制造、电气科学研究等领域，培养厚基础、宽口径、创新能力突出、具有国际视野的高素质专业人才和领军人才。

毕业生应获得以下方面的知识和能力：具有良好的人文素养和高度的社会责任感；具备扎实的理数基础，系统掌握本学科领域的专业基础理论知识；了解本学科前沿的发展趋势，具有一定的国际视野；具备工程实践能力和计算机应用能力；具有较强的工程实践能力、表达沟通能力和团队合作精神；具有创新的态度和意识，具备自我学习和提高的能力。

3) 西安交通大学

本专业培养德、智、体全面发展，适应 21 世纪社会主义现代化建设需要，掌握电气、电子与信息科学技术领域扎实的基础理论、专门知识及基本技能，具有在相关领域跟踪、发展新理论、新知识、新技术的能力，能从事电气工程、自动化、信息技术、电子与计算机技术应用等领域的科学研究、技术开发、经济管理工作，具有厚基础、宽口径、强实践、高素质特点的高级技术和管理人才。

4) 浙江大学

本专业培养具有扎实的自然科学基础知识，具有良好的人文社会科学、管理科学基础和外语综合能力，从事电力系统及电气装备的运行与控制、研制开发、自动控制、信息处理、试验分析，以及电力电子技术、机电一体化、经济管理和计算机应用等工作的，与国际接轨，并具有知识创新能力的宽口径、复合型高级工程技术人才和管理人才，具有求是创新精神和国际竞争力的未来领导者。

毕业生应获得以下方面的知识和能力：具有扎实的数学、物理等自然科学的基础知识，具有较好的人文社会科学、管理科学基础和外语综合能力；系统掌握本专业领域必需的技术基础理论知识，主要包括电工理论、电子技术、信息处理、自动控制理论、计算机软硬件基本理论与应用等；获得较好的工程实践训练，具有熟练的计算机应用能力；具有良好的文献检索与阅读能力，了解本专业学科前沿的发展趋势；具备较强的科学研究、科技开发和组织管理能力。

5) 重庆大学

本专业培养具备电气、电子与信息技术、自动控制与计算机应用技术领域扎实的基础理论、较为宽广的电气工程专业知识和良好的工程实践能力，具有良好的人文社会科学、经济管理科学基础知识和创新精神，富有社会责任感，能够在电气工程及其相关领域从事科学研究、工程设计、技术开发、系统运行、经济管理等方面工作的高素质人才。

培养要求如下。知识要求：良好的人文社会科学和经济管理科学知识；较为扎实的数学、物理等自然科学知识；扎实的电气工程学科基础理论与基本知识；电气工程领域内 1～2 个方向的专业知识。能力要求：电气工程领域内所必需的专业技能；分析并解决电气工程实际问题的基本能力；较好的外语综合能力和计算机应用能力；一定的组织管理能力、交流沟通能力和团队协作精神；较好的口头与文字表达能力；自主学习及获取知识的能力。素质要求：远大的理想、宽阔的视野、强烈的进取心；高尚的情操、健康的体魄、健全的人格；较强的社会责任感和良好的职业道德；善于思考，勤于钻研，富有探索和创新精神；良好的心理素质，面对挫折和困难乐观向上。

6) 华北电力大学

本专业培养适应社会主义现代化建设需要，德智体全面发展，具有较强的综合素质和一定的创新精神，能够从事电气工程及其自动化领域相关的工程设计、生产制造、系统运行、系统分析、技术开发、教育科研、经济管理等方面工作的特色鲜明的复合型高级工程技术人才。

培养要求如下：扎实地掌握数学、物理等自然科学基础知识，具有良好的人文社会科学和一定的经济、管理科学基础知识，并熟练掌握一门外语；系统地掌握本专业领域必需的专业基础理论知识，并具有较强的计算机应用能力；具有本专业领域内 1 个专业方向的基本专业知识与实际操作技能，了解本专业领域的理论前沿和发展动态；获得较好的工程实践训练，具有综合解决工程实际问题的能力；具有较强的知识获取与运用能力，具备创新意识和从事科学研究、科技开发的能力；具有较强的工作适应性、人际交往能力和团队协作精神，具有一定的组织管理才能。

7) 哈尔滨工业大学

本专业培养具备电气工程领域相关的基础理论、专业技术和实践能力，具有宽广的自然科学基础和良好的人文素养，富于创新精神，能在电机与电器、电力系统、工业自动化以及电气装备制造等领域从事科学研究、工程设计、系统运行、试验分析、管理等工作的宽口径、复合型高级工程技术人才，以及具有国际竞争力的高水平研究型精英人才或工程领军人才。

毕业生应具备以下方面的知识和能力：掌握较扎实的高等数学和大学物理等自然科学基础知识，具有较好的人文社会科学和管理科学基础，具有一定的外语国际交流和运用能力；系统地掌握电气工程学科的基础理论和基本知识，主要包括电工理论、电子技术、信息处理、控制理论、计算机软硬件基本原理与应用等；掌握电气工程相关的系统分析方法、设计方法和实验技术；具有本专业领域内至少一个专业方向(电机、电力系统、工业自动化和电器)的专业知识和技能，了解本专业学科前沿的发展趋势；具有较强的适应能力，具备一定的科学研究、技术开发和组织管理能力；具有较好的工程实践动手能力和计算机应用能力，能综合运用所学知识分析和解决本领域工程问题；掌握其他的一些技能，如信息技术获取、组织管理、团队合作、持续的知识学习等。

8) 上海交通大学

本专业适应国家发展需要，培养的学生具有综合素质高，理论基础坚实，知识面广和创新能力强，能较系统地掌握电子技术、控制理论、计算机应用技术、电气系统设计与控制技术等宽广学科知识，使学生具备科技设计、开发、应用，科学研究和企业管理的综合能力。

培养要求如下：树立科学的世界观、人生观和价值观，具有良好的思想品德修养，艰苦奋斗，乐于奉献，具有团结合作精神；具有刻苦学习的精神，掌握本学科基本理论、基本技能和方法，具有合理的知识结构和一定的跨学科知识面；具有综合应用能力和创新能力，具有独立分析问题、解决问题的能力和一定的社会活动能力；具有良好的身心素质和良好的卫生及体育锻炼习惯。

4.3.2 人才培养目标现状分析

要完整全面地认识培养目标，可以从“人才素质”“人才层次”“人才类型”“人才功能”四个维度进行分析。人才素质通常指人的内在素质构成；人才层次是一个相对的概念，在高等教育领域，通常指专科生、本科生、研究生之间的层次关系；人才类型是根据专业技术不同而划分的人才规格；人才功能是指所培养的人对社会和行业的作用。高校在表述培养目标时，人才的“素质、层次、类型、功能”四个方面不一定面面俱到。但是毫无疑问，越是好的清晰的培养目标，越能够反映不同高校的价值取向和定位，而越是定位准确的培养目标越能够推动高校走上良性发展道路。经过不断调整，各高校的电气工程人才培养目标渐趋科学和完善，其现状分析总结如下。

(1) 培养目标处于动态调整过程中。我国工业体系建设在不断进步，社会和电力行业对人才的需求也不断发生变化，人才培养目标处在不断调整的状态中。培养目标的鲜明特点就是强调学科教育与国民经济结合，在我国工业发展的不同阶段，电气工程学科人才培养目标有所不同。例如，我国工业化初期，电力发展以满足负荷需求为最重要目的，所需人才偏重于熟悉一线生产技能的工人。随着全球能源互联网伟大战略的提出，电气工程学科的人才培养目标需要与时俱进。

(2) 人才类型定位清晰。高校注重培养具有较强的动手实践能力从事电力相关行业的电气工程人才，这其中又分为三个层次：一是掌握扎实电力系统知识、具有技能性实践能力的技术性人才；二是掌握传统电力知识及电力电子、计算机、经济等相关知识的高级工程师和专业管理人才；三是在具备扎实理论知识基础上具有国际视野的创新型人才和行业发展引领者。以山东大学电气工程及其自动化专业为例，毕业生 80%以上都在电力系统就业，每年就业率都在 98%以上。近 50 年来培养了大批电气工程及其自动化专业毕业生，大部分分配到了电力系统工作，包括设计、制造、生产、运行、管理、教育等部门，其中很多人都已成为企业技术骨干、高层领导甚至行业开创和引领者。

(3)注重道德意识和健全人格的培养。杨叔子提出："大学的主旋律应该是育人，而非制器，是培养高级人才，而非制造高档器材。"大学阶段，是人生发展的重要时期，是世界观、人生观、价值观形成的关键时期。长期以来，媒体曝光形形色色的大学生道德缺失问题，道德教育成为社会关注的焦点。道德缺失的高学历知识分子在日后的发展中往往对社会具有更大的破坏力。所以教育的初衷应为育人，即培育学生健全的人格和高尚的道德情操。电气学科人才培养不是要培养适应社会和电力行业发展的工具人，而是要培养具有扎实专业知识，德、智、体、美和谐统一全面发展的人才。

(4)强调专业之间的交叉融合和复合型人才的培养。现代电力行业发展呈现出系统化和智能化的特点，因此单纯掌握传统电气工程知识已经不能满足社会发展需求，学习更多的自动化技术、计算机技术、经济管理乃至人文科学的相关知识才能在日新月异的电力行业发展中脱颖而出。全球能源互联网作为加速能源转型的重大工程，涉及能源、材料、信息、控制以及政治、经济、法律等方方面面，所需人才必然是知识多元化的复合人才。

(5)注重国际视野、创新素质和实践能力。统计分析表明，我国高校注重国际视野、创新能力和实践能力的培养，这既与我国高校追求世界一流大学的目标有关，也与我国高校培育创新人才的能力还很薄弱有关，创新精神能够为电气技术和电气领域不断提供具有经济价值、社会价值、生态价值的新思想、新理论、新方法和新发明，它是全球能源互联网大形势下竞争的核心。当今社会的竞争，是人才的竞争，究其本质来说是人的创造力的竞争。只有拥有了源源不断的创新能力，才能在竞争中占有主导权。此前，我国创新能力不足，一直被世界上发达国家不断制定的新规则所左右；而现在，全球能源互联网伟大战略的提出，标志着我国已经有足够的实力和眼光来参与电气领域规则的制定。创新能力的提高离不开实践能力的增强，实践能力是理论应用于现实中的能力，创新能力与实践能力相辅相成，只有具备这两方面能力的人才才是适合时代新形势的电气工程复合型人才。

(6)注重培养人才的持续学习能力。活到老，学到老。在知识持续快速更新、知识量急剧增加的今天，无论在校期间掌握多大的知识量，都无法满足社会和行业快速发展的需求，失去持续学习能力迟早会被社会淘汰。大学四年，学生要形成自主学习的能力，并贯穿于一生的学习与发展中。

4.4 关于培养目标的问题与思考

1)前瞻性不强

当前培养目标没有从战略高度重新进行定位，没有紧跟世界能源和电力发展变化的新趋势。仍以为电气工程领域培养扎实的技术工人为主，缺少领军人才培养的有效措施。现今人才培养目标往往以社会需求和行业需求为导向，不可避免地具有滞后性的特征。我国作为构建全球能源互联网的倡导者和实践者，将为全球能源互联网建设输送大批高质量工程应用型人才。因此我国电气学科人才培养目标必须要有前瞻性，能准确预测未来电力系统形态的变化以及对各类人才的需求，适时恰当地调整人才培养目标。

2)定位存在同质化问题

学校层面的培养目标是国家层面培养目标的具体化，但绝不是国家层面培养目标的翻版，学校有权制定符合本校办学传统和发展需要的具有一定个性色彩的培养目标。学院的培养目标是在学校培养目标的基础上的细化，基本与学校的培养目标方向保持一致。作为有权制定学校培养目标的组织和出知识、出思想、出理论的场所，高校所表达的培养目标在一定范围内应该具有自己独特的内容。但是从统计分析来看，无论是人才素质、人才层次、人才类型还是人才功能，学校与学校之间的话语雷同现象明显，总体而言，在我国，不同院校的电气专业长期保持着高度统一的人才培养目标。这其中有国家宏观教育政策的原因，也与大学自主办学权限有限、大学管理层缺乏创新、偏重学习和移植，而且对人才培养理念认识存在偏差有关。各院校人才培养应立足实际情况，客观分析其学科优势和定位，确定科学合理、特色突出的人才培养目标。

3)培养目标社会本位色彩浓重

经过统计分析发现，在培养对象的定位上，没有一所高校直接称本科教育是培养人，大部分高校直接宣称本科教育是培养人才。教育的首要功能是培养人，发展人的内在素质。没有人的发展，实现教育的其他功能就是奢谈。在社会转型期和教育变革期，大学必须抓住机遇扭转这种过于注重社会需要的教育价值取向，以更好地满足培养对象多样化的发展需要[3]。

4.5　人才培养目标定位与设计

综合分析清华大学、华中科技大学等国内具有代表性的 8 所高校电气工程专业的培养目标，总结其确立人才培养目标的依据如下。

1) 高等教育政策

教育方针是规定教育工作的宏观指导思想，是总的教育方向和行动指南。高等学校电气工程专业制定电气方面人才培养目标必须考虑高等教育的本质属性、功能定位和层次特点。高等学校要根据社会对人才需求的现状与趋势以及本校实际，对复合型人才的知识、能力、素质进行合理化设计，充分体现统一性与个性化相结合的复合型人才培养特色。从生源实际出发，坚持知识、能力和素质协调发展，充分考虑生源特点，重视个性差异，坚持因材施教，培养既“上手快”又“后劲足”的高素质复合型人才，充分体现学术性与职业性相结合的复合型人才培养特色。

2) 社会发展趋势

高等学校是为未来培养人才的，制定电气领域人才培养目标必然要考虑高等教育发展现状与发展趋势，要使人才培养目标具有鲜明的时代特点。在经济全球化的时代潮流中高等教育国际化是世界高等教育发展的新趋势，国际化是复合型本科人才培养的时代特色。尤其是在全球能源互联网的国际大背景下，除了要求复合型人才具有扎实的专业技能，还要求其有一定的国际知识和经验、良好的国际交往能力和熟练的外语技能以及开放的心态、全球的视野和全人类观念。因此，在制定复合型电气工程人才培养目标时必须考虑新时期高等教育发展的新特点，以保证人才培养的前瞻性[4]。

3) 高校定位

高校在制定电气工程人才培养目标时必须明确自身定位，即社会需要什么样的人才，学校现有条件能否培养出这样的人才，在学生原有的基础上经过学校培养后能否达到预期培养目标的规格要求。另外，高校制定电气工程人才培养目标时还必须考虑学校的培养目标定位，考虑学校的培养基础和条件，要根据自身情况制定相应的培养目标和培养计划，充分体现高校立足培养实际、不盲目跟风、务实致用的人才培养理念。高校应因地制宜，发挥长处，最优化地培养适应电气工程领域的复合型人才，更好地为构建全球能源互联网服务。

4.6 本章小结

本章首先回顾了我国高校人才培养目标从单纯的政治目标转向学术目标和经济目标，进而转向多元目标的变迁历程，进而从人才素质、人才层次、人才类型和人才功能四个维度具体分析了当前人才培养目标的特点。通过对教育部电气工程学科参评的其中 8 所高校的培养目标的分析，探讨了当前培养目标存在同质化严重、社会本位色彩浓重等问题，并总结了高校人才培养目标定位与设计的依据，为高校人才培养目标的改革提供新思路。

参考文献

[1] 刘志鹏, 别敦荣, 张笛梅. 20 世纪的中国高等教育：下册[M]. 北京：高等教育出版社，2006.

[2] 郄海霞. 改革开放三十年我国高校人才培养目标的变迁[J]. 中国高等教育研究，2009, (3):33-35.

[3] 李红惠. 我国研究型大学本科教育培养目标定位研究[J]. 国家教育行政学院学报，2012, (5):72-77.

[4] 钱国英. 高等教育转型与应用型本科人才[M]. 杭州: 浙江大学出版社，2007.

第5章　电气工程人才培养体系现状

电气工程人才培养体系是根据电气工程人才培养目标的要求，将课程体系和实践教学进行结构化的设计。人才培养体系不仅是人才培养理念的集中反映，更是人才培养目标的具体体现和实现载体。如果说人才培养目标还只是对受教育者的知识、能力、素质等方面提出的理想预期，那么人才培养体系在很大程度上则决定了受教育者所能形成的知识、能力、素质，决定了人才培养目标能否成为现实。显然，电气工程人才培养体系是电气工程人才培养模式改革的主要落脚点。设计出切合实际、便于操作的人才培养体系是实现电气领域复合型人才培养模式的重要环节。

5.1　课 程 设 置

5.1.1　课程设置现状

课程体系是实现培养目标和提高人才质量的核心，它应当服从培养目标的要求。在对我国各高校电气专业课程设置和理论教学现状充分调研分析的基础上，紧密围绕全球能源互联网的发展需求，构建合理的课程体系，培养社会发展所需的专业人才，实现学生知识、能力、素质协调发展是当前的重要任务。

课程设置的基础是人才培养目标，课程体系应符合国家高等教育司对本科人才培养的要求，并结合各自专业发展方向和特色[1]。就目前我国的高等学校教育体制而言，国家并没有制定某个专业的统一的课程体系，也没有指导性教学计划。在2012年新的《普通高等学校本科专业目录》公布后，各校都在原有的教学基础上按照新的专业目录制定自己的培养体系。在此期间，教育部组织召开了几次全国性的电气工程教学研讨会，对各自的培养方案进行了相当充分的交流。由于各校的培养方案互相学习，互相借鉴，所以在一些基本的方面接近。在各个学校的课程体系中，大致分为以下四个部分。

1）公共基础课

公共基础课是学习几大类专业所必需的一些基础知识，主要是为了提高电气工程专业学生的基本素质，使学生具有可持续学习和发展的基础。电气工程专业的学生不仅要具有扎实的数学和物理基础知识，更要具有高尚的道德修养，在公共基础课设置上体现了这一要求。必修公共基础课有高等数学、线性代数、概率论与数理统计、复变函数与积分变换、大学物理、大学物理实验、计算机文化基础、C 语言程序设计、马克思主义哲学、毛泽东思想概论、中国近代史纲要等。

2) 专业基础课

专业基础课是电气类相关专业学生所必修的课程，即打通电类相关专业的平台教育，使学生毕业后相对容易地实现专业转换，提高社会适应能力。专业基础课主要包括电路、电磁场、模拟电子技术、数字电子技术、自动控制原理、电机学、单片机原理与设计、电子技术实验课等，这是所有电类专业的共同基础，因此所有的电类专业学生都要学。当然，由于专业不同，对这些课程掌握程度有所差别。

3) 专业课

专业课的目的是培养该专业学生的核心竞争力。电气工程专业通常包括电力系统及其自动化、高电压与绝缘技术、电机与电器、电力电子、电工理论。部分学校还自主设立了反映其学科特色的专业方向。在一个专业方向中，一般有 2～3 门必修课，会有较多的选修课。不同学校开设的选修课差异较大，也最能反映该学校的专业特点。

4) 通识核心教育课

根据培养目标中要求学生具有一定的人文素养，各学院开设不同类型的基础性概论课用以跨学科选课。这类课程通常都由学校进行统一设置，大部分高校为提高学生的综合素养，会跨专业安排 5～8 门选修课。当然，不同专业可以向学校和开课部门提出自己的要求。

5.1.2 我国高校课程设置特点

我国高校电气工程专业开设的时间有早有晚，师资力量有弱有强，但在课程设置方面仍有一些相似之处，各个学校电气工程专业的培养方案大致有四个特点。

1) 强弱电结合

各个高校在培养电气领域人才时不再是单一地把重点放在强电领域，在开设电力系统相关课程的同时，也注重开设模拟电子技术和数字电子技术课程，在强调电力系统基本原理的同时也着眼于弱电领域的控制技术。电工技术与电子技术结合，从 20 世纪电力电子技术的诞生，到如今特高压技术的应用以及各种新型能源大规模接入电网，电力电子技术的应用越来越变成现代电网不可缺少的一部分，全国高校根据这一实际情况，开设电力电子技术课程，在讲授电工知识的同时，也将电力电子知识作为一部分重要的内容进行讲授；软件与硬件结合，各个高校开设种类繁多的实验课程和课程设计，要求学生将软件编程与硬件应用结合起来，不仅要思考新式的算法，也要了解硬件的物理特性，提高学生的动手能力和实践创新能力。

2) 专业教学多层次

专业基础实验教学以培养学生实践能力和创新能力为目的，将实验从易到难、从常规性实验到创新性实验划分为多个层次。以大学物理实验为例，不仅开设钢丝杨氏模量的测定、固体的导热系数的测定、惠更斯电桥这种经典物理实验，更有搭建一种基于刚体转动惯量实验仪的液体黏滞系数测量实验装置的创新型实验，让学生在实验中动手动脑，既能理解实验中所蕴含的基本物理原理，将书本中的内容转化为实际实验现象，又能将所学的知识前后串联起来，增强对各种物理原理关联性的理解，真真正正地做到学会学懂，会想会做。

3) 专业实验重能力

将专业实验划分为课程实验和专业综合实验两大部分。各个高校在开展各类理论教学的同时，也配套开展给相关的课程实验。在讲授“电机学”课程的同时，安排学生拆卸小型发电机、电动机，认识其中的物理构造与工程设计，理解定子和转子的空间安排与运动关系，将原本抽象复杂的电磁关系建立在实在的物理结构上，有利于学生更好地理解电机原理；而在学期末，为了解电力系统的实际运行情况，各个高校安排相应的动模实验，综合所学知识分析各种电力系统的运行情况与各部分的状态响应。

4) 特色教育

开设反映电气工程领域科技前沿新技术的特色选修讲座和交叉学科概论选修课，以开阔学生视野。进入高校以后，学生接触的知识虽然相比之前更为接近现状，但是仍是 20 世纪乃至更为久远的研究成果，为使学生接触到更为先进的研究成果，不与最新研究领域脱节，各个高校电气学院邀请国内外电气领域的学者到高校分享他们的研究成果。另外各个高校电气学院已经深刻认识到未来电气领域必将需要对各个领域知识都有所理解的复合型人才，也会邀请材料、机械等方面的专家来介绍一些与电气领域密切相关的研究。

5.1.3　关于课程设置的问题与思考

尽管培养目标不断更新，课程教育改革也在深入进行，但是就目前各高校课程设置而言，仍然存在许多问题。

1) 依然保持“专业化”培养模式

虽然在培养目标中明确指出要致力于培养新时代的复合型人才，然而课程设置明显没有跟进培养目标的要求，依然延续着“专业化”的培养模式。现在学生步入大学，就好像被领入了一个个的“胡同”，这种狭窄的“胡同教育”对学生的思维结构与知识形成有直接影响。这种课程框架很多年都未曾发生变化。对高等数学、线性代数和大学物理等课程要求较高，对人文精神、审美和鉴赏能力等人文要求较低。这种“专业化教育”只能促进学生单向发展，其造成的结果是，过弱的文化情操熏陶，使学生的人文素质低；过窄的专业教育，使学生的学术视野窄；过重的功利主义趋向，使学生的综合素质弱；过强的共性制约，使学生的个性难以发展。

2）学科交叉深度不够

课程设置更多的还是局限于电气工程领域，有学科之间的交叉融合，但是其深度和广度远不及培养目标的要求。课程体系设置上，专业教育课程与普通教育课程、文科课程和理科课程，各自分割。学校各院系普遍把精力放在学生专业的知识与技能培养，忽略从其他学科中拓宽学生知识面。特别是理科学生缺乏基本的人文素质修养，缺乏逻辑地思考问题、解决问题的能力，更缺乏条理清晰的写作或连贯的表达能力。计算机与通信、信息安全课程太少而且学习内容过于基础，经济学的课程只有几所高校进行了设置，另外全球能源互联网的构建需要电气工程人才具备大能源观和环境观，因此相关课程还有待设置。

3）课程设置缺乏连贯性且内容陈旧

现有专业课程的连贯性不够，存在碎片化严重、整体性欠缺的弊端，学生尽管学习了很多专业课程，但仍然很难从全局视角把握电力宏观知识体系。本科课程体系缺乏系统性，大部分毕业生在毕业时对不同学科间的关系一无所知。我国大学本科生基本上没有机会参与学校的科研和学术活动，难以了解学科前沿的发展方向，更难以形成研究能力和探索精神。由此，造成学生在知识结构上专业知识突出，人文知识综合素质较差。这无疑延长了大学毕业生适应社会的时间，也增加了用人单位使用成本。课程内容也远远不能满足当前全球能源互联网对于创新型电气工程人才的要求。

4）个性化发展受到忽视

课程体系结构单薄，课程设置失衡，而且系列化、模块化不强，学生在避免与必修课冲突的前提下可选择的课程太少，相对于同一专业，全国大学课程设置大同小异，缺少变通和特色。必修课过多，选修课较少：内容单一的课程泛泛，内涵丰富的综合课程总体缺乏。课程体系结构设计简易化，追求稳定与统一的管理模式，使得柔性弹性的学分制无法落实与实施。在授课过程中，教师仍然是滔滔不绝地讲授，学生在课堂上处于被动状态，缺乏师生互动，没有把培养研究和表达能力与教学有机结合起来。

5）忽略英语的实用性

英语作为我国各高校的必修课，通过对课程的考察分析来看，更强调其工具性，过分重视语法学习，忽视了实际语境中英语的应用能力，忽略了语言的文化内涵。为了更好地培养社会需要的外语人才，传统的教学方法不应依旧是教学的主流。大部分教师没有彻底转变观念，从传统教学模式的羁绊中解脱出来。因为专业英语更注重实用性，且传统教学方法使我国英语教学走了许多弯路，“费时多，收效甚微”，“哑巴英语”“聋子英语”的教学模式依然存在，所以新观念指导下新的教学模式势在必行。还有很多老师没有认识到传统教学的弊端，更难以积极寻找切实可行的教学方法。要用批判的眼光审视，用挑剔乃至苛刻的筛选去选择，做到精益求精。坚持实用性原则，在实践中探索出实践性强、有一定针对性和实用性的新型教学模式。

5.2 理论教学

5.2.1 关于理论教学的问题与思考

新中国成立以来，我国高校的理论教学模式基本是“以教主导”的单一教学体系，仅以培养掌握某一门基本理论、知识和技能，能够从事电力领域研究的专门人才为基本教学目标，这种教学模式虽然能在短时间内实现知识的传授，但是并不是以学生为中心，忽视了学生本身的发展需求。最近几年，我国许多高校在电气工程本科教学中注重以学生为中心，关心学生需求，强调实践教学，编写生动教材，搞活课堂气氛，邀请学生评教，鼓励学生动手，教学面貌有所改观。然而，从整体来看，本科教学模式并未发生根本性变化，以学生为中心的理念并未深入人心且体现在多数教师的施教过程中。在教学过程中依然能发现很多问题。

1) 教学方法单一

我国高等教育体系相对落后体现在教学场所以及教学内容上，表现出相对单一化的特点：教学场所以课堂为主，教学内容以教材为主。受办学条件和学校资源的限制，为追求教学效果以及效益，绝大多数大学电气工程的本科理论教学仅限于教室内的课堂上展开。一般情况下，电气工程专业的专业课在 1～2 个教学班的课堂中进行，一个课堂有学生 50～60 人；专业基础课、通识核心教育课、公共基础课在 4～6 个教学班的课堂中进行，一个课堂有学生 100～150 人。电气工程专业的学生很多时候只能通过课堂学习知识，领略大学教师的风采，与教师进行简单的沟通和交流。

2) 教学内容以教材为主

我国的高等教育仍然是以教师为中心的教学文化，也就是围绕“教师中心、教材中心和课堂中心”而组织的，发挥了教师在教学过程中的主导作用，在一定程度上忽视了学生的主体性和能动性。理论教学内容上，以教材为主。在此模式下，教师的授课变成了授书，缺少了对学生的新知引导和创新激发。更为严重和突出的是，一些涉及科技前沿的教材 10 年、20 年都较少修订，大学教师仍然年复一年地使用着。作为专业知识渊博的大学教师，应在授课过程中将经济社会发展的需求、学科发展的前沿及时、科学地与所学内容相结合，拓展学生的视野。

5.2.2　构建复合式理论教学体系

相对于单一理论教学体系而言，复合式理论教学体系培养的人才要求具有扎实的基础理论、宽厚的专业知识和创新、实践能力以及综合素质，并具有使人的个性得到全面发展为目标的教学系统。复合式理论教学体系的构建对于我国电气工程本科阶段的教学革新具有重要的借鉴意义。其特点如下。

复合型人才教育要求其培养的人才在精通本专业的同时掌握多门学科知识，从教学理念上来看，复合式理论教学体系以专才理论和通才理论为基础，强调培养的人才技能满足个人发展的需要，也能够满足社会以及市场的需要。

教师应当具备复合型的知识结构，既要具备扎实的专业学科知识，还应当具备基本的教育科学知识以及丰富的实践性知识，具备综合的学科思维、综合教学技能以及综合知识挑战能力等素质。

教学以交叉学科、综合学科为主要内容。在教学中注重本学科与其他学科之间的相关性，同时，课程以综合性课程、项目课程、模块课程等为主。教学内容与实践联系密切，培养学生分析问题、解决问题的能力，培养他们的创新能力和独创精神以及科学研究的能力。教学方法上趋于多样化，重视不同学科之间学生的相互沟通交融。以启发式、讨论式等现代教学方法为主，重在培养学生的主动精神和积极参与实践的能力。

评价模式上，以综合评价为主，评定过程引进多元化评价标准，更注重学生的创新能力、科研能力、分析问题和解决实际问题的能力。评价方式也呈现多样化。

单一式理论教学体系与复合式理论教学体系的对比如表 5-1 所示。

表 5-1　单一式理论教学体系与复合式理论教学体系的比较

要素比较	单一式理论教学体系	复合式理论教学体系
教学目标	专门人才	复合型人才
教学原则	(1)重科学性，轻思想性； (2)重传授知识，轻培养能力； (3)教师主动，学生被动； (4)重理论，轻实践	(1)科学性与思想性相统一原则； (2)传授知识与培养能力相统一原则； (3)教师主导与学生主动相结合原则； (4)理论与实践相结合原则
教学主体	教师	多种观点交织
教学内容	以单一学科为基础，注重理论的研究	以交叉学科为基础，注重解决实际问题，理论与实践联系紧密

续表

要素比较	单一式理论教学体系	复合式理论教学体系
教学方法	讲授法、练习法、谈话法等，以讲授为主	讲授法、探究法、发现法、范例法、跨学科研究方法等，合作学习、小组教学多种教学方法为主
教学手段	原始手段为主——书本、黑板、粉笔、图片、模型、语言	(1)原始手段——书本、黑板、粉笔、图片、模型、语言 (2)现代手段——广播、电影、录像机、电视、计算机、多媒体
教学管理	(1)注重对理论知识考核； (2)重视统一制定课程标准； (3)重视学生考试测验； (4)重视严格的规章制度； (5)注重校内环境建设	(1)既重理论知识，又重实践教学； (2)课程标准灵活多样，与实践联系紧密； (3)多种考核方法并用； (4)注重人本管理，以人为本； (5)既重校内，又重校外建设
教学评价	注重学生考试成绩	注重学生的综合素质

5.3　构建合理的课程体系

1)改善课程配置

基于创新能力和实践培养的需要，需强调实践课程与理论课程并重。实践是理论联系实际的有效途径，也是诱发学生潜在创造能力的有效方法。对此，要加强实践课的比例，通过完善实践课程体系、增设企业实习计划、与企业合作项目、建立科研基地等多种形式和手段，提高学生的科研能力和动手能力。

将科研成果引入教学内容。基于科技知识快速发展的需要，突出课程内容的前沿性、创新性以及综合性，将科研成果引入教学内容。将科研成果引入教学内容，使教学活动走进学术前沿，同时也使教学活动更具科研性。目前，“985 工程”高校的主要做法是通过院士讲学、教授为本科生上课、学术讲座、学术报告等形式，将千人计划特聘教授、国家杰出青年基金获得者、教育部长江学者奖励计划特聘教授、国家重点实验室负责人等推上本科教学的舞台，督促其将最新的科研成果引入本科教学内容。教授将自身的科研成果及时融入基础教学，并辅之以现代化的教学手段和活泼生动的授课方式，实现教学与科研的良性互动。

2)切实转变教学理念，构建教学体系新框

确立复合型目标体系。理论教学理念是对教学和学习活动内在规律的认识的集中体现，同时也是对教学活动的看法和持有的基本态度与观念。它是从事教学活动的指导思想和行动指南。各高校理论教学目标体系应如下：以培养学生创新能力为主体，以扎实的理论基础、关键的核心能力、复合的学科知识为特征，充分运用多种教学手段和方法，改革课程，培养具有创新精神和创新能力的复合型人才。“一体三层次”理论教学目标如图 5-1 所示。

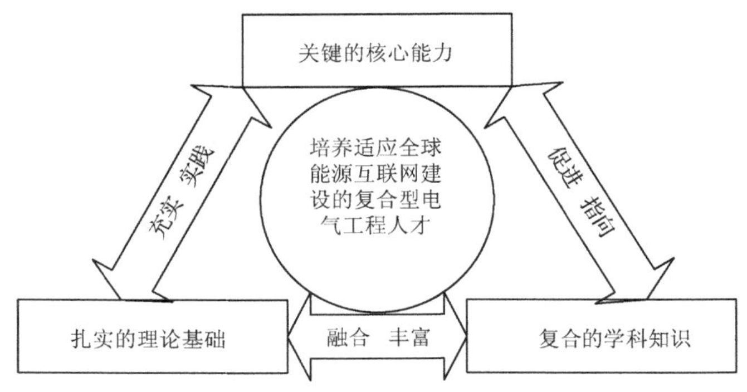

图 5-1 “一体三层次”理论教学目标

扎实的理论基础是指学生必须掌握其理论基础，并能够灵活运用。核心能力又称核心竞争能力，培养学生关键的核心能力是指学生在课程学习过程中所形成的由一系列彼此互补的专业技能与知识结合而成的特定的创新能力和实践能力，是学生的自我构建能力，也是学生可持续发展与竞争的基础和来源。各国学者对综合素质与能力的表述略有不同，美国劳工部发表的关于 2000 年的报告《要求学校做什么样的工作》中提出了一个人进入劳动市场所必备的五方面关键能力：一是分配时间、制定目标和突出重点目标的能力，以及分配经费和准备预算的能力；二是确定所需要的数据并设法获得数据、处理和保存数据的能力；三是作为小组成员参与活动以及与他人交流的能力；四是了解社会、组织和技术系统是如何运行的，并懂得如何操纵它们；五是选择技术的能力以及在工作中应用技术的能力。这些对定位关键的核心能力具有很好的借鉴作用。复合的学科知识是指学生具备两个或两个以上的专业或学科基础理论和基本技能，这些知识并非松散没有联系，而是相互交叉、融合，形成新的知识，并成为新的思维方法和综合能力的萌发点，不仅有助于解决本学科专业的问题，更容易有所创造。

确立学生知识能力素质结构。电气工程学科是现代科技领域中的核心学科和关键学科，具有很强的实践性。它要求学生具有以下的知识能力素质结构：坚实宽广的电力理论基础和系统精深的专业知识以及广泛的科技知识；熟悉本学科国内外的现状、发展趋势和研究前沿；具备创造性的科研能力与较强的动手能力，在学术素养、沟通技巧、团队精神等方面具有良好的道德品质；保持对知识的渴望，关注交叉学科并乐于发现知识，从而具备通过终身学习来解决现实世界各种复杂问题的能力。《中华人民共和国高等教育法》明确指出，高等教育的首要任务是培养具有创新精神和实践能力的高级专门人才，学生除了具备相关的理论知识，还应具备多方面的工作能力。

3）师资队伍建设

复合型人才培养具有交叉和综合的特色，其人才的培养亦需要特殊的学术环境和管理模式，需要观念上的改变和政策上的支持。这是因为对于复合式理论教学体系的研究拓展，需要多学科知识的交融，更需要来自不同学科专家和教授的参与，没有高水平的导师队伍，复合型学生的培养很容易流于形式，出现培养目标不明确，培养过程缺乏合理安排，最终使得培养出来的人没有掌握应有的合理的知识结构，综合素质和能力也没有得到训练，不但不能产生创新成果，反而影响其培养质量的情况。可以通过激励推动、多元化队伍建设、国际交流等方式加强师资队伍的建设。

激励推动。要深入开展分配制度、职务聘任制度、考核制度以及奖惩制度等的改革，使有关制度的制定和实施能积极促进师资队伍的建设。进一步细化、量化考核内容，完善指标体系和考核办法，努力使考核更具针对性、合理性和可行性。要增加透明度，进行公平、公正、公开的考核，健全教师业务档案，为职务聘任等提供确切依据。要实现由对教师"个体考核"向对学科或专业的"群体考核"转化。

多元化队伍。各个指导教师的实验仪器和设备、科研课题面向本学科学生实现共享。长期以来，由于管理体制以及高校内各个系、院条块分割的现象，各个系、院之间资源独立，既造成了资源的重复投资，也造成不必要的浪费。通过共享资源，本学科的教师可以了解其他学科的一些实验方法、思维方法以及相应的学科知识，有利于将本学科和其他学科的资源联系起来，为培养教师的创新意识、创新思维提供了条件。此外，指导教师具有不同的学科专业的特长，如有的理论基础强，有的实践能力强，在资源共享的过程中，他们之间的合作可以形成一支从理论到实践、从硬件到软件等专业特长的指导小组。导师队伍的多元化对于培养学生交叉学科研究能力具有重要的促进作用。

国际交流。导师通过联合培养，与其他国家的大学合作，招收不同国家的学生，使具有不同教育背景的学生聚集在一起，通过交流，可以了解其他国家学科的理论教育体系发展状况，了解本学科产生的不同背景以及研究的重点，同时也可以充分有效地利用本单位的教育资源。

4) 大力自编教材

教材是学生学习知识、增长技能、创造智慧的载体，是教师教学实践的结晶和教学工作的主要手段，也是理论教学的重要途径。作为"985 工程"高校，更新教材是使学生走近前沿、接触前沿的直接方式，而自编教材能兼顾学校的实际情况和学生的实际需要。《2010 年度本科教学质量报告》显示，相当多的大学在编写教材方面都取得了一定成果。一是大力投入经费进行教材建设，例如，南开大学于 2001～2008 年开展校级教材立项 309 项，投入建设经费 461 万元，集中资助反映优势学科特点的高水平教材，引进具有学科前沿水平的经典教材。二是进行教材立项和编写出版教材，例如，哈尔滨工业大学，校级“十一五”规划教材立项 221 种，近 3 年编写出版教材 407 本；东南大学在“十一五”规划期间，共有 18 种教材获省级精品教材，自编教材讲义 200 多部，确保了教学内容的先进性；中央民族大学在“十五”规划以来，出版特色教材 290 余部。

5.4 实践教学

5.4.1 实践教学现状

电气是一门实践性、工程性很强的学科，没有足够的实验室和良好的教学环境，就无法开展实践教学。电气工程专业的实践教学环节主要分为课程实验、实验课程、课程设计、工程训练、生产实习、毕业设计等。

课程实验是指课程中安排的实验环节，不但基础课的课程实验必不可少，从电路、电子技术等课程开始，几乎所有专业基础课和专业课都安排了课程实验，这些实验是相应课程必需的环节。在所有开设本专业的学校中，这个环节是必不可少的，但开设实验的数目、实验设备和条件、每次实验的每组人数有很大差异。不少大学电气工程专业的实验室都分为两个层次。第一层次为电工原理、电子技术等课程的实验，这些实验大多在学校的电工电子教学实验中心进行。这些实验一般不仅是电气工程专业的学生使用，电子信息类专业的学生也使用，甚至非电类专业学生在学习电类课程时也使用。第二层次为电机学、电力电子技术及一些专业课程的实验，这些课程中的实验大多在专门建立的规模较小的实验室进行。

实验课程是指以实验教学为主的课程。在这些课程中，很少有理论课的教授，主要是在老师的指导下做实验。一些高校依托电气类大学科课程体系建设课程平台，这些高校平台往往具有宽广性及层次化、模块化、系列化等特点。以华中科技大学电气工程学院实验中心为例，该实验中心单独开设了电工学实验、电路实验、电力电子实验等课程，在课程建设中，该中心跟踪学科发展，优化整合电工系列课程教学内容，其中 80%以上实验内容为综合性、设计性实验[2]。注意将学科优势和科研成果应用于设计性实验内容中，并与工程和社会应用实践紧密联系。还有一些高校没有一个完整的实验课程体系，只开设了部分实验课程，如大学物理实验、电路实验等。另外还有极少部分高校只开设了课程实验，而没有单独的实验课程。

课程设计一般是一门课程中的一个大的实践环节，几乎所有的高校电气学院都开设了课程设计环节，并把其放在一个极其重要的地位，该课程与课程实验类似，往往与相应课程相辅相成，但与课程实验相比，课程设计时间长、规模大、综合性强，在学期末安排 1～2 周的时间集中开展。以某高校电气工程基础课程设计为例，根据电气工程基础课程综合性的特点，该课程设计要求设计一个小型电网，几乎涵盖了电气工程领域的所有知识，不仅包括电力系统的各种参数，还包括电力系统的稳态、静态、暂态分析，要求学生要全面掌握课程内容，综合性强，能够提高参与课程学生的实践能力、创新能力和知识的综合运用与分析能力。

工程训练不仅仅对于电气工程专业，对于整个工科来说都是一个极为重要的实践环节。我国对工程训练或工程实践教学历来十分重视，几乎可以这么认为，没有高水平的各类工程训练，就不可能有高水平的工程教育，也培养不出高水平的工程技术人员。工程训练一般安排在大学三年级上学期之前，在学校的工程训练中心或教学实习工厂进行实习，大多分为金工实习、电工实习等内容。工程训练时间约为两周，一般安排在暑假期间。该环节是与工厂实际结合最为密切的部分。一般在设置电气工程专业的学校，这个环节都是不可缺少的。经过两周的工程训练，每个学生都能对工厂的情况有一个大概的感性认识。这对电气工程专业的学生来说是极为重要的[3]。

生产实习一般都在企业中进行，时间为 3～4 周。生产实习是实践教学环节的重要内容之一。近年来各高校电气工程专业建立了许多校内外实习基地，往往安排假期组织学生进行认识实习及生产实习，完成教学任务。目前全国各高校电气工程专业的生产实习一般采用到发电厂、变电所和生产调度部门参观及跟班运行的模式，通过生产实习，学生了解所学理论知识在生产实际中应用情况，加深对本专业的了解，并在生产实践中发现问题、分析问题，培养解决工程实际问题的能力；开拓专业视野，增强工程意识、工作意识和岗位责任意识，提高对本专业的学习兴趣，为后续专业课程的学习打下基础。

毕业设计是培养学生的一个必不可少的教学实践环节，一般大学都把最后一年安排成毕业设计。毕业设计采取导师制，一般一个导师每一届指导 2～8 名本科生。在研究生培养规模较大的学校里，本科生的毕业设计常常和研究生的课题相结合，可以做到每个本科生毕业设计的题目都不相同，每年毕业设计的题目也不重复。毕业设计的题目一般比较具体，学生在进行毕业设计时，在这个毕业设计的方向上可以得到较好的锻炼。但各个学生的毕业设计题目千差万别，不可能把三年半所学的知识全部用上，毕业设计主要培养学生在电气工程领域进行科学研究、技术开发和设计工作的能力。对不少研究型大学来说，毕业设计中主要进行研究或技术开发，而不是设计，所谓毕业设计不过是这一教学环节的一个传统称谓的延续。在毕业设计后期，一般要根据毕业设计的内容撰写学士学位论文，并进行论文答辩，成绩合格后，再结合其课程学习成绩才有可能获得学士学位。

5.4.2　实践教学存在的问题

从国际认可度和竞争力来看，当前我国高等教育培养的工程师有鲜明特点，但总体质量较世界一流高校尚有一定差距，主要因素之一就是实践教学环节薄弱。在全球能源互联网的大趋势下，我国高等教育薄弱的实践教学环节会更加严重地影响我国电气工程人才的培养质量。现从课程实验、实验课程、课程设计、课外科技竞赛活动、工程训练、生产实习和毕业设计等方面对实践教学存在的问题总结如下。

1) 课程实验创新性差

课程实验大多为验证性实验，缺少创新性实验，缺乏综合性、创新性、研究性，制约着学生动手能力的培养和提高，而且课程实验目标笼统，实验步骤过于详细，实验指导书绝大部分篇幅为实验步骤，部分实验指导书甚至把实验表格都完完整整地给出，这导致学生主观能动性普遍不强。实验装置操作过于简单，如电路实验使用的是电路都在内部的实验台，使用“即插即用”的导线，在实验时按照步骤走马观花做一遍，难以理解蕴含在实验中的相应知识，难以在此环节培养出学生的独立思考能力和创新能力。实验课时数量有限，开设的实验都是某些书本结论、定理的验证，学生不亲自动手做实验，不认真记录实验数据，也可以用理论知识模拟出实验数据和实验结果，导致学生不去做实验或者不认真做实验。很多高校实验设备与实验内容不配套，部分高校实验装置陈旧落后甚至缺少实验装置，这导致一个小组成员过多，很多学生没有机会进行实验。

课程实验环节与课堂授课环节脱节，两者存在教师要求不一致甚至背道而驰的现象。部分高校教师数量不足，常常出现一名老师带几十名学生的现象，难以兼顾。实验对于表达能力和协作精神也没有作硬性要求，在实验中对学生的实验数据要求高而忽视学生在整个过程中的实验体会，很多学生少参与甚至不参与实验过程，相互抄袭实验报告的现象时有发生。这种教学模式一定程度上剥夺了学生自主学习的主动权，学生易产生厌倦情绪，不利于学生动手能力的锻炼和提高。结果可能是学生实验做了很多，而不会观察实验现象，更谈不上分析问题和解决问题，有的甚至不会使用仪器、仪表，不认识元器件。实验中学生主动思考很少，缺乏创新；学生的动手能力、创新能力没有得到应有的锻炼。

2) 实验课程存在感低

在高等院校的电气工程实践教学中，实验课程在培养高水平的电气领域技术人才中具有不可替代的作用。然而在高校电气工程教育中，实验课程一直不受学生重视，甚至部分教师也将自己教授的课程放在了不重要的位置。一方面是因为实验课程考核制度不完善，大部分高校的实验课程只是分期中检查和期末考核两个部分，而平时教师的督导因教师而异，教师的要求严格些，学生就重视一些；教师的要求低，对学生的检查跟不上，学生就只是准备两次检查，平时不分出精力在实验课程上。另一方面是因为长期以来应试教育的惯性，整个高校教育只重视落在纸面上的考试、论文，而对能明显提高学生动手能力和创新能力的实验课程不以为意，整个高校教育存在一些教师消极怠工的现象，在课上授课草草了事，实验时不见踪影，下课后联系不上，对所教课程极为轻视。这对整个高校电气工程人才培养有百害而无一利，不利于复合型电气工程人才的培养。

3) 课程设计收效甚微

多年来，课程设计教学活动中一直存在着定位与要求不明确的问题，因此教师只能根据个人理解和本课程的情况自主发挥，于是出现了课程设计内容与课程理论内容相脱节甚至课程设计与课程内容相去甚远的情况。课程设计往往采用同一题目，学生之间存在相互抄袭现象甚至下级抄袭上级的现象，很难挖掘学生的潜能，难以激发其主动性和创造力。另外随着全球能源互联网时代的到来，以往的课程设计题目已经远远不能满足时代要求。课程设计过程中学生无法成为学习的主体，依然由老师设定内容并掌控整个过程，对于学生实践动手能力的培养力度和效果远未达标。课程设计教学活动简化为布置课程论文作业等问题。

评价过于形式化，课程设计在教学过程中具有复杂性，较之考试课程，对课程设计的教学效果进行评估所涉及的内容更为广泛。如何选择评估要素、评估内容，确定评估标准，规范评估方法等问题都成为课程设计教学效果评定过程中必须解决的难题。部分高校存在老师给分过于主观的问题，最后往往课程负责人或者班长分数高于普通学生。

4) 课外科技竞赛背离初衷

参加与本专业相关的科技比赛，虽然从初衷来讲可以充分锻炼和考验学生的创新思维与动手实践能力，但结果往往是只有团队中的极少数人参与实践，只能实现对部分学生创新和动手能力的培养，无法满足全面培养专业人才的要求。在工作实践中，部分高校电气学院往往会将学科竞赛作为临时性的工作来抓，未将这项工作从长远的角度予以考虑。一旦有竞赛的通知下达，再临时组织师资力量，选拔学生或作品参加竞赛，而并未将学科竞赛活动与日常的教学紧密结合起来，更妄论将其纳入学生的培养计划。从根本上来说，是这些电气院校尚未深层次地认识学科竞赛对于育人的重要意义，因而对学科竞赛的重视未达到其理应具有的程度。从学生和教师层面来看，也普遍存在对学科竞赛不够重视的现象。学生方面，学生对于参加竞赛的得失判断、参赛过程受挫指数、竞赛占用过多时间等诸多负面因素影响着学生参赛的积极性，在诸多因素中，占比例较重的是学生对于获奖的功利心理，学生并未能切实认识参加学科竞赛对于其自身发展的深刻意义；教师方面，不可否认目前部分老师指导学科竞赛也存在着过于功利的思想，而忽略了竞赛本身对于育人的积极意义。

部分高校电气学院由于自身所处的地理位置、师资力量、经费等条件的局限，在学科竞赛的条件保障上，往往与实际需求存在着一定的差距。近几年来，多数高校电气学院已加强了对各类学科竞赛的支持力度，但整体的条件保障仍显不足，在资金、场地、设备等方面存在着较大差距。往往是学科竞赛运行的基本费用能予以保障，但深入交流、培训等相关的费用尚未落实。这对于学科竞赛的持续发展有着一定的消极影响，也可能导致参加竞赛的作品深度不足、竞争力不强[4]。

5）工程训练形式主义严重

由于各高校电气学院本科培养计划千篇一律，工程训练的能力培养定位存在同质化，反映到工程训练的模式、教学内容和教学时数上相差不大。各种不同类型的高校工程训练从形式到内容，存在严重的趋同性倾向，创新性不强，评价体系不完善，部分高校存在教师根据喜好打分的情况，制约了各校工程训练特色的形成、学生个性的发展。

工程训练存在师资队伍高学历、高职称的倾向。对于工程训练环节来说，需要的是一批掌握机、电、计一体化先进技术、理论知识渊博、科研教学能力强和具有丰富经验的师资力量。高学历、高职称师资确实是教学的要求，无可厚非，将有利于高校工程训练教学质量的提高；若是为了评估需要，值得深思。高校工程训练的师资应在教学型、工程应用型和技能型师资间合理配备，以适合复合型电气工程人才培养目标的需要。

高校工程训练基地的教学任务繁重，要同时承担各工科类专业学生的工程训练。繁重的教学任务和有限的师资，使各高校工程训练基地的科研和社会服务功能弱化，特别是新升本或新办高校。没有科研的支持，新的实验难以开发、教学内容难以创新，难以符合时代发展；没有生产功能，教师技术或技能难以提高，生产观念难以融入师生；不开展社会培训，教师无法了解社会人才需求和国家职业技术发展动态。

6）生产实习走马观花

岗位实习针对性不强，时间投入与效果产出不成正比。由于时间太仓促，岗位实习只能走马观花而不能进行深入学习，存在部分学生缺勤甚至不参加的情况。此外，校企联合强度不够，一方面经费投入不足，另一方面教师队伍不够壮大而且普遍缺乏工程实践经历，难以胜任工程人才培养的重任。因为电力企业存在很多安全禁区，对于缺乏工作经验的学生来说存在大量未知的危险，很多实习基地不愿意接受学生实习。还有部分电力企业由于效益、保密、管理、淡旺季等因素不愿意接纳学生实习、实践活动，对实践创新能力培养有一定的影响。

7）毕业设计脱离工程实际

毕业设计环节由导师亲自指导学生进行，是较好的锻炼学生创新思维的机会，但往往由于时间仓促，很难对本专业内容有细致的理解和全面的把握。在本环节主要存在两个问题：学生存在懈怠情绪和教师的指导力度不足。

一些学生存在懈怠情绪，其主要的表现为不急于选择指导教师，对所接受的任务不屑一顾，无暇关注理论材料的搜集与技术条件的准备，在辅导期间经常性地迟到、请假，甚至旷课。诸多的懈怠现象极大地阻碍了毕业设计任务的顺利完成。这主要是基于两方面的原因，一是学生自身的原因，由于学生前期学习基础不牢固、知识掌握不扎实而导致自己畏惧心理的产生；二是社会的原因，由于我国当前学生的就业政策出现了转变，高校毕业生自主择业，双向选择的模式渐趋形成，尤其是最近几年，高校毕业生面临严峻的就业形势，一毕业就失业成为现实，为避免这一结果的出现，许多学生一边做毕业设计，一边奔走于各人才招聘市场、用人单位和各地组织的高校毕业生供需双向见面会，为面试而请假现象突出，这就直接影响了毕业设计任务的按时完成。

综合性、复杂性、创新性的特点使得学生必须依靠教师才能够完成高校毕业设计，但是部分教师却出现了指导力度不够的问题。这主要表现在两个方面。一是选题环节中，教师列出的毕业设计任务存在题目大而空洞、研究内容虚、要求模糊、实践环节难以落实等诸多问题。究其原因，是因为指导教师对毕业设计任务轻视，当然与其科研能力也具有一定的关系。二是研究设计环节中，有时会出现学生找不到导师的问题，其结果往往会导致教师无法充分掌握学生的毕业设计任务进展情况，更无法解决学生遇到的困难与疑惑。分析其原因，首先是由于教师主观上不重视研究设计环节，其次则是由于繁重的教学、科研等工作而导致时间精力不足，也有学生主观不重视或忙于落实工作分配、考研究生等原因。其不但导致导师不能充分掌握学生的课题进展情况，也很难对学生进行有效指导，毕业设计论文存在格式不规范、文字与语法错误、学术水平低，甚至抄袭或剽窃行为等问题，而且导致学生在毕业设计过程遇到困难和问题，得不到及时解决和指导，成果质量差，往往会给学校的教学声誉造成负面影响。

5.4.3　实践教学体系的构建

实践教学是高等学校本科教学的重要组成部分，在培养学生理论联系实际、实现素质教育和创新创业教育人才培养目标方面有着重要且不可替代的作用。为迎接全球能源互联网时代的到来，对于以培养复合型电气工程人才为目标的高等院校，必须强化对学生实践能力和创新实践精神的培养，因此实践教学就显得尤为重要，不仅要加大实践教学的学分、学时，构建一个既与理论体系相连、又相对独立的实践教学体系，更需要建立一个符合全球能源互联网时代需求的实践教学体系。

1) 正确确定本校电气工程专业的定位

国内高校众多，层次不同，各高校内各专业的办学水平也是不一样的，决定了各高校电气工程专业的定位不同。这就要求各高校各专业根据实际情况，确定好本专业的定位，制定出符合实际的培养目标和培养方案。定位不准，不符合实际，就会导致毕业生就业困难，很多高校毕业生高不成低不就。

2) 加大学生科技活动中心和工程训练中心建设的规模与力度

努力培养学生的动手能力和创新实践能力。充分利用学生的课余时间，调动学生的积极性和创造性，大力开展学生课余科技活动，充分利用科技活动中心和工程训练中心等学校的动手实践基地，是提高学生专业动手能力和科技创新能力的有效途径。

3) 加大校内实践性教学资源的整合

打通相近专业之间的人为壁垒，实现资源互补，提高实践教学资源的效益。很多高校，特别是普通高校，目前面临实践教学资源缺乏的问题。另外，很多高校实践教学资源的利用效率又不是很理想。主要原因是条块分割，壁垒严重。解决之道是采取建立大类专业实验室的方法，充分利用实践性教学的人力、财力、物力，为大类专业的广大学生服务，提高实践教学资源的利用效率[5]。

4) 加强高校和校外单位的合作办学

理论与实践结合，培养符合社会需要的实用人才。目前，已经有很多高校和校外单位开展了卓有成效的合作办学，但从全国来看，其广度和深度还有待加强。

5.5　我国代表性高校人才培养体系

诸多高校在教育部提出的培养目标基础上，平衡学科优势及社会人才需要作出相应调整，制定出既满足社会人才需求又切实可行的电气工程学科人才培养目标和相应的培养体系。纵观清华大学、华中科技大学、山东大学、东南大学等具有代表性大学电气工程学科的人才培养体系情况，其培养体系各具特色。清华大学的培养特点是强电与弱电相结合、软件与硬件相结合、组件与系统相结合、信息与能量相结合，注重培养学生关注交叉学科并乐于发现知识的思维意识。华中科技大学通过拓展与创新学科研究方向，将传统电气工程学科方向扩展到超导电力、等离子体等强电磁工程领域，并将新的学科研究方向成果融入人才培养中，制定了高素质专业人才和领军人才的培养目标。山东大学作为国内首批教育部电气工程卓越人才培养单位之一，以强互动、重实践为特色，注重行业领军人才培养。东南大学则在人才培养目标中提出，培养具有将电气工程领域最新科学技术成果转化为生产力的创造潜能，注重培养具有高新技术产品研究开发能力的电气工程专业人才。下面详细介绍清华大学和其他特色院校的电气工程人才培养情况。

5.5.1 清华大学

清华大学电机工程与应用电子技术系(以下简称电机系)成立于 1932 年，是清华大学最早成立的工科系之一，至今已有 10000 多名毕业生，约占清华大学全部毕业生的 1/10。毕业生中既包括朱镕基、黄菊等党和国家领导人，也包括以 2002 年国家最高科学技术奖获得者金怡濂院士为代表的 30 多名中国科学院和中国工程院院士，还包括国家电力公司前总经理赵希正等一大批电力企业的经营管理者。电机系于 1989 年率先开展了本科按照宽口径的“电气工程及其自动化”专业培养模式，并在全国得到推广。目前，电机系的学科领域涵盖电气工程一级学科及下属的全部五个二级学科，分别为电力系统及其自动化、高电压与绝缘技术、电机与电器、电工理论与新技术、电力电子与电力传动，其中前 4 个为二级学科国家重点学科。清华大学一直坚持“四型”专业人才培养体系，把培养学生的实践能力、创新意识作为核心工作之一，积极探索、不断实践，建立了以培养高层次电气工程学科创新人才为目标、以国民经济发展需求为导向、以强行业背景为依托、以学生为主体的校内外实践教学平台，构建了具有电气工程学科特色的实践教学体系。清华大学电气工程人才培养体系如图 5-2 所示。

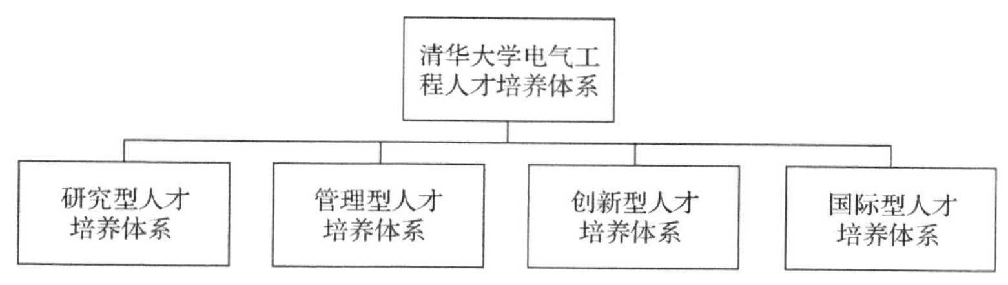

图 5-2　清华大学电气工程人才培养体系

清华大学电气工程人才培养体系具体分为研究型人才培养体系、管理型人才培养体系、创新型人才培养体系和国际型人才培养体系四种类型[6]。下面对四种类型的人才培养体系进行详细解释。

1) 研究型人才培养体系

围绕电机系 12 门核心课(电路、电磁场、数电、模电、信号、控制、电力系统、高电压、电机、电力电子、程序设计、微机硬件)开展因材施教培养，每个大班选择 10～20 名的学生组织 3～4 个小组，以团队配合开展研究工作，进行研究型实验，完成课题并公开答辩的形式考核。围绕核心课，建设系列课程，将知识串起来，如电力系统分析和继电保护，电机系、电力电子和拖动，信号与系统、数字信号处理和随机信号分析与处理等知识串联。梳理本研课程和实践教学体系，建立完善的本研统筹卓越工程师培养机制。

2) 管理型人才培养体系

组织学生开展素质拓展 seminar 或 workshop，以灵活多样的方式，从多种角度切实提高学生的表达、沟通、管理和协调能力。聘请企业管理人员到系开设管理课程，将企业实际管理经验面对面传经送宝。邀请经管学院教师为电机系学生量身定做管理方面专门的课程。充分利用学生课外科技活动促进合作。

3) 创新型人才培养体系

充分利用微机原理和单片机等课程，开展赛课结合的课外科技活动。开展 Problem/Project Based Learning（PBL）或 Conceive Design Implement Operate（CDIO）教学模式在工科核心课中的应用，建设有较强挑战度的课程。组织学生开展创业 seminar 或 workshop，鼓励学生参加经管学院组织的相关项目，提高学生创业意识和创业能力。

4) 国际型人才培养体系

在大学前 4 学期每学期要求 2 学分英文课程，大学一年级暑假英语强化夏令营为培养国际型人才奠定基础。创造机会，鼓励教师多层次的国际交流，提升教师国际化水平。创造机会，吸引世界一流大学教师利用学术休假、短期访问等机会为电机系师生开设英文课程。在 12 门核心课程中逐步推广全英文教学，一方面提高电机系学生参与国际交流的能力，另一方面吸引国外学生来学习。创造机会，鼓励电机系学生的国际交流。

结合清华大学的人才培养目标、课程设置等，总结其人才培养体系特点如下。

(1) 精英教育理念统领课程设置。第二次世界大战之后，美国、西欧国家及日本高等教育规模迅速发展，这些国家的高等教育在很短的时间内实现了从“精英教育”向“大众化教育”的转变。清华大学是中国工程师的摇篮。1999 年，国务院批转教育部的《面向 21 世纪教育振兴行动计划》，吹响了我国高等教育从精英教育向大众化教育转变的号角。清华大学招生的幅度有所增加，但如果从我国考生规模和清华大学录取名额考量，其筛选仍十分严酷。这种精英教育的理念不仅体现在其倡导的培养使命及追求的价值精神的宏观层面，而且反映在其课程设置的“广、难、精”的微观细节上。

作为中国人才培养的骄傲之源，创新理念的培养在精英教育中占有举足轻重的地位。清华大学建立了“拔尖创新人才培养计划”，对“奇思妙想型”“优秀 SRT 型”“专业知识型”“综合能力型”等类型的学生进行甄选，每学年遴选 10 名左右的学生作为创新人才培养对象，进行重点培养。在本专业 8 门学科核心课和 4 门专业核心课中，均开辟因材施教培养模式。从每个大班（约 120 人）中选择 10 名左右的学生组织 3～4 个小组，以团队配合开展研究工作，完成课题并公开答辩的形式考核。进入拔尖创新人才培养计划的学生，如果在核心课程的因材施教培养模式或课外科技活动中表现优异，可为其制定个性化培养方案。通过以上方案最终实现对学生创新能力的突出培养。

(2) 重视学生的专业基础知识培养。分析清华大学电机工程与应用电子技术系的基础课程，则发现其基础课程学分为 72 分，占总学分的 41%。这些课程大部分必须在专业课程之前开设，从而为实施“厚基础、宽口径”专业培养计划，为学生学习、掌握全面精深的专业知识打下宽厚而又坚实的基础。其具体表现如下：本专业培养方案综合考虑数理基础、能量处理、信号处理、机械加工等方面的知识和能力需求，可以归纳为“多电少机，强弱(电)兼顾”的特点，这一特点使得电机系的毕业生能够胜任多种工作岗位；数学类课程安排微积分(1)和(2)、线性代数(1)和(2)、复变函数引论、概率论与数理统计、数学实验等 7 门，物理类安排大学物理和物理实验 2 门，此为电气工程及其自动化专业必需的数理基础；电气工程一级学科下设的每个二级学科(电力系统及其自动化、高电压与绝缘技术、电机与电器、电力电子与电力传动、电工理论与新技术)均开设有必修的专业核心课，分别为电力系统分析、高电压工程、电机学、电力电子技术基础、电路原理，通过加强这 5 门课程的建设，可以确保学生具备坚实的专业基础知识和技能；在专业介绍方面，大学一年级秋季开设电气工程导论，大学三年级春季开设电气工程技术发展讲座，再结合研究生一年级的电工技术和电力系统新进展，由全局到局部、由浅入深地为学生描绘出一幅电气工程学科和产业发展的华美画卷。综上，该培养方案可实现基础扎实的培养目的，突出特点为“重基础、大专业”。

(3) 注重实验实践教学，强调能力培养。实践教育是学生了解学科前沿，培养创新意识、动手能力的关键。在实验教学方面，清华大学不仅要求学生完成验证性实验，而且更加重视学生设计独立性、自主性和综合性的实验。其实践教学方式主要有计算机实践、电子专题实践、电子工艺实习、生产实习、综合论文训练等，积极利用学科及专业背景优势与电气行业的顶尖企业如上海电气、西安电气等建立战略协作伙伴关系，建设实践实习教学基地。校外实践基地是校企联合培养的主战场，是卓越工程师成长的主要土壤，目前校外实习基地达到 10 个。清华大学电机系的实验实践学分为 31 分以上，占总学分的 18%。4 门核心课程开设有专门的实验课(电路原理、电机学、模拟电子技术基础、数字电子技术基础)，其余 8 门核心课程均设有课内实验内容。金工实习、电子工艺实习、电子技术课程设计、电子专题实践为学生奠定了良好的工程实践基础，认识实习和生产实习为学生提供本专业全方位的实践机会。在专业任选课方面，结合当前新能源与智能电网迅猛发展的趋势，除了前述已开设的相关课程，还计划开设前沿技术新课程。通过以上两个方面的教学达到巩固和强化学生理论学习成果、提高学生创新能力和实践能力的目的。

(4) 重视培养学生的人文及社会科学素养。新中国成立以后，在单一照搬苏联高校培养模式和院校调整的背景下，清华大学从综合性大学渐渐走上了只注重工科教育的发展道路，其人文社会科学遭到忽视。改革开放之后，随着思想和观念的不断解放，清华大学重理工轻人文社会科学的培养模式受到批评。近年来，清华大学努力恢复人文社会科学的建设工作，并取得了显著的成绩。工程院系的师生也认识到人文社会科学的重要性，在课程设置上则主要表现为增加人文社会科学在学分中的比例。清华大学要求学生修读 35 学分的人文社会科学基础课，占总学分的 20%。例如，电机工程与应用电子技术系培养方案规定，本科生的人文社会科学基础课程由思想政治理论课、体育、外语和文化素质课构成。其中，文化素质核心课程既具有哈佛大学、耶鲁大学和斯坦福大学等世界名校的通识课程的风格，又具有清华大学自身特色。这一系列课程的设置为开拓学生视野，了解世界历史、经济、哲学、文学、艺术等人文社会科学及其研究和思维方法，促进文理工学科交融与互动提供了基础。

(5) 重视选修课程，注重开设弹性而又范围较广的选修课。清华大学本科课程设置重视选修课程，选修课范围非常广，内容不仅涵盖主、辅修专业，还涉及人文、管理和社会科学等广泛领域。在专业课程的选修方面，清华大学电机工程与应用电子技术系开设了 42 门课程，要求学生修读完成 20 学分。此外，学生还可以跨院系修读，或选择高档课程替代低档课程。广博的系选修课和自由灵活的弹性课程，为清华大学打造全面发展的电气工程精英提供了支持。

(6) 坚持教育与国际接轨。精英教育，不仅要培养能够为中国经济建设作出贡献的现代化电气工程人才，还要培养能够掌握甚至引领国际先进技术发展的高端人才。为了达成这一目标，清华大学开拓了具有国际视野的培养计划。一方面，推动各专业能够在学科教材上使用英文教材、课件和作业，鼓励学生选修英文大学物理，再加上学校要求英文必修增至 8 学分和大学一年级外语强化训练，这些均为本专业开设系列化英语授课课程奠定了基础；另一方面，鼓励学生参加国际交换生计划，积极拓宽学生国际交流通道，为学生参与海外研修活动创造了条件。综上，该培养方案可实现有国际视野的培养目的。

5.5.2 其他特色院校

1) 华北电力大学

华北电力大学是中华人民共和国教育部直属，由教育部与国家电网等七家电力央企和中国电力企业联合会、华北电力大学等九家单位组成的华北电力大学理事会共建的全国重点大学，是国家“211 工程”“985 工程优势学科创新平台”重点建设高校，是北京高科大学联盟成员高校，入选“111 计划”“卓越计划”“千人计划”“国家建设高水平大学公派研究生项目”。

华北电力大学人才培养的专业定位包括类型定位、层次定位和服务面向定位，如图 5-3 所示。类型定位是指从教学研究型向研究教学型发展，研究生和本科生的比例要增加，科研经费和成果要增加等。层次定位是指华北电力大学电气工程及其自动化专业设置有 6 个方向，在专业内还具有“通才”与“专才”相结合的人才培养模式，如电力系统及其自动化专业方向就业面宽、适应性强，是专业培养的“通才”，其他的 5 个方向所学的课程相对专泛，是专业培养的“专才”，各有优势。服务面向定位是指学生的就业立足电力行业，服务全国，面向世界，80%以上毕业生都在电力系统就业，包括设计、制造、生产、运行、管理、教育等部门，其中很多人都已成为企业的高层领导或技术骨干。

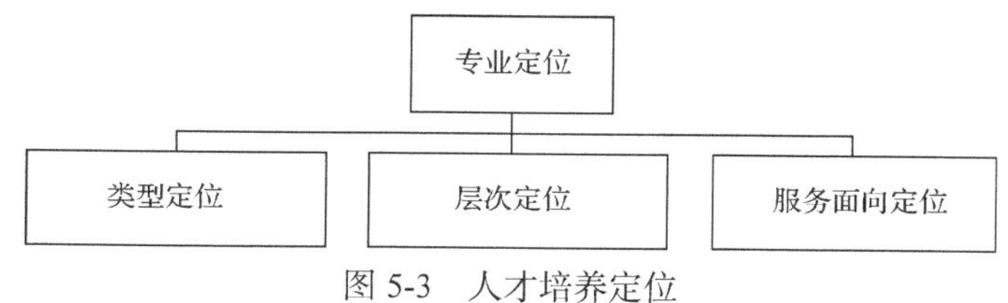

图 5-3　人才培养定位

华北电力大学电气与电子工程系电气工程及其自动化专业要求学生修读完 196.5 学分才能获得学位。本科课程有理论课程、单独开设的实践教学环节、课外能力素质 3 个模块组成。其中，理论课程包括必修课、专业选修课、公共选修课；其中必修课又包括公共基础课、学科专业基础课以及专业课。各模块学分分布及其在总学分中的比例见表 5-2。

表 5-2　各模块学分分布情况

<table>
<tr><th colspan="3">类别</th><th>学时</th><th>学分</th><th>比例/%</th></tr>
<tr><td rowspan="5">理论课程</td><td rowspan="3">必修课</td><td>公共基础课</td><td>1134</td><td>71.5</td><td>36</td></tr>
<tr><td>学科专业基础课</td><td>640</td><td>40</td><td>21</td></tr>
<tr><td>专业课</td><td>256</td><td>16</td><td>8</td></tr>
<tr><td colspan="2">专业选修课</td><td>224</td><td>14</td><td>7</td></tr>
<tr><td colspan="2">公共选修课</td><td>160</td><td>10</td><td>5</td></tr>
<tr><td colspan="3">单独开设的实践教学环节</td><td>672</td><td>42</td><td>21</td></tr>
<tr><td colspan="3">课外能力素质</td><td>48</td><td>3</td><td>2</td></tr>
<tr><td colspan="3">总计</td><td>3134</td><td>196.5</td><td></td></tr>
</table>

基于华北电力大学的课程设置，整合其学分情况绘制课程模块学分分布图如图 5-4 所示。由图 5-4 可知，华北电力大学的课程体系主要由三个部分组成，其

中单独开设的实践教学环节占 21%，课外能力素质占 2%，占比例最大的为理论课程，占 77%。理论课程又分为公共基础课、学科专业基础课、专业课、专业选修课和公共选修课，分别占 36%、21%、8%、7%和 5%。可以看出华北电力大学的理论课程仍占主导地位，仍以传统课堂教学为主。

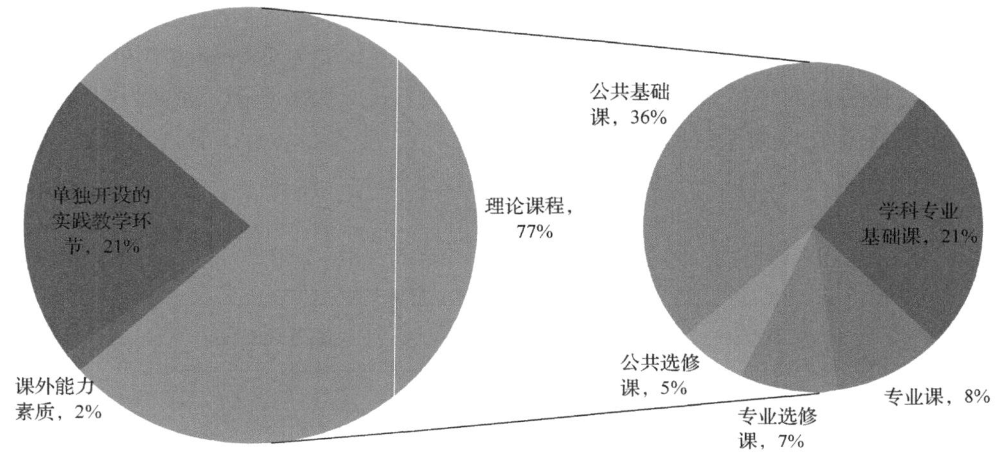

图 5-4 学分分布图

通过其学科建设以及课程设置，可以发现，素有电力专业“黄埔军校”之称的华北电力大学在课程编制上有很明显的特点。坚持强化基础，重视实践，注重创造力与实践能力的培养，在保障互相结合性和综合性的原则上，增设相应的学科，理论课以及实践课所占学时如表 5-2 所示。大学期间总课内学时平均在 3134 学时，其中理论课程 2414 学时,单独开放的实践教学环节 672 学时,课外能力素质 48 学时[7]。

实践教学方面，设置电力系统综合实验、高电压综合实验、电子技术综合实验、电力电子技术综合实验、继电保护与自动化综合实验等，综合实验课程也逐渐强化。设立开放实验室专项基金，鼓励和支持实验室面向学生全体开放，学生可根据兴趣爱好申请到基地进行工程实践和创新活动，同时开设一系列综合性、设计性和创新性项目，可供学生进行“点菜式”选做。设置教学计划外实验项目，对学生实行实验内容和时间的开放，既可通过实验室设立自选实验课题，进行创新设计实验，也可通过自行拟定的科技活动课题或参加各实验室设计类竞赛课题，到相应实验室开展实验活动。注重在实验课程和实习中使用计算机，使得学生在计算机能力专业知识水平、实际操作技能较高的情况下，掌握如 MATLAB、ANSYS 等工程应用软件与 EMTP、 PSASP 等电气部分应用程序，而且具有较强的综合素质和一定的创新精神，成为能够从事专业领域相关的工程设计、生产制造、系统分析、技术开发、教育科研、经济管理等方面工作的特色鲜明的复合型高级工程技术人术。

在新课程开拓方面，学院继续拿出符合每个专业培养目标的新课程或不断修正已有课程内容。电气工程及其自动化专业选修课程中“电力系统微机保护”“电气设备在线监测与故障诊断”“人工智能及其在电力系统中的应用”“新能源发电技术”等、电力工程与管理专业选修课程中“电力系统数字仿真”与通信工程专业必修课程中“电磁场与微波技术”等课程符合 21 世纪的科技发展水平。

2) 浙江大学

浙江大学，前身是 1897 年创建的求是书院，是中国人自己最早创办的现代高等学府之一。1928 年更名为国立浙江大学。“中华民国”时期，浙江大学在竺可桢校长的带领下，成长为中国最顶尖的大学之一，被英国著名学者李约瑟誉为“东方剑桥”。浙江大学是中国首批 7 所“211 工程”大学、首批 9 所“985 工程”大学，中国大学 C9 联盟、世界大学联盟、环太平洋大学联盟的成员，是中国著名顶尖学府之一。

浙江大学电气工程学科创建于 1920 年，历史悠久，在学科发展过程中，非常注重人才培养，适时根据社会需求进行教学改革，取得许多创新成果。电气工程及其自动化专业拥有电力系统及其自动化、电机与电器两个国家重点学科，培养能够从事电力系统和电机系统的运行与控制、研制开发、自动控制、信息处理、试验分析、电力电子技术、机电一体化、经济管理和计算机应用等工作，与国际接轨，并具有知识创新能力的宽口径、复合型高级工程技术人才和管理人才。

特色课程如下：电力系统稳态分析、电力系统暂态分析、发电厂电气系统、高电压技术、继电保护与自动装置、电力经济基础、电力信息技术、现代电机 CAD 技术、电机系统建模与分析、机电运动控制系统、电气装备计算机控制技术、特种电机及驱动技术、自动控制元件。

除了特色课程，浙江大学还开设了爱迪生实验班以及卓越工程师计划班。以爱迪生实验班为例，学院自 2006 年开始实施“爱迪生实验班”拔尖人才培养创新实验区的改革，在大类生源中选拔优秀学生进行电工电子综合创新研究的理论和实验强化教学，重点开展小班化和个性化培养计划的教育。课程设置和教学内容在实验创新能力教学、实践动手能力教学、工程实践教学等方面有所增强。学院正以“爱迪生实验班”拔尖人才实验区的基础教学改革为基础，加强专业阶段学生在校内和校外企业学习的实践环节，推进教育部“卓越工程师教育培养计划”的实施[8]。

3) 西安交通大学

西安交通大学位于世界历史名城古都西安，是“七五”“八五”首批重点建设项目学校，首批进入国家“211 工程”和“985 工程”建设，被国家确定为以建设世界知名高水平大学为目标的教育部直属全国重点大学。中国常春藤盟校（九校联盟，C9）、“111 计划”重要成员，“珠峰计划”首批 11 所名校之一，教育部首批“卓越工程师教育培养计划”高校，国家 2011 计划高端制造装备协同创新中心牵头高校。

西安交通大学以“夯实基础、重视实践、突出创新、注重个性”为目标，体现“基础厚、重实践、个性化、灵活性、国际化”特征，建立“一二三四”阶梯式、个性化、模块化人才培养方案和课程体系，推动多元化的教学模式方法改革，促进拔尖创新人才培养。“一”为形成一套体现学校风格的通识教育体系，其特色是强化人文情怀与科学素养，核心是塑造社会主义核心价值观，培养人文情怀、文化艺术与科学精神；“二”为实现通识教育和专业教育的相互渗透与有机衔接；“三”为将本科人才培养分为三个阶段，分别为基础通识教育阶段（通识教育与科学、人文基础课程，时间 1.5 年）、宽口径专业教育阶段（学科大类平台与专业核心课程，时间 1.5 年）、个性化模块学习与毕业设计阶段（1 年）；“四”为适应本科毕业生四类出口，分别为攻读本专业研究生、跨专业攻读研究生、就业和自主创业，建立相应的选修课程模块，适应不同出口学生的自主选修学习。

本学科在电力系统分析与规划、电力市场、电力系统安全控制、新型继电保护及综合自动化、谐波分析等研究领域处于国内领先水平，形成了许多独具特色、在国内外有较大影响的科研成果。西安交通大学电力工程学院科研条件良好，具有电力系统动态模拟实验室、电力市场模拟仿真实验室、柔性输电实验室、新型继电保护实验室、电力系统实时数字仿真（RTDS）实验室等设施完善的实验基地，与海外多所著名院校建立了紧密的学术交流与合作关系。毕业生就业行业主要为电气制造业、信息产业、电力系统及运行部门、国家机关和科研院所、国防工业，近几年该专业一次性就业率为 98%以上。

4）华中科技大学

电气与电子工程学院是华中科技大学（原华中工学院）建校时创办的四个院（系）之一，是国家首批博士点、博士后科研流动站和一级学科博士学位授权单位。学院所属的电气工程一级学科为国内首批一级学科国家重点学科，在 2013 年教育部第三轮一级学科评估中，名列全国第二。学院本科招生与培养专业为电气工程及其自动化，培养目标定位如下：面向电力系统、电气装备制造、电气科学研究等领域，培养厚基础、宽口径、创新能力突出、具有国际视野的高素质专业人才和领军人才。主要学习内容包括电能生产、传输、应用等过程的调度、管理，以及相关电气设备和系统的设计、制造、运行、测量与控制。为实现培养目标，学院结合学科发展方向，以一流学科所具有的学科优势、人才优势、平台优势为立足点，构建了体现学科发展前沿的电气工程创新型人才培养体系。

值得一提的是其提出的电气工程基础“3+3”实践教学模式的基本思想与设计。华中科技大学电气工程基础课程组高度重视实践环节的教学方法研究和改革，充分利用学科优势资源，在多个教改基金项目的支持下，逐渐形成了一套新型的“3+3”实践教学模式，即电气工程基础实践教学由“认知实习—课程实验—课程设计”三个环节构成，其中课程实验通过设置基础实验、选做实验和设计性实验，实现“验证性实验—综合性设计实验—创新性实验”三个实验层次。通过多环节多层次的立体化实验教学方法，强化学生的动手能力，培养学生的创新精神。认知实习通常与专业教育相结合，主要目的是建立学生对电力系统及其设备的初步认识，建立学生对电力系统的整体印象，为课程学习奠定基础。考虑设备安全和人身安全因素，电力生产现场不可能为学生提供实际操作的机会。因此，通过课程实验，让学生亲自动手，验证课程内容，锻炼学生的动手能力。由于原有的独立的课程实验建设思路不能满足开设综合性设计实验和创新性实验的要求，华中科技大学设立专门的教改项目研究，开发了电力系统综合实验系统，并作为电气大类实验平台的一部分。该系统使电气工程基础课程开设“验证性实验—综合性设计实验—创新性实验”三个实验层次成为可能，也使得学生动手能力的训练得到很大程度的提高。

5.6　人才培养体系构建的原则

人才培养体系的改革总是以一定的教育观念与理论为指导。高校在构建复合型电气工程人才培养体系的过程中，需要更新传统电气工程人才培养的教育思想观念，建立以适应性为核心的课程教学观。电气工程人才培养体系的制定，主要以生产力与电力行业状况、经济社会发展以及受教育者身心发展水平为依据，适应经济社会发展和学生个性发展的需要。复合型电气工程人才培养体系不仅要反映电力行业、经济社会的发展趋势，不断地将电气工程专业的前沿技术和社会发展的最新成果充实到教学内容中来，保持教学内容的先进性和人才培养的前瞻性，还要注意人才培养体系的系统性和合理性。

1）教学内容整体优化

作为电气工程复合型人才的培养体系，不能照搬精英型培养和对应到岗位的技能型人才培养，或是简单的个别课程教学内容和局部课程间的修修补补，而是要根据电气工程复合型人才培养目标，对知识、能力、素质结构作整体规划，体现宽厚的基础理论知识，并强化创新、实践能力和综合素质。加强课程与课程体系间在逻辑和结构上的联系和综合，保证教学内容既有相对独立性，又体现综合化发展趋势。

根据电气工程复合型人才知识、能力、素质和谐发展的总体要求，构建紧密结合、相对独立、整体优化的课程体系，确保电气工程复合型人才的全面和谐发展，把人文教育和科学教育融入人才培养的全过程，落实到教学的各环节，促进学生综合素质的全面提高。要按照本科层次的电气工程复合型人才培养目标要求，处理好平台课程与模块课程、公共课程与专业课程在整个课程体系中的关系，处理好基础教学与专业教学、主干学科与相关学科的关系，注意课程开设的顺序符合受教育者的心理发展顺序和知识的认知规律，使课程体系成为一个有机联系的整体。按有所为有所不为的原则优化培养体系中课程教学的内容。要根据复合型电气工程人才培养目标对知识、能力、素质的整体要求，对相关课程进行大胆的撤并、整合和内容的更新，设计、组织并开设全新的课程。要根据复合型电气工程人才培养目标的总体要求，明确每一门课程的教学目标，细化教学的知识点、能力点和素质培养要求，对教学内容进行重组、改造和优化，强化教学的针对性、实效性。

2）学术性与职业性相结合

我国电气工程学科教育一直比较重视课程的学科标准和知识的内在逻辑性，注重人才培养的理论性和学术性，强调培养对象的理论水平、科学研究能力和继续深造能力。但是，由于电气工程学科有其自身发展的逻辑轨道，知识有其自身的内在体系，直接按照学科体系组合的理论与社会生活生产实际运用存在一定的差距，缺乏应用性和职业性，培养出的学生在社会适应性方面存在一定的问题，需要用人单位“再培训”之后才能上岗。

在本科教育基本规格要求下，体现多层次、个性化、多样性，重视本科教育人才培养目标的共性要求，注意学生的个性发展差异和现实的就业需求，推行按类招生制度，实施分类、分流、分段培养，构建“平台+模块”的课程组合方式。在教学内容上要充分体现具有先进性的基础知识与实践能力相结合的高素质、强适应性的复合型人才培养特色。要根据区域经济和社会发展的需要，紧密结合电力行业实际和构建全球能源互联网的需求，既注重人才基本理论与基本技能在电力行业和企业中的应用，又注重人才培养的多面性和行业性特点。加强与现实生产生活的联系，课程教学内容要及时反映社会实际和电力行业发展的新要求，善于将电力行业发展的新技术充实到教学中，提高课程教学的现实针对性，提高学生的实际动手能力，使学生尽早获得面向生产建设第一线所需的知识、能力和素质，以适应未来就业的需要。

3）知识教学与能力培养相结合

我国高等教育质量观以往是基于知识取向的质量观，以学生掌握知识的多寡和深浅来评价教育质量的高低，传统电气工程人才培养体系也主要建立在按学科范畴设计的基础上，服务于理论型、学科型人才培养，偏重于基础知识教学和艰深理论的传授，忽视课程与工作要求之间的联系，实践教学也没有形成以系统专业技能为目标的成熟体系，往往依附于理论教学，学生综合实践能力弱、创新能力不足成为一个比较突出的问题。21 世纪的人才需求与评价已经转变为以能力为首位，企业用人观也从传统的“有后劲”的“储备型”向“上手快”和综合素质好的“适用型”转变，专业实践能力在很多行业居于第一位。

在分析电气工程专业的核心能力、职业能力、可持续发展能力的基础上构建出多层次的理论教育、实践教学和综合能力发展的培养体系，增加实践课程的比例，提高实践教学环节的教学质量，把能力培养贯穿于整个人才培养的全过程中。同时不可忽视基础知识教学在对电气工程人才的专业思维能力和专业核心能力形成中的作用。对于电气工程人才而言，如果头脑里连电气基本的知识与原理都没有，又何谈能够现场敏锐地发现问题、专业性地分析问题、创造性地解决问题呢？如果连一个操作原理的说明书都弄不明白，又怎么能在技术上“熟能生巧”，进行“技术革新”呢？总之，没有相应的基础理论的支撑，就很难有发展后劲，更谈不上能够从事设计、开发、决策等工作本身。在教学内容上，要根据各电气工程人才培养目标和学生实际，在理论课程中突出应用部分教学；实践课程要优化教学内容，注意提高实践教学质量；改革课程教学模式，要在知识教学过程中理论联系实际，突出培养学生应用专业知识解决实际问题的能力，将知识教学与能力培养有机结合起来[9]。

4) 专业教育与素质培养相结合

对于高等院校而言，加强专业教育是基础，但是这并不意味着可以忽视学生的综合能力和素质的提高。对于复合型人才而言，必须要有一定的可持续发展能力及较强的创新精神，具备电气工程领域的综合能力和全面素质。作为创新和实践等基本素质发展的需要，基础理论与基本技能教学必须强化，要为学生提供形成技术应用能力必需的基础理论和电气工程专业知识。

良好的身心素质是新时代从业人员的基本要求，也是企业录用毕业生时的基本考虑内容，加强学生的综合素质教育在任何时候都不过时。在加强专业教育的同时，要把素质教育理念渗透到专业教育中，贯穿于复合型人才培养的全过程，使学生不仅会做事，更要会做人；不仅能成才，更要能成人。

5) 共性提高与个性发展相结合

在高等教育大众化阶段，由于学生具有多元化的特点，高等学校必须改变人才培养“大一统”的模式，注重人才个性化发展，应该确立多元化的发展目标。多元智力理论表明，学生在某一领域内有超常表现，并不意味着他在其他领域也会有超常的表现；同样，学生在某方面的弱势表现，并不表明他在其他方面也必然处于劣势。个性化培养的关键点在于学校根据学生特点施教，参照学生的个性、特长，调动学生内在的学习积极性，设计科学合理的知识与能力结构培养计划，利用科学的培养方法与手段使之成为社会有用之才。因此，在坚持掌握扎实的电气工程专业知识的基础下，要贯彻因材施教的教学原则，设置符合学生个性特点和认知规律的课程体系，制定合理的教学目标，注重个性特长发展，在教学内容的深度、广度以及教学的组织安排上给学生更多的选择余地和空间，从而提高教学的适应性。

5.7 本章小结

本章从课程体系、理论教学和实践教学三方面全方位地分析了当前电气工程人才培养体系的现状，分别总结特点，探讨存在的问题，提出构建思路；然后选取了清华大学、华北电力大学等知名电气高校具体分析了电气工程人才培养体系特色，为其他高校的人才培养体系改革提供借鉴；最后针对复合型电气工程人才培养的需求和当前课程体系、理论教学以及实践教学等方面存在的问题，提出了完善的人才培养体系构建的原则和依据。

参考文献

[1] 陈炜峰，胡凯，余莉，等.电气工程及其自动化专业实践教学改革与探索[J].中国科教创新导刊，2013,(4):121-123.

[2] 孙玉宝.高校毕业设计存在问题及对策研究.现代企业教育[J].现代企业教育，2014，(8):143.

[3] 吴国兴，符跃鸣，李忠唐.上海市高校工程训练的现状、问题与发展[J].实验室研究与探索，2013,32(9):149-153.

[4] 夏玲娜.地方高校开展学科竞赛存在问题分析及对策[J].浙江海洋学院学报(人文科学版)，2014,31(2):81-84.

[5] 张冬教.高校课程设计教学中存在的问题与对策研究[J].改革与开放，2009，(9):172-173.

[6] 于歆杰，曾嵘，闵勇，等.从精品课程建设看清华大学电气工程及其自动化专业人才培养思路[C].第五届全国高校电气工程及其自动化专业教学改革研讨会论文集.西安，2008.

[7] 艾欣，刘宝柱.华北电力大学电气工程及其自动化的建设及发展[C].第四届全国高校电气工程及其自动化专业教学改革研讨会论文集.北京，2007.

[8] 潘再平，黄进，赵荣祥.全面优化本科教学平台，培养电气工程创新人才——浙江大学电气工程及其自动化特色专业建设[C].第六届全国高等学校电气工程及其自动化专业教学改革研讨会论文集.哈尔滨，2010.

[9] 李亨珉，贺仁睦.谈学科建设和本科生教育课程的特点[J].中国电力教育，2009，(1):124-125.

第 6 章　国内外电气工程人才培养差异

6.1　发达国家人才培养特色

在发达国家中，美国、德国、日本的电气工程教育走在前列。以美国为例，本章选取美国电气工程专业排名靠前的 9 所高校(麻省理工学院、斯坦福大学、伊利诺伊大学香槟分校、康奈尔大学、明尼苏达大学、普渡大学西拉法叶校区、密歇根大学安娜堡分校、佐治亚理工学院和加州大学伯克利分校)作为调研对象，对其专业本科最新的培养模式进行介绍、对比和分析，重点关注它们的共性特点，以期能为我国电气工程学科教育改革提供有益的参考和借鉴。

6.1.1　电气工程学科培养目标

纵观麻省理工学院、斯坦福大学等 9 所高校电气工程学科的培养目标，总结如下。

(1) 工程气质。即运用 EECS(电气工程与计算机科学)的分析和计算方法，能对研究对象抽象出本质结构，探究其来龙去脉，并采用正确的模型和技术工具着手解决问题，这些问题不仅涉及工程领域，还包括管理、医学、教育、法律以及艺术等领域。

(2) 领导能力。让学生毕业后能够在职业生涯中充满自信、诚信实践，并凭借技术实力推动创新，通过沟通、协作激励和指导团队将想法转化为成果，成为其所在领域和事业中的优秀领导者。

(3) 多才多艺。毕业生在本专业领域之外的其他领域和行业中，能够卓有成效地发挥其能力和表达见解，能够涉猎各个行业和多种职业，做出自己的成绩和创造性的贡献。

(4) 契约精神。毕业生能够适应社会环境，对社会关心、负责，遵从道德规范，终身学习，以使自己一直成为社会上有实力的成员。

6.1.2　电气工程专业设置

本章所调研的美国 9 所高校电气工程专业所属院系和专业设置情况如表 6-1 所示。其中加州大学伯克利分校和康奈尔大学没有专门的电气工程专业，仅有电气与计算机工程 (Electrical and Computer Engineering，ECE) 专业，这里一并将它们纳入电气工程专业考虑。

表 6-1 电气工程专业所属院系和专业设置情况

学校	院系	专业	方向
麻省理工学院	电气工程与计算机科学	电气工程	人工智能；生物电气工程与计算机科学；电路；通信；计算机系统；控制；图形和人机接口；材料、器件和纳米技术；数值方法；应用物理学；信号与系统；理论计算机科学
		电气工程与计算机科学	
		计算机科学	
斯坦福大学	电气工程	电气工程	生物电子学和生物成像；电路和器件；计算机硬件；计算机软件；音乐；信号处理、通信与控制；固态、光子学与电磁学
伊利诺伊大学香槟分校	电气与计算机工程	电气工程	微电子学、光子学、纳米技术；电路；电力和能源系统；生物成像、声学；电磁学、光学遥感；信号处理、通信、控制系统、计算系统、网络、软件、算法
		电子与计算机工程	
		计算机科学	
康奈尔大学	电气与计算机工程	电气与计算机工程	计算机体系结构和组织、数字系统和计算机视觉；电力系统的控制；通信、网络、信息理论与编码、信号处理和优化；电子电路、超大规模集成电路、固态物理与器件、微机电系统、纳米技术、激光和光电子学；电磁学、无线电物理学、空间科学和等离子体
明尼苏达大学	电气与计算机工程	生物医学工程	通信、信号处理和生物医学技术、数字系统与计算机结构、信号处理、控制、电能、大规模集成电路技术和计算机辅助设计、电子学、微电子与半导体设备、电磁场、光学与射频电路
		电信与信号处理	
		控制系统	
		电能系统与电力电子技术	
		微电子设备与电路设计	
		光学与电磁记录	
普渡大学西拉法叶校区	电气与计算机工程	电气工程	生物医学成像与传感；通信、网络、信号与图像处理；电力和能源设备及系统；VLSI(超大规模集成电路)和电路设计；自动控制；场与光学；微电子学与纳米技术；计算机工程
		计算机工程	
密歇根大学安娜堡分校	电气工程与计算机科学	电气工程	电磁学和光学；系统；电路及微系统；计算机
		计算机工程	
		计算机科学	
佐治亚理工学院	电气和计算机工程	电气工程	生物工程；计算机系统和软件；数字信号处理；电力能源；电磁学；电子设计与应用；微系统(微电子学)；光学和光子学；系统和控制；通信；VLSI 系统和数字化设计
		计算机工程	
加州大学伯克利分校	电气工程与计算机科学	电气与计算机工程	电子学(含电子学、集成电路、物理电子学、微电机、半导体制造、电力电子学)；通信、网络和系统(含通信、生物电子学、电路与系统、机器人及机电一体化)；计算机系统
		计算机科学	

通过表 6-1 可以看出，大多数学校的电气工程专业涵盖了多个专业方向，包括强电、控制、通信、微电子、光学、生物信息处理等，宽口径特色明显。美国高校的专业分界不像国内一样明显，其专业设置是由学校根据自身实际情况自主决定的，而且专业设置的类型和数量不受限制。另外，在专业名称的确定上，各高校依据自身的优势和课程组合体系的差异自主确定，因此不同的大学会有不同的专业名称，最后授予不同的学位。

6.1.3 课程分类及学分要求

图 6-1 以图表的形式展示了 9 所高校电气工程专业课程分类及学分要求。可以看出，9 所高校的培养方案各不相同，各具特色，但是也存在共性，总结如下。

(1) 总学分少，基础课程学时少。9 所学校毕业的标准学分要求平均约为 121 分，其中要求最低的是明尼苏达大学的 118 学分，偏离平均值不到 3%，要求最高的为密歇根大学安娜堡分校的 128 学分，偏离平均值不到 6%，因此学分要求的一致性较高。国内在课程设置方面贯彻知识涉猎广的方针，导致课程设置科目数量多。我国高校通常按 16 学时为 1 学分计算，但相关专业本科毕业要求大多在 180 学分左右，高出美国这 9 所高校平均水平 50 多学分。

(2) 重视通识教育，注重学生的综合素养。公共课基本上属于通识教育类课程，9 所学校公共课学分要求所占比例平均为 49%，接近总学分的 1/2，这足以说明美国高校重视通识教育、注重学生综合素养培养的特点。其中，康奈尔大学的公共课要求所占比例最高，占 64%以上，超过平均水平 15 个百分点，这足以说明康奈尔大学比其他高校更偏重学生的通识教育。

(3) 适量任选课，专业知识面宽。由图 6-1 看出，至少有三所学校明确提出了

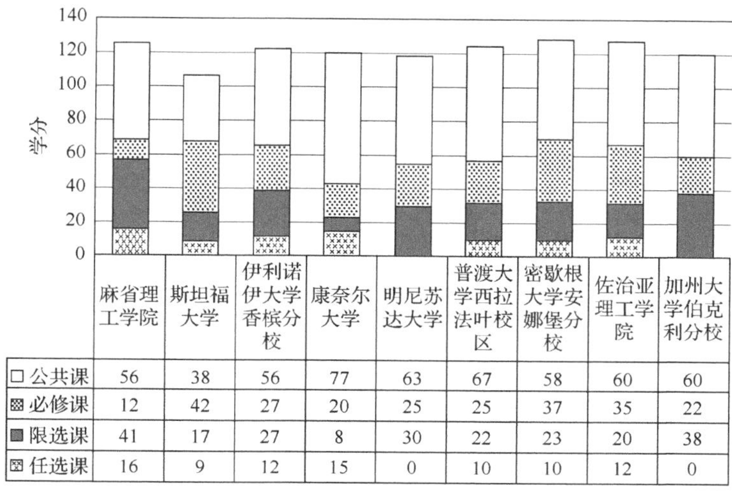

	麻省理工学院	斯坦福大学	伊利诺伊大学香槟分校	康奈尔大学	明尼苏达大学	普渡大学西拉法叶校区	密歇根大学安娜堡分校	佐治亚理工学院	加州大学伯克利分校
□ 公共课	56	38	56	77	63	67	58	60	60
▩ 必修课	12	42	27	20	25	25	37	35	22
■ 限选课	41	17	27	8	30	22	23	20	38
⊠ 任选课	16	9	12	15	0	10	10	12	0

图 6-1　9 所高校专业课程类型学分要求

需要学习本专业以外的专业课程要求。例如，伊利诺伊大学香槟分校和佐治亚理工学院的要求分别为 6 学分和 5 学分。此外，除了加州大学伯克利分校和斯坦福大学，其他学校都提出了 8%～12%不等的全校范围的任选课要求。这些都反映了美国高校要求学生具有较宽广的专业知识面。

6.1.4 各校课程设置

1) 麻省理工学院

该校专业核心必修课程包括随机系统的分析、专业导论 I 、专业导论 II 和本科高级项目。

专业选修课要求在应用电磁学——从马达到激光、电路与电子、信号与系统和计算结构 4 门基础课中选 3 门；在电磁学及应用、通信/控制/信号处理入门、微电子器件和电路、生物电气科学与工程 4 门专业基础课中选 3 门。另外，在 10 门实验课中选 1 门。

2) 斯坦福大学

该校专业核心必修课程包括电气工程中的物理学或工程电磁学、电气工程专业教育、编程抽象(C++)、电子学导论或无线网络工程、信号系统与控制 I 、信号系统与控制 II 、电路 I 、电路 II 、数字系统 I 和数字系统 II 。

专业限选课要求是从表 6-1 的 7 个专业方向中选 3 门课以及选 1 门作为专业写作课程。

3) 伊利诺伊大学香槟分校

该校专业核心必修课程包括电气与计算机工程导论、计算机系统导论、计算机工程 I 、场与波 I 、数字系统实验、模拟信号处理、半导体器件和高级设计项目实验。

专业限选课要求在电子电路和场、功率电路与电机学、计算机系统工程、数字信号处理、场与波 II 等 5 门高级核心课中选 3 门，另外还需要 2 门高年级实验课。

4) 康奈尔大学

该校专业核心必修课程包括电气与计算机工程电路导论、电气与计算机工程实践与设计、信号与系统和数字逻辑设计导论。

专业限选课要求在电磁场与电磁波和微电子学导论中选 1 门，在信号与系统的数学分析和随机信号与系统的概率论中选 1 门，以及嵌入式系统。

5) 明尼苏达大学

该校专业核心课程包括电气工程引论、计算机系统引论、电路、线性系统与电路、微处理器引论、信号与系统、模拟/数字电路、电路与电子实验 II 、半导体器件和传输线。

专业限选课有电子驱动器实验、电力系统入门分析、开关模式电力电子实验、微系统技术入门、微电子基础实验、数字信号处理设计、光缆传输、高级设计项目、高级模电实验、线性控制系统实验、状态空间控制实验和可编程逻辑控制器数字设计。要求从以上选修课中选取 12 学分。

6) 普渡大学西拉法叶校区

该校专业核心必修课程包括线性电路分析Ⅰ、线性电路分析Ⅱ、电子测量技术、电子电路分析与设计、电子器件与设计实验、数字系统设计导论、信号与系统、电气与计算机工程中的概率方法、电场和磁场以及专业发展和职业指导。

专业限选课要求在专业设计项目和数字系统高级设计项目中选 1 门，在微处理器系统与接口、机电运动设备、半导体器件、反馈系统分析与设计、数字信号处理及应用和信息传输等课程中选 3 门。

7) 密歇根大学安娜堡分校

该校专业核心必修课程包括工程导论、计算机编程导论、电磁学Ⅰ、信号与系统导论、电子电路导论、编程和数据结构导论、工程中的概率方法、半导体器件导论、主修专业设计体验、写作和口头表达以及技术交流。

专业限选课要求从以下 4 类中选修不少于 2 类的课程，至少 8 学分。信号与系统：数字信号处理与分析、控制系统分析与设计、数字通信信号与系统；电路：电子电路、数字集成电路；电磁学与光学：电磁学Ⅱ、光学原理；计算机：逻辑设计导论、计算机组成导论。

8) 佐治亚理工学院

该校专业核心必修课程包括数字系统设计基础、电磁学、微电子电路、测量、电路与微电子实验、信号处理导论、数字设计实验、硬件/软件系统编程或工程软件设计、电路分析、高级设计项目Ⅰ、高级设计项目Ⅱ、能源系统和信号与系统。

专业限选课要求选修编号在 ECE3000/4000 号以上的课程 20 学分。

9) 加州大学伯克利分校

该校专业核心必修课程包括系统与信号的结构及释义、计算机程序设计与释义、数据结构、计算机体系结构、微电子电路导论和独立学习与研究。

专业限选课程要求在以下高年级课程中选修 20 学分以上，且至少含 3 门实验课或附带实验的课程，它们是电磁场与电磁波、信号与系统、微电子器件与电路、数字信号处理、工程中的优化模型、机器人导论、概率论和随机过程、反馈控制系统、通信集成电路、集成电路器件、线性集成电路、嵌入式系统导论、数字集成电路导论、微加工技术、机电一体化设计实验课和生物力学实验课。

6.1.5 课程设置分析

1) 课程设置的特点

美国 9 所高校专业课程设置差异较大，培养出的学生各具特色。麻省理工学院的专业必修和限选课程数量编号并不多，所列课程除了 6.01、6.02 和 6.UAT、6.UAP，都是未涉及具体专业应用型内容的基础课程，体现了该学院本科阶段是为研究生打基础的。加州大学伯克利分校必修课的数量也较少，但内容涉及面并不窄，其中课程编号为 EE20N、EE40 和 CS61 三门课程构成了专业的基础平台，后续限选课有进一步深入学习的相关课程，这样可以在保证宽口径的前提下有效减轻学生负担。伊利诺伊大学香槟分校要求必修和限选课程约为 13 门，其中 ECE110 是一门宽口径、低起点的专业导论课，后续的必修课和限选课有进一步加深的相关课程，这与加州大学伯克利分校类似。佐治亚理工学院专业必修课门数是 9 所学校中最多的，所包含的知识内容与斯坦福大学和伊利诺伊大学香槟分校有些类似。相对其他学校，康奈尔大学对本专业课程的要求最低，仅占课程总量的 30.1%。普渡大学西拉法叶校区必修课的课程体系较为传统，虽然课程数目较多，但专业课程总量要求并不高，仅占课程总量的 37.9%。

2) 课程设置的共性

通过对其课程内容的分析，可以得到各校部分专业必修课和限选课所涉及的知识领域情况如表 6-2 所示。

表 6-2 各校部分专业必修课和限选课所涉及的知识领域

课程涉及的知识		麻省理工学院	加州大学伯克利分校	斯坦福大学	伊利诺伊大学香槟分校	明尼苏达大学	佐治亚理工学院	密歇根大学安娜堡分校	康奈尔大学	普渡大学西拉法叶校区
专业导论		☆√		☆√			☆√			
电路、电子技术	电路						☆√	☆√		☆√
	模拟电路		√		√			√		☆√
	电路与模拟电路			☆√					☆√	
	数字电路		√					√		
	电子电路			☆√			☆√		√	
	电路与电子学	√	☆√							

续表

课程涉及的知识		麻省理工学院	加州大学伯克利分校	斯坦福大学	伊利诺伊大学香槟分校	明尼苏达大学	佐治亚理工学院	密歇根大学安娜堡分校	康奈尔大学	普渡大学西拉法叶校区
电路、电子技术	半导体器件	√	√		☆√			☆√		√
	数字集成电路							√		
	通信集成电路		√							
计算机	嵌入式系统		√						√	√
	计算机组成原理	√	☆√		√			√		
	计算机系统导论				☆√		☆√			
	数据结构		☆√					☆√		
	软件编程		☆√	☆√				☆√		
数字系统				☆√	☆√		☆√		☆√	☆√
信号与处理	信号与系统	√	☆√	☆√			☆√	☆√	☆√	☆√
	电路与信号				☆√					
	数字信号处理		√	☆√	√			√	√	
	随机信号	☆√	√					☆√	√	☆√
电磁场电磁波		√	√	☆√	☆√		☆√	☆√	√	☆√
控制、机电	控制机器人		√							
	功率电路与电机学				√		☆√			√

注：表中打“☆”号的为必修课程；表中未包含单独开设的实验课。

由表 6-2 分析可得，尽管各校课程设置有较大差异，但是不同院校的课程设置仍存在如下的某些共性或者相似之处。

对专业基础知识有共同的要求。各校对专业基础知识的要求差别不大，都集中在电路、电子技术、计算机或数字系统、信号与处理及电磁场电磁波等方面，反映出了大的专业背景的共性要求，也体现了美国高校专业宽口径、重基础的课程设置特点。

特色鲜明的专业导论课。9 所高校中有三所设有专业导论课，尽管它们各不相同，但都配有专门的实验项目。课程围绕项目展开，要求学生完成相应的实际项目。例如，麻省理工学院要求设计、实现和调试一个移动机器人和一个信息传输系统；伊利诺伊大学香槟分校要求完成一个具有循迹移动功能的小车系统；密歇根大学安娜堡分校则在微处理器与玩具、音乐信号处理、光伏与太阳能供电系统及更有益的游戏等项目中选择一个设计实现。这些导论课大多在一年级开设，只有麻省理工学院的 6.002 稍迟些，在二年级下学期开设。这些专业导论课与我国高校的这类课程有着本质的差别，它们都是以一个具体的实际项目为背景进行相关知识学习的，因此课程内容涉及很宽的知识面。学生不仅要了解相关知识，而且要对其有一定深度的掌握，才能顺利完成实际项目。这种导论课使学生在一年级后就能对本专业基本知识构成和应用有较深刻的认识，使学生较早体验到实际工程项目设计、开发和实现的全过程，其优点非常突出。当然，开设这样的专业导论课也有较高难度。

重视数字系统和计算机相关知识。由各校专业课程设置和表 6-2 可以看出，有 5 所学校以数字系统的概念组织课程，尽管课程名称不同，但其主要内容都由数字电路和微处理器或计算机原理相关内容构成。此外，康奈尔大学、普渡大学西拉法叶校区和加州大学伯克利分校还开设了嵌入式系统，伊利诺伊大学香槟分校和佐治亚理工学院还开设了计算机系统导论，而麻省理工学院、加州大学伯克利分校和密歇根大学安娜堡分校则开设了计算机组成原理。这些课程设置反映了各校普遍重视数字系统或计算机相关知识，这与当今技术发展状况相吻合。值得注意的一点是几乎没有学校在必修和限选课中单独开设类似国内一些高校基于 x86 的微机原理课程[1]。

宽口径、分层次的课程体系。如果将目前国内高校普遍开设的电路、模电、数电、微机原理、软件编程(C 语言)和信号与系统等课程称为传统课程体系，那么进一步对表 6-2 进行分析，可以得到美国 8 所学校部分课程与传统课程的关系如表 6-3 所示。

表 6-3　各校部分课程与传统课程的关系

学校	传统课程	电路	模拟电路	信号与系统	数字电路	微机原理	软件编程
麻省理工学院	*6.01	√	√	√			√
	6.002	√	√		√		
	6.003			√			
加州大学伯克利分校	*ECE110	√	√		√	√	
	*ECE210	√	√	√			
	ECE342		√				
	*ECE190				√	√	√
	*ECE290				√	√	
	ECE391					√	
斯坦福大学	*ECGR100	√	√	√	√	√	√
	*EECS215	√					
	EECS311		√				
	*EECS216			√			
	EECS270				√		
	EECS370					√	
	*ENGR 101						√
伊利诺伊大学香槟分校	*EE40	√	√		√		
	EE105		√				
	EE140		√				
	EE141				√		
	*EE20N			√			
	EE120			√			
	*CS61C/CL					√	
	EE C149					√	
佐治亚理工学院	*EE101A	√	√				
	*EE101B	√	√				
	*EE108A				√	√	
	*EE108B				√	√	
密歇根大学安娜堡分校	*ECE3040		√		√		
	*ECE2020				√	√	
	*ECE2026			√			
	*ECE3084			√			
康奈尔大学	*ECE2100	√	√				
	ECE3150		√		√		
	*ECE2300				√	√	
	ECE3140					√	
	*ECE2200			√			
	ECE3250			√			
普渡大学西拉法叶校区	*ECE20100	√					
	*ECE20200	√					
	*ECE27000				√	√	
	ECE36200					√	

注：“√”号表示所列课程内容涉及的传统课程；带“*”号的为必修课程。

由表 6-3 可见，美国 8 所高校有不少课程并不按传统的课程体系构建，而是突破纵向条状分割，以横向联合方式构建课程，如 6.01、ECE110、ECGR100、6.002、ECE210、ECE190、EE40 等课程，它们都涉及 3 门及 3 门以上的传统型课程。此外还有不少课程涉及 2 门传统课程。特别是 3 所高校的专业导论课表现得尤为突出，都涉及 4 门及 4 门以上的传统课程内容，它们甚至还涉及电磁学、通信和控制等领域的知识。

这样设置的一门课程包含传统的多门课程知识，知识构成不再是单一的和割裂的，而是连通的、综合的，为实际应用系统的设计建立了很好的知识架构。此外，能将传统课程内容拆分到不同课程中，在不同课程中实现知识的层次递进。

传统的课程内容在不同的课程中分层递进，可以将过深、过专的内容分解到专业方向选修课中，这样更容易在有限的时间内真正落实宽口径和重基础的培养方案，也有利于学生对某一领域知识更深入牢固地掌握。

6.2 国内外人才培养对比分析

综合美国高校的电气工程本科人才培养方案来看，在专业设置和课程体系方面均与国内存在明显差异。

6.2.1 专业设置

1) 专业设置机制不同

在我国，国家颁布的《普通高等学校本科专业目录》是高校设置专业的唯一标准，中国数千所高校专业设置大体相同，如电气工程专业培养目标和课程体系高度统一，培养出来的人才知识结构趋同，就业上自然缺乏竞争力。专业设置死板，跨专业、跨院系的学习基本不可能，甚至不同的院校设置相同的实验室，原因是院系之间的交流困难重重。

美国高校设置专业有充分的自主权，例如，美国大学设置专业主要考虑两点：首先，该专业在市场竞争中有优势，能够满足市场需求，将来学生就业有竞争力；其次，学生对该专业有强烈的兴趣，能调动学生学习积极性和创新意识。只要满足其中一条就可以设置，因此学校专业课数量众多，学生有较大的选择余地。如果这些专业仍不能满足一些学生的个性化需求，美国大学还设置了个人专业或独立学习计划，类似于私人定制的产品，即学生自己围绕一个特定发展目标拟定学习计划，然后选择不同院系的课程进行组合。可以说，美国高校专业设置完全以学生为中心，以最大限度地满足学生需求为原则，这样做的好处是能够充分激发学生的学习兴趣和动力，但某些专业完全凭学生兴趣设置，不能与社会接轨，也造成学生就业的障碍。

2）专业基础课程平台不同

美国大学专业方向的划分在共同的基础课程之上，按照专业课的不同来划分方向，工程和应用数学学院（EMS）分为土木工程、电气工程与计算机科学、工业与制造工程、材料和机械工程等五大传统专业，这些专业的基础课程平台是共同的，到了大学三年级后专业课程根据不同的专业方向有所区别。

国内高校不同的专业基础课程平台完全不同，甚至一门基础课不同的专业教学内容也不同，如大学物理，电气工程专业的学生教学内容偏重电磁场知识，而动力工程专业的学生则重点在热力学，容易造成学生基础知识结构的失衡。

3）专业选择流程不同

国内学生在入校前专业已经确定，大多数学生对自己的专业一无所知，报志愿时多是父母的选择，而父母多是从未来就业的功利角度出发而不是基于孩子的兴趣作出专业选择，造成很多学生对自己专业不感兴趣而后悔，自然也缺乏学好专业的动力。

美国大学的学生进校时并不能选择专业，大学一二年级上的都是通识课程，也就是基础课程都是一样的，这段时间学生有充分的机会了解各个专业的具体情况，到第二学年结束之前正式进入专业选择流程。学校对学生专业选择非常重视，不仅设计详细的专业介绍让学生了解，而且配备专业导师供学生咨询专业问题。即使学生找不到自己合适的专业，也可以将感兴趣的专业课程记录下来，以规划自己的个人专业。

4）个人专业的设计

个人专业完全由学生自主确定专业名称、培养方案和课程设置。首先，学生在学校各专业中选择自己感兴趣的课程，在这份课程清单中进行排列组合，决定学习顺序，构建课程体系，当然这些课程必须围绕个人专业的目标，具有相关性，同时这些课程要能够满足个人专业的知识体系，具有系统性。根据课程体系和专业目标确定个人专业的名称，要求能概括所选课程的核心内容。其次，学生对选择这些课程的原因、自己的学习目标、课程和自己目标之间的关系及课程组合写一份详细的说明。最后，学生可以选择两名教师作为专业顾问，当然这两名教师与所选课程相关，专业顾问根据学生提交的专业说明和课程体系，提出修改建议。个人专业打破专业之间的界限，课程可以来自不同院系，满足了个人的特殊需求，但也会造成专业系统性的缺失，为此美国大学对个人专业的规范性有严格要求，包括课程相关性、学分和难度等。

6.2.2　课程设置

1）基础课程所占比例不同

中美两国在课程体系上最大的区别是基础课程与专业课程所占的比例，美国更重视基础教育，中国更重视专业教育。美国大学教育的前两年都是学习通识教育课程，而且这一基础课程平台全校统一，不分专业。其实整个美国的通识教育课程大同小异，真正的专业教育从第三年才开始。两年的通识教育课程，第一年为通识教育必修核心课程，第二年为通识教育选修课程，大量选修课给予学生充分的选择空间。整个本科阶段学生必须完成的通识教育课程学时数，占毕业所需总学时数的 1/3～1/2。

国内高校对专业课程更加重视，而轻视基础课程。国内学生大学四年需要学习的专业课程数量（含专业必修课、必选课和选修课）平均比美国大学电气工程专业多 6 门。美国大学电气工程专业基础课程（含人文类课程、自然科学基础课程及专业基础课程）所占的学分比例约为 76%，我国高校电气工程专业约为 60%。

2）通识教育的目标不同

美国大学通识教育侧重培养学生广泛的能力、情感和道德养成，从开设的通识课程体系可以大体看出其能力培养的方向：母语阅读、写作能力；逻辑思维、分析、综合能力；充分利用信息资源进一步开发的能力，如图书、互联网；应对工作挑战的能力，如与人合作、责任感等；培养正确的是非观、道德评判、价值体系。

我国高校电气工程专业的基础课程相对单一，主要包括政治思想、英语、数学和物理几类课程。总体上看，重视知识的学习，轻视人的性格、能力、道德品质的培养。知识面窄，基础知识一定是和专业相关的，自然科学的基础不够宽厚。缺乏道德情感方面的培养，也缺失自主学习和社会适应能力的培养。外语不是美国大学的必修课，而英语国内学生不仅必须学，而且占了很大学时。美国大学有英语写作课程，注重培养学生母语写作能力，而国内大学不再开设母语课程，学生撰写论文的能力很弱[2]。

6.2.3 教学方式和评价体系

美国大学的课堂教学更为自由，课堂气氛更活跃。相比而言，课堂教学有五个方面的特点。

(1) 美国大学课程开放程度高，学生可以退出/添加课程的机会多，在课程结束前一个月，如 8 月底开始的课程，11 月中旬还可以选择退出，也可以添加替换自己感兴趣的课程。

(2) 美国教授师资力量雄厚，大多数教授上课为学生准备好讲授内容纲要，或者提前把讲义发到学生邮箱，并不固定于某一本书籍，而是根据自己的科研实践和教学经验，实行启发式教学，课堂上和学生互动较多。

(3) 美国课程对学生成绩的评定更为多元化，通常一门课程在学习 1 个月、2 个月和期末都分别有测试或者考试，形式也包括笔试、实践或者小组汇报等，侧重考查学生解决问题的能力。此外，美国考试对学生评分是等级制，为 A、B、C、

D、F 5 个主要等级，这种评价方式有时不能全面客观地评价学生的成绩，而且学生期末课程压力也很大。

(4) 关于转专业的问题，美国学生具有更大的自由度，学生转专业不以就业为导向，而以能力为导向。在电子工程专业，如果其他专业在读学生成绩很好，想给自己更大的挑战，他们会申请转入电子工程专业，而同时原本就读于电子工程专业的学生，如果成绩不理想，兴趣不高，也不会勉强自己，而是转到其他感兴趣的专业，电子工程系本身并不会刻意限制这种转入转出的人数和比例，而是自然保持动态平衡。

(5) 电子工程专业的学生毕业后很容易找到工作，绝大部分和电子工程专业相关，本科生开始工作的年薪在 65000 美元左右，在学士学位中算高薪职业，学生也乐于选择该专业就读。国内很多电子工程专业学生毕业后找的工作相关性并不紧密，从某种程度上浪费高等教育资源[3]。

关于中美电气工程人才培养差异总结如表 6-4 所示[4]。

表 6-4　中美电气工程人才培养对比分析

国家	中国	美国
专业设置	国家颁布的《普通高等学院本科专业目录》是各高校专业设置的唯一标准	具有充分的自主权，可根据市场竞争优势和学生兴趣进行专业设置
课程设置	专业学分在 160 分左右，其中理论课学分至少在 110 分以上，自由支配时间少	专业学分低，且理论课只占 50%左右，学生有更多自主发挥的空间
	偏重理论课，且强电课程比例大	强弱电结合，学科交叉深入
	虽设置通识教育课程，但课程数量较少，类别相对单一，重视知识性	侧重培养学生广泛的能力、情感和道德养成
	重视专业课，专业课平均要比国外高校多 5～10 门	重视基础课，从第三年开始专业教育
	选修课程较少，在避免与必修课冲突的前提下可选择的课程太少，影响了其个性化发展的空间	多学科跨平台的选课系统有利于学生根据自己的优势和兴趣进行选课，有更大的自主发展的空间
教学方式	在教学大纲制定和执行方面，教育部有严格规范，便于统一管理，但造成了学生对教材内容的迷信，抹杀了创新性思考	教学大纲由授课老师独立制定，弱化课堂教学规范。课堂上用于解惑答疑，以交流为主，引导学生自主解决问题
	以班级为单位，系里分配一个辅导员，无法因材施教	没有班级的概念，但会为每名学生安排一名教授指导，因材施教
教学方式	围绕专业课进行的课程实验及课程设计缺乏新意，企业实习制度依然不完善	校企联合育人模式广泛应用且成效显著，各大高校与全球 500 强公司如通用电气、西屋电气等签订实习协议
评价体系	国内以闭卷考试为主，学生考前突击较多，难以对所学知识有深入了解	以课堂展示、小组作业、论文报告等多种形式全面考查学习成果
人才素质	学生基础扎实、治学严谨，但创新能力差	致力于培养学生的社会责任和团队协作意识、交流沟通能力，拓展国际视野

6.3 美国电气工程人才培养的有益启示

中美两国在专业设置和课程体系上的差异及其对学生专业能力培养与人格形成的显著影响，为开展教学改革提供了有益的启示。

1) 所学知识与市场接轨

国内高校对专业的理解偏传统，专业的实质是知识能力在某一特定领域的应用，很多专业尤其是工科专业在知识和能力结构上有重合之处。市场在不断变化，对知识能力的需求日新月异，因此打破专业之间的界限，将课程进行排列组合，可以创造出更多新的专业，让专业跟随市场经济的变化而更新换代。显然，突破死板的专业固定理念，加强各院系之间的课程交流，给予专业设置更多的灵活性，是适应市场变化的有效途径。国外高校专业设置相对自由，能够适应市场和学生自身的需求，但也存在专业设置不严谨、学生就业困难的局限性。

2) 注重学生发展所需

如果学生仅仅具备单一专业的有限知识，就很难适应现在复杂多变的社会实践，社会呼唤复合型人才。国外个人专业跨学科的特色恰好可以满足复合型人才的需求，而且由于这是学生为自己量身定做的，能够极大地激发学生的学习动力，培养其创新意识，同时个人专业满足社会特定需求，从而催生出许多适应市场变化的新专业，使高校人才百花齐放，有利于增强学生就业的竞争力。当然基于国内高校扩招后师生比失衡的形势，目前推广个人专业可能还不具备条件，但是这是专业建设的必然趋势，值得国内高校探索和尝试。

3) 重视综合素质的培养

自教育主管部门到各院校一直强调要培养宽口径、适应能力强的人才，但在课程体系上专业教育课程比例偏大，基础课程的内涵和外延狭窄，知识结构单一，偏重知识灌输，忽视人的培养，造成现在大学生心理素质差，责任感缺失，缺乏工作适应能力和在职学习、自我发展的意识与能力。据统计，90 后学生毕业后在 3 年内跳槽的占到 1/2 以上。因此强化学生通识教育，提高学生人文素质，塑造健康心灵，是高校课程体系改革的当务之急。当然这里也不能完全照搬国外通识教育的模式，由于小初高的教育模式的差异，美国学生自学能力强，所以很多专业知识是课外获取的，而国内学生学习主动性差，如果过多压缩专业课程将造成学生专业能力的弱化[5]。

6.4 本 章 小 结

本章首先通过对美国 9 所著名电气工程专业本科生培养方案和课程设置的分

析研究，揭示了美国高校人才培养专业口径宽、重视通识教育、重基础、重数字系统和计算机相关知识的特点；然后从专业设置、课程设置、教学方法和评价体系等方面对比分析了中美电气工程人才培养的差异，并以表格的形式进行了展示；基于国情等客观因素的限制，我国不可能照搬美国高校的培养模式，最后总结了美国电气工程人才培养给予我国教学改革的有益启示。

参考文献

[1] 魏利胜，娄柯，陆华才.浅析中美电气工程类本科教学异同[J].科技视界，2016，(7):56-73.

[2] 张林，程文青，罗杰，等.美国高校电气工程专业本科培养计划浅析[J].电气电子教学学报，2014，(3):6-11.

[3] 郑继红.中美电子工程专业本科课程体系及人才培养比较[J].高等理科教育，2015，(3):72-77.

[4] 张恒旭.全球能源互联网人才培养之一：我国电气工程学科人才培养目标与知识体系现状(待发表).

[5] 林健.中美电气工程专业设置与课程体系比较研究[J].中国现代教育装备，2015，(11):94-96.

第 7 章　全球能源互联网人才培养新需求

中国探讨构建全球能源互联网，是推进能源革命、加速能源清洁化转型、有效减少碳排放的重要途径。全球能源互联网战略目标实现的关键是人才，因此迫切需要剖析对电气工程人才培养的新需求，改革现行人才培养模式。本章将综合全球能源发展和电气工程人才培养现状，探讨全球能源互联网大背景下的电气工程人才培养新需求，提出“实现一个总体目标，具备两种全球观，掌握三大知识体系，拥有国际视野”的需求框架。一个总体目标即将电气工程人才培养与构建全球能源互联网紧密结合，培养适应全球能源互联网建设和符合能源发展大趋势的复合型电气工程人才；两种全球观即全球能源观和环境观，能源问题与环境问题作为全人类共同面临的重大难题，需要各国密切合作，综合协调能源开发和环境保护；三大知识体系即传统电气工程知识和实践、学科前沿科技以及国际政经法理论，培养基础知识扎实、综合能力过硬并拥有国际视野的电气工程人才[1]。本章提出的新需求对于推进适应全球能源互联网构建的电气工程人才培养改革具有一定指导意义。

7.1　当前电气工程人才培养情况

随着社会的发展和科技的进步，电气工程这门科学在世界上经过风风雨雨的历练，已经拥有了百年历史，为人类科技的进步提供了强有力的保障。从蒸汽时代进入电气时代，电气工程这门科学一直发挥着它不可替代的作用。随着科技的不断发展，与电气工程有关的系统运行、通信、综合自动化、电力电子技术、信息处理、实验分析、研制开发、经济管理及电子计算机技术应用等领域高技术的不断突破以及构建全球能源互联网战略的提出，都表明当前电气工程人才培养模式的改革已经迫在眉睫。

7.1.1　电力市场及企业发展概况

当今世界，随着经济全球化趋势日益明显，现代社会将人才资源开发作为发展的战略制高点，甚至将人才视为最重要的战略资源。根据党的十七大关于“优先发展教育，建设人力资源强国”的战略部署，为全面提高国民素质，促进教育事业科学发展，加快社会主义现代化进程，教育部出台了《国家中长期人才发展规划纲要(2010-2020 年)》，以及通过吸纳民意形成的《国家中长期教育改革和发展规划纲要(2010-2020 年》。两大纲要从观念更新、培养模式创新以及评价制度改革等各个层面，构成了整个人才培养体制改革的完整框架。新形势下，高校作为人才的主要供方市场之一，应顺应经济社会的发展需求，准确定位，培养出更多更好的合格人才。

与此同时，市场和企业扎根社会，对国家和社会的人才需求有直接而深刻的反馈机能。因此，电力市场及企业发展的分析对高校把握社会对人才的需求，准确定位人才培养模式和机制，具有十分深刻的意义。当前我国电力市场和企业呈现出如下的特点。

1) 发电装机容量、发电量持续增长，能源结构持续变化

截至 2015 年年底，我国发电机装机容量达到 15.1 亿千瓦，创历史最高水平，其中非化石能源发电装机比例提高到 35.0%，火力发电量负增长。同时，发电量也处于持续增长的状态，全年发电总量为 5.55 万亿千瓦·时。同年，我国电网 220 千伏及以上输电线路回路长度、公用变电设备容量分别为 61.1 万千米、31.3 亿千伏·安，分别同比增长 5.8%和 7.6%，两者均保持中高速增长。

新时期由于环境保护的要求和新能源发电的快速发展，各类能源发电情况有了极大的变化。其中，水力发电量高速增长，风电、核电投资大幅增长，火力发电量同比负增长，利用小时创下新低。随着新能源发电量的不断增速和传统火电产业规模的负增长，能源配置正在悄无声息地进行着一场革命。因此，新一代电气工程人才应该摒弃所谓“发电量和发电质量第一位，环境保护第二位；火电第一位，其他能源发电第二位”的老旧观念，正确认识、对待和改进新能源发电情况，树立以清洁能源为主导、以电为中心、全球配置资源的全球能源观，助力全球能源互联网的构建和发展。

2) 电力环保取得显著成绩

环境保护是关系我国可持续发展的千秋大业，随着经济的发展，环境问题日益突出。电力行业是我国能源的支柱产业，随着我国电力企业的发展，降低污染和节能降耗已经成为摆在我们面前的一大难题。在火电环境保护方面，我国主要采取了烟尘控制、二氧化硫控制、氮氧化物控制和废水控制等措施。电力工业从 20 世纪 70 年代开始控制烟尘排放，经过 40 多年的发展，电除尘器的比例逐年增长，平均除尘效率已达 98%左右。自 1991 年华能珞璜电厂引进石灰石–石膏湿法烟气脱硫装置以来，其他电厂先后采用旋转喷雾干燥法、简易石灰石–石膏湿法、电子束法、海水脱硫法等多种脱硫方法。近几年，电力企业通过采用低硫煤、脱硫等措施，使二氧化硫排放量的增长得到遏制。自 1997 年 1 月对新建大型燃煤电厂氮氧化物排放提出限制要求，我国在引进大容量燃煤发电机组的同时，也引进了锅炉低氮氧化物燃烧器的制造技术，降低了氮氧化物的排放。电厂最大的废水

排放量是冲灰水，目前主要采用干除灰和水力除灰技术，综合节水技术改造，一批火电厂采用了工业废水“零”排放技术。水电工程环境保护工作起步于50年代，随着国家环保政策的发展，已经形成了一套较为完善的环境保护管理系统，重点进行了水电项目的环境影响评价、水土保持方案编制和环境保护设计工作。国家已有专门的核电建设环境保护要求，核电部门根据国家颁布的有关核电站安全与环境保护的法规、规定和标准，始终把核电站的安全和环境保护作为选择与审查厂址的先决条件之一，在运行中严格执行有关的环境保护规定。对输变电环境保护，《中华人民共和国环境保护法》中有原则要求，并有《环境影响评价技术导则 输变电工程》《建设项目竣工环境保护验收技术规范 输变电工程》两项环境保护标准和规范，电力部门在设计施工过程中也十分重视环保工作，也有相应的设计规定。输变电建设项目的环境影响评价工作已经在我国全面展开。

新时代下，可持续发展观念已经深入人心，电力行业各部门都采取了相应的技术措施降低对环境的污染。随着全球能源互联网的构建，强调以国际视野对环境进行总体把握和治理的全球环境观应运而生。高校在进行新型电气工程人才培养的过程中，应该使学生牢固树立全球环境观概念，使其对环境保护与治理有责任意识和担当意识，更好地为未来电力环保发展贡献力量。

3）电力市场改革刻不容缓

当前我国电力市场呈现以下特点：电力市场与购买者比较单一，而参与市场竞争的电力企业众多；部分电量竞价上网；竞争电量与基本电量实行双轨制的竞价体系；电力市场主要通过长期合同、实时交易、期货交易的形式进行交易；电力生产调度同市场交易一体化；电力技术支持系统尚待进一步的发展和完善[2]。

2015年3月，中共中央和国务院印发新一轮电力体制改革（以下简称电改）纲领性文件——《关于进一步深化电力体制改革的若干意见》，成为时隔12年后中国电改再起步的标志。本轮电改推进以来，电力市场化已成为业内共识。全国各试点省份的电改进度不一，但出现了百家争鸣、百花齐放的局面，重庆、贵州、山西等地方电改领头羊都为电力市场建设做出了可贵的尝试。随着国家电力体制改革的不断深入，未来2～5年，改革试点地区现有配电站规模将不断扩大，新建站点建设的布局打造及电站业主，对由第三方提供的电站运营优化的需求正在增多，这些对电站的远程监测和控制、远程智能运行维护管理、发电效率分析与优化服务、电站资产评估、电力工程资料预算、各个配电站安全稳定智能化运行等，提出了高技术含量的要求。要满足这些电力发展新的需求，就离不开大量电气工程人才的支撑。在电力改革和全球能源互联网的大趋势下，电力行业会重新散发出勃勃生机，而新形势下电气工程人才的优质培养也变得迫在眉睫。

高校应抓住机遇、迎接挑战，在新形势下认真分析电力体制改革对人才需求的变化，深刻认识自有人才培养模式的漏洞和不足。在科学的方法指导下对人才培养模式进行改造，为国家输出更加适应电力改革的人才。

7.1.2 就业形势和前景

1) 电气工程专业当前就业形势

就业形势是国家、社会和市场对人才需求的直接体现，对就业形势的分析可以使高校确定培养方向，集中优势资源，打造更加适应时代发展的人才。电气工程专业大部分毕业生选择在电力系统及其相关领域就业。电力系统单位主要包括发电企业、供电企业和电气设备制造公司三大类。除此之外还含有电力设计院，电力规划院，电力建设、电力科研开发等部门。我国现有的国有大型发电集团有中国华能集团、中国大唐集团、中国华电集团、中国国电集团和中国电力投资集团；电网公司有国家电网公司和南方电网公司；电气设备制造企业有上海电气电站、新疆特变电工等，一些毕业生也选择到跨国公司等外企工作，比较典型的有 SIEMENS、ABB、SCHNEIDER、AREVA、VESTAS 等。

电力工业的迅速发展为本专业毕业生提供了大量的就业机会及就业岗位。由于社会上各行各业对电气工程及其自动化专业(简称电气自动化专业)技术人员的大量需要，供需关系随着需求变化而上扬，当前培养出一批具有高端顶尖技术人才迫在眉睫，国家相关政策出台并鼓励高校电气自动化专业健康快速发展。因此，我国高校电气自动化专业发展现状良好，属于稳步上升且需求技术人才的新型技术行业专业。开设电气自动化专业的高校也越来越多，就读这个专业的学生也越来越多，电气自动化行业领域也开拓得越来越广。此外，电气自动化专业技术人才对口岗位需求也越来越大，将来从业人员也会越来越多。

以山东大学为例，近 5 年来电气工程专业毕业生总就业率在 90%以上(含升学)，这种状况在今后的几年内不会有太大变化。但同时也应该看到，中国电力工业的发展正在趋于成熟。目前，全国电力供需形势总体基本平衡。中国电力市场的改革也在进一步深化，随着电力体制改革的深入，中国电力市场正在不断完善。可以肯定的是，电力企业对人才的需求度正趋于饱和，对复合型人才的需求比例正在逐年加大。对人才的需求已开始着眼于复合型、专业化和高学历的毕业生。例如，近年来国家电网公司和南方电网公司校园招聘条件已改为：国家重点大学电气工程专业的毕业生。

以山东省为例，近 5 年山东省事业单位录用的电气工程及其自动化专业人才情况(表 7-1)及今后 5 年的需求状况如下：由于电气工程及其自动化专业是一个宽口径的专业，学生毕业后能够从事的工作领域也非常广，山东省所有回函单位在过去的五年里都录用了一批电气工程及其自动化专业的学生，根据行业性质和企事业单位的规模不同，录用的电气工程及其自动化专业人数(高职生、本科生、硕士研究生、博士研究生)从几人到 1000 多人不等。

表 7-1　近 5 年山东省事业单位录用的电气工程及其自动化专业毕业生统计表

录取人数/人	≥80	20～80	15～20	10～15	5～10	5 以下
单位数/个	4	20	4	11	11	9
分布比例/%	6.9	34.5	6.9	19.0	9.5	15.5

调查显示，这些学生知识面广，对不同岗位的适应能力较强，特别是有较强的系统分析和综合能力，了解控制系统的设计方法和国内外先进的仪器仪表，能够围绕企业的要求开展工作。目前企业中电气工程及其自动化专业的学生大多为本科生和高职生，主要从事研发、生产、管理、营销等工作，如表 7-2 所示。

表 7-2　毕业生所从事的工作性质及能力表现分析一览表

从事工作性质	所占比例/%	工作能力/%		
		强	较强	一般
研发	24.6	34.5	49.6	15.9
管理	7.7	33.6	56.8	9.6
营销	25.3	15.4	67.2	17.4
生产	29.1	30.6	54.1	15.3
售后服务	13.3	52.5	37.5	10.0

在对近 5 年各单位对电气工程及其自动化专业人才的需求的调查结果显示，约有 70%的企事业单位对电气工程及其自动化专业人才的需求呈上升趋势，另外 30%左右与过去 5 年持平，且对本科高端专业技术人才的需求有所增长。

当然，随着时代的发展，电力行业对人员素质的要求逐年提高，然而基于电力系统的饱和状态，毕业生就业质量却相对降低。就供电企业而言，在 2005 年，电气工程专业的本科毕业生很大一部分在省会或市级供电局工作；但 2015 年的电气工程专业本科毕业生更多的是在县级供电局任职。所以，现在越来越多的本科生会选择在大学期间辅修双学位或者在本科毕业时选择考研。现代社会的高速发展，读研究生也成为大势所趋。有选择地攻读电气工程专业的研究生可谓一个明智的选择。作为电力企业，尤其是层次比较高的用人单位，一般都会有选择地到一些特定院校挑选优秀毕业生，基本的范围是清华大学、山东大学、西安交通大学、华北电力大学、武汉大学、重庆大学、天津大学、浙江大学、长沙理工大学、东北电力大学等。

2) 就业市场需求

电力是发展生产和提高人类生活水平的重要物质基础，电力的应用在不断深化和发展，电气工程及其自动化是国民经济和人民生活现代化的重要标志。就目前国际国内水平而言，在今后相当长的时期内，电力的需求将不断增长，社会对电气工程技术人才的需求量呈上升态势。

展望新形势下的电气工程专业，随着我国经济的快速发展、信息革命的兴起和新经济的冲击，现代化电气设备得到广泛应用，工业生产的自动化程度越来越高，人工智能不断发展，特别是电力电子技术和微机控制技术向着智能化方向发展，因此，企事业部门急需电气工程专业的技术人才。进入 21 世纪，工业电气自动化已成为现代工业发展的基础和主导。社会对该专业人才特别是一专多能的电气工程复合型人才有着极大的需求量，因此电气工程需要培养这种既有理论知识又有实践能力的复合型专业人才。近年来，各高校紧密结合社会要求和科学技术创新，做到与电力企业发展同步，同时，该专业的毕业生就业市场容量大，前景广阔，工作环境好，多年来一直被人才市场列为最受欢迎的专业之一，并连续几年出现供不应求的状况。随着外国一些大型企业进入国内市场，本国的一些知名企业也将走向世界，这种高科技人才的竞争将日趋激烈，对电气工程专业人才的需求也将明显扩大。所以在未来几十年内，电气工程专业教育必将会有一个充分发展的空间。

与此同时，2015 年 9 月 26 日，国家主席习近平在联合国发展峰会上，倡议探讨构建全球能源互联网，推动以清洁和绿色方式满足全球电力需求。习近平主席关于全球能源互联网的提议得到了与会各国领导人的积极响应。全球能源互联网是以特高压电网为骨干网架(通道)、以输送清洁能源为主导、全球互联的智能电网。它连接各洲大型能源基地，能够将风能、太阳能、海洋能等能源输送给各类用户。在世界范围内构建能源网络，关键之处在于实现跨区域的合作。这不仅是能源的互联，更是国与国之间经济、贸易、机制和文化的互联，会面临从技术到政治、经济、法律等方面的挑战，需要各方的耐心和沟通，共同携手来完成。随着全球能源互联网构建的不断推进，电力行业对人才、尤其是复合型人才的需求会空前加大，高校培养适应全球能源互联网建设的复合型电气工程人才也显得尤为重要。

3) 就业优势

电气工程专业的优势在就业的时候体现得更为突出。首先，所有的行业都可以同电气工程专业挂钩，转行非常容易，“硬”可转电子工程，“软”可转计算机，也可转通信。如果考研，还有中国科学院一些相关院所可供选择。同电类的其他几个专业类似，国外大学基本没有严格对应专业，一般来说需要申请 EE(电气电子工程)或者 CS(计算机科学)专业，这也使电气工程专业的毕业生在选择出国留学时略有不利。不过总体来说，电气工程专业就前途来看还是让人相当满意的。

当今是知识和经济飞速发展的时代，经济的发展离不开科学技术的带动和支撑，只有科技的突飞猛进，才能使经济向前发展。电气工程专业属于科学技术中的高端顶尖行业领域，其发展前途远大，就业前景辉煌。所以，应该加大电气工程专业这方面的投入力度，扩大电气工程专业的研发项目，开拓电气工程专业方面的人才市场，促进我国经济又好又快健康发展。建立创新型国家离不开电气自动化方面产品的研发和电气工程专业人才市场的投入与培养。同时，电气工程专业的多元化发展更能使其在各行各业中占有发展空间，电气工程专业人才多元化将能进一步降低我国就业压力，仅这一就业问题的解决将使电气工程专业长足发展。综上所述，我国经济发展离不开科研创新，在建立创新型国家的同时科研创新必须先行，电气工程专业领域在市场经济中扮演着越来越重要的角色。高校设立该专业后就读学生人数会越来越多，专业发展门类会越来越齐全，高校内设立的科研机构或者科研小组可以和社会上的企业联合起来共同开拓创新，开创出更多的有科技和经济价值的创新课题，研发出更多高精尖端科技产品投入市场运行，促进社会主义市场经济快速健康地向前发展。当前电气工程专业就有着不可估量的发展前途，将来发展更加广阔，电气工程专业领域人才将更加齐全。

与此同时，中国电力工业的发展正在趋于成熟。2015 年，全国电力供需形势总体基本平衡。一方面，中国电力市场的改革也在进一步深化，随着电力体制改革的深入，中国电力市场正在不断完善；另一方面，全球能源互联网的构建也在如火如荼地开展着。可以肯定的是，电力企业一般对人才的需求度正趋于饱和，对复合型人才的需求比例正在逐年加大。对人才的需求已开始着眼于复合型、专业化和高学历的毕业生。因此，培养新形势下可担国家重任的电气工程人才变得迫在眉睫。

7.2 实现一个总体目标

以发展全球能源互联网为契机，立足于人才培养这一根本任务，剖析当前电气工程人才培养模式，思考构建全球能源互联网对电气工程人才培养的新需求，是实现“培养适应全球能源互联网建设的复合型电气工程人才”这一总体目标的关键。

7.2.1 复合型电气工程人才的基本内涵

从发达国家和地区来看，随着经济发展水平的提高，复合型人才培养的层次逐步提高。例如，美国部分大学同时存在工程教育、科学教育与技术教育，德国的技术科学大学、英国的多科技术学院、印度的工程技术学院和技术大学等，都以实施本科复合型教育为主。但是，复合型本科人才在我国大陆提出的时间还不长，是一个急需探讨的教育概念。只有对复合型人才有了一个比较科学的认识，才有可能对复合型本科人才培养目标进行合理的定位。

在构建全球能源互联网大背景下，应倡导高校将电气工程人才培养与构建全球能源互联网紧密结合，培养适应全球能源互联网建设和符合能源发展趋势的复合型电气工程人才。

1)复合型电气工程人才的本质是一专多能

一专多能，一般指掌握或者具备某项专业知识或者技能，即在专业知识或技能方面有较高造诣的同时，又具备其他技能或者知识，可以适应多方面工作的要求。随着全球能源互联网的构建与社会主义市场经济的需求，高校传统的教育模式所产出的电气工程人才已经越来越不适应当前国家和社会的需求，这就要求高等教育培养的人才必须具有适应性，具有多方面的能力。同时，在中国社会大背景下的社会主义市场经济体制的建立与发展，必然打破原有计划经济体制下生产、流通、分配等按计划运行的旧模式，引起社会经济各部门发生巨大的变化。社会主义市场经济的发展就要求为其培养出适应市场发展需要的能不断变换工作的新型人才。

除此之外，一专多能复合型人才的培养，也是世界范围内教育改革发展的趋向。面对新技术革命的挑战，世界上多数国家都在进行教育改革，培养具有较强的适应能力的新型人才已是世界范围内教育改革的趋向。我国目前提出培养一专多能的复合型人才也顺应世界教育改革与发展的潮流。

2)复合型电气工程人才的内在驱动是适应力和学习力

复合型电气工程人才的概念并不仅仅指具备精湛的电力专业知识和实践能力并在经济、政治等领域有相应知识储备的人才。随着电气行业的不断发展和全球能源互联网构建的不断深入，很多意想不到的问题和挑战会不断涌现，这就要求复合型电气工程人才要对相应工程和实际问题有良好的适应力，对工作和实践中需要掌握的知识有一定的学习力。

适应力是指更好地掌控身体自我调节的适应能力，练就良好的心态，从而提高自身适应力；破除旧思想，冲破经验之谈的束缚，适应外部的变化；注重处世中适应力的培养，勇敢地接受并适应陌生文化的冲击，从而提升对未来变化的适应能力，确保能在瞬息万变的时代中更好地生存和发展。

学习力的本质是竞争力。当今世界正处于一个充满竞争的时代，在 20 世纪 60 年代，被《财富》列为世界 500 强的大公司，堪称全球竞争力最强的企业。然而，1970 年的 500 强到 1980 年代有三分之一销声匿迹，到 20 世纪末更是所剩无几。这一方面反映了风起云涌的新科技革命和新经济的产生迅速切换或淘汰传统产业的大趋势，另一方面反映出这些大企业不善于与时俱进，跟不上时代的节拍而被时代抛弃的必然。实践证明，个人和企业一样，凡通过自我超越、心智模式、团体学习等提高学习的锻炼，都能在原有基础上重焕活力，再铸辉煌。

复合型电气工程人才只有将适应力和学习力作为自己的内在驱动，才能在构建全球能源互联网的关键时期顶住压力，在工作和实践中提升自我，最终能更好地为未来电网的建设和发展贡献自己的一份力量。

3) 复合型电气工程人才的最终目的是实现全球能源互联网的合理构建

在新时期构建全球能源互联网具有十分重大的意义。它是以全球视野、战略高度考量世界能源可持续发展这一事关全人类共同利益的重大命题而给出的科学合理的解决方案。除此之外，国家电网公司在分析全球能源电力供需格局与电力流、“一极一道”和各洲大型清洁能源基地开发的基础上，对全球能源互联网构建方案、实施路径、技术创新以及工程实践也进行了系统论述，描绘了全球能源互联网构建的美好蓝图。

有理由相信，在今后相当长的一段时间里，建设全球能源互联网将成为当代复合型电气工程人才工作任务的核心体现，复合型电气工程人才的培养也离不开这一最终目标的指引。

7.2.2　复合型人才的特征

培养适应 21 世纪需要的电气工程复合型人才，是当前构建全球能源互联网的急切需求，也是未来市场经济对高等教育提出的要求，更是教育改革的重要内容。周远清在第一次全国普通高校教学工作会议上将本科人才培养目标概括如下：基础扎实，知识面宽，能力强，素质高。21 世纪高校培养的人才必须是由多种知识和能力构成的人才，这种人才在知识结构上，应该是较宽的基础和精深的专业知识的统一；在能力上，应该是创新能力和实践能力的统一；在素质上，应该是综合素质的全面提升。复合型人才主要有如下三个方面的特征。

(1) 知识的集成性。知识的集成性是指，复合型人才在通晓 2～3 门专业或学科基础理论知识和技能的前提下，根据社会的需要和专业培养目标的需要拓宽知识面，将知识结构拓展至相关的学科，从而形成有合理层次的整体性和综合性的知识体系，能够让知识跨度比较大的不同学科领域的知识有机地集成，能够将人文社会科学类的基础知识、自然科学类的基础知识以及专业基础知识和技术知识有机地结合起来，融合成一个整体。图 7-1 为复合型人才知识结构。

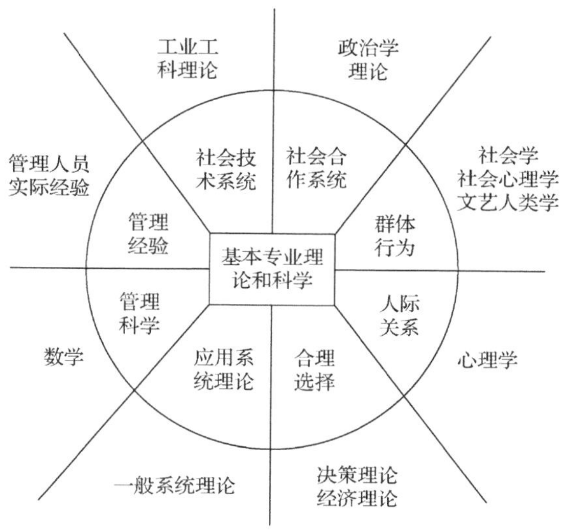

图 7-1　复合型人才知识结构

(2) 能力的复合性。复合型人才注重多种能力的复合，主要包括综合能力、探索能力和创新性能力。复合型人才不仅有专业所需要的能力技能，还要能够将多学科的能力相融合，达到对原有学科知识能力的超越，形成跨学科的综合创新能力。具体而言，复合性能力可以归纳如下：学习能力，即适应终身学习的需要而独立自主地获取知识、不断更新知识的能力；运用方法学的意识和能力，指能够运用方法学的思维解决不同情境下的问题的能力；创新能力，指运用创造性思维发现和解决问题的能力；工具性能力，指熟练运用计算机、外语等现代工具手段的能力；实践能力，指将知识运用于具体生活实际的能力。

(3) 素养的全面性。素养从概念上来说，是指在人的先天生理特点的基础上，受后天教育、环境的影响，经过个体自身的学习和实践，特别是通过外在文化的内化来促进身心发展，从而形成人的内在的、综合的、稳定的个性心理品质。现代社会所需的基本素养包括思想道德素养、文化素养、业务素养、身心素养等。

7.2.3　培养复合型电气工程人才的背景

1) 全球能源互联网的历史机遇

2015 年 9 月 26 日，习近平主席在联合国发展峰会上发表重要讲话，倡议探讨构建全球能源互联网，推动以清洁和绿色方式满足全球电力需求。这是习近平主席站在世界高度，继“一带一路”之后提出的又一重大倡议，是对传统能源发展观的历史超越和重大创新，是中国积极应对气候变化，推动联合国 2015 年后发展议程作出的重要倡议，对人类社会可持续发展具有深远的意义[3]。

历史上，每一次能源变革都伴随着生产力的巨大飞跃和人类文明的重大进步。煤炭开发利用、蒸汽机发明，推动第一次工业革命，大幅提升了生产力水平。石油开发利用、内燃机和电力发明，推动第二次工业革命，人类进入机械化和电气时代。构建全球能源互联网，将加快清洁发展，形成以电为中心、以清洁能源为主导、能源全球配置的新格局，实现全球能源转型升级，引领和推动第三次工业革命。依托全球能源互联网，大规模、高效率开发利用各类清洁能源，能够让人人享有充足、清洁、廉价、高效、便捷的能源供应，为经济社会发展提供不竭动力。全球能源互联网与物联网、互联网等深度融合，将带动新能源、新材料、智能制造、电动汽车等战略性新兴产业创新发展，为“大众创业、万众创新”提供广阔空间和发展平台，对经济增长、结构调整和产业升级具有显著拉动作用。预计 2016—2030 年我国清洁能源及相关电网每年投资达 8200 亿元，年均可拉动 GDP（国内生产总值）增长约 0.6 个百分点。

2）特高压建设风起云涌

与此同时，作为全球能源互联网的关键技术，特高压电网建设也在如火如荼地开展着。从资源优化配置来看，随着我国能源战略西移，大型能源基地与能源消费中心的距离越来越远，能源输送的规模也将越来越大，特高压建设具有重大的战略意义。另外，特高压建设具有巨大的经济效益，例如，坑口电站的电力通过特高压输送到中东部负荷中心，除去输电环节的费用，到网电价仍低于当地煤电平均上网电价 0.06～0.13 元/（千瓦·时）。特高压更是清洁能源大发展的必要支撑，只有特高压才能够解决清洁能源发电大范围消纳的问题。同时，特高压电网的发展为电气行业注入了极大的活力，更为全球能源互联网的构建提供了远距离输送电力能源的关键技术。无论是特高压电网施工和运营，还是未来构建全球能源互联网都需要一大批从事特高压电网管理的高级管理人员、具有国际视野并从事技术研究的学者、从事设计和规划的工程技术人员和大批在生产一线从事建设、管理和服务等技术应用工作的电气工程复合型人才。

7.2.4　培养复合型电气工程人才的社会需求

我国电气工程学科历史悠久，2008 年迎来了中国电气工程高等教育百年华诞。新中国成立初期，我国电力工业百废待兴，因而沿袭苏联管理体制，从国家层面对电力工业实行统一规划、建设、运行和管理。当时电气工程专业技术人才稀缺，教学培养体系主要参照苏联模式定点培养工程师[4]，服务于实际电网建设，注重实际操作能力，为新中国培养了一大批专业技能过硬的电气工程人才。随着新中国经济的高速发展，电力需求增长迅速，电网电压等级、网架结构和规模等也不断更新升级，而电气工程学科人才培养逐渐显示出与电力行业需求不相适应的弊端。培养目标没有紧跟世界能源发展大趋势变化，培养过程与电气工程实际应用不同程度脱节，教材更新速度慢，课程设置没有反映领域前沿科技，都是当今电气工程学科急需解决的关键问题。分析国内高水平“985 工程”大学的电气工程专业课程设置情况发现：大多数学校仅仅局限于传统电气工程领域的研究，学科间交叉融合不够；课程设置仍注重于讲授传统专业知识，对于电气领域的新技术只开设选修课程，且课程体系性不强[5]。

由于电力行业发展和社会发展需要，通过对用工信息的收集整理、劳动信息网点的建立及用工单位对电气工程专业学生的信息反馈，电气工程专业仍为目前急需的热门专业，人才需求量很大，且呈逐年增长的趋势。随着现代化工业的快速发展，电气工程专业显得尤为重要，企业中原始的、简单的数控设备已在逐步淘汰，取为代之的是设备先进、技术精良的新型的现代化加工企业，而适应现代化工业发展的需要，就需要培养和造就一大批既适应时代特点的具有先进专业理论知识，又具有专业操作能力的复合型现代化电气工程人才。

为提高我国工科人才培养质量，党中央、国务院作出了走中国特色新型工业化道路、建设创新型国家、建设人才强国等一系列重大战略部署。2010 年 6 月 23 日，教育部启动了“卓越工程师教育培养计划”，旨在“面向工业界、面向世界、面向未来，培养造就一大批创新能力强、适应经济社会发展需要的高质量各类型工程技术人才，为建设创新型国家、实现工业化和现代化奠定坚实的人才资源优势，增强我国的核心竞争力和综合国力”[6]。结合电气工程学科发展的实际需要，各高校纷纷改革原有人才培养模式，创立校企协同创新育人新机制。

培养适应全球能源互联网建设的创新型电气工程人才，是我国“人才强国”战略在能源领域的重要反映，是“卓越工程师教育培养计划”在能源发展新方向下的具体策略，对于提升我国国际竞争力影响重大。

7.2.5　复合型人才培养现状

复合型人才培养是一项巨大复杂的工程，需要高校在各个方面予以保障，通过调研分析发现高校在复合型人才培养方面的重视程度还不够。虽然近年复合型人才培养的教育地位不断提高，但是对复合型人才培养的重视程度没有得到足够提高。下面从人才培养模式的四个方面阐述复合型人才培养存在的问题。

1）培养目标不清晰

多数教师和教务人员对学校的复合型人才培养目标还不够明确，培养目标不明确直接影响在培养过程中的落实情况，高校应尽快明确复合型的人才培养目标，并做好上传下达，让教育者更好地为此目标开展教育，从而提高人才培养质量。

2）课程体系落后

课程体系依然注重专业素质的培养，综合素质容易忽视，主要体现在必修课比例偏大、交叉学科课程少。这样的课程体系往往导致学生知识面的狭窄和单一，限制了其个性化发展的空间，阻碍了其创造性思维能力的提高。

3) 实践环节实效性不足

高校在人才培养过程中依然存在着重专业、轻基础；重书本、轻实践；重功利、轻素质的现象，此种人才培养模式下的学生往往缺乏创新能力和实践能力，不能与复合型人才培养目标相辅相成。

4) 师资队伍不合理

当前的师资队伍一定程度上不能满足复合型人才培养的需要，表现在知识结构不合理，现任的工科教师往往缺乏人文、社科、教育学等方面的知识，不能适应形势发展的需要，尤其随着世界经济一体化的发展，这种不合理现象会日益明显。同时，教师知识老化不得不引起重视，由于许多教师缺乏创新精神，对学科前沿知识掌握较少，这也为人才培养改革带来了一定的阻力。

7.3 具备两种全球观

构建全球能源互联网，实现清洁能源在世界范围内的开发、配置和利用，是能源发展规律的内在要求，也是实现人类社会可持续发展战略的重要举措。作为新时代的电气工程人才，需要认识和把握世界能源发展规律，树立全球能源观和环境观，以全局的、历史的观点正确认识能源问题和环境问题，才能更深刻地把握构建全球能源互联网的社会意义，为全球能源互联网的建设贡献力量。

新时代电气工程人才必须具备全球能源观和环境观，不仅要认清我国能源资源生产与消费过程中的不合理因素，而且要立足全球认识与把握能源问题和环境问题：要认清能源开发、配置和利用的全球化特征，各国家能源禀赋差异大，任何国家和地区都难以实现能源资源完全独立，从而理解构建全球能源互联网的深刻内涵和意义；要意识到生态环境系统是受多种因素影响的动态系统，牵一发而动全身，人类活动的任何不合理环节都可能造成全球生态环境破坏，引起恶劣后果。全世界各个国家和地区必须齐心协力治理环境问题，而发展可再生的清洁能源作为环境治理的根本途径，可以从源头上消灭污染源，是世界能源发展的大势所趋[7]。

7.3.1 全球能源观

纵观世界能源史，能源发展的规律主要呈现如下特征：能源结构从高碳向低碳方向发展；能源利用从低效向高效方向发展；能源配置从局部平衡向大范围优化方向发展。解决能源供应、能源安全问题和环境问题必须要以能源发展的客观规律为基础，才能发挥主观能动性。然而当前电气工程人才培养模式中考虑更多的是电能作为效率最高的二次能源和终端能源如何传输与利用的问题，狭隘地认为电能是无限可获取的，而不考虑发电侧的一次能源消耗以及碳排放问题。全球能源互联网倡导的是清洁能源全球开发、配置与利用，而风能、太阳能等清洁能源的间歇性、波动性、分散性等特征会使得发电形态发生根本性变化；全球各地区资源禀赋和社会发展水平差异巨大，非洲、南极洲等可再生能源丰富的地区往往负荷水平较低，并且风能、太阳能资源无法大规模储备，只有通过全球能源互联网以电能形式外送才能解决能源消纳问题；随着经济全球化不断深化，能源发展和能源安全问题绝不再是某一国家或地区的问题，局部能源局势的紧张与恶化将会引起世界能源供给和消费的震荡。上述全球能源互联网背景下清洁能源“开发—发电—传输—利用”各环节展现出的新能源观是当代电气工程人才培养需要关注的重点。

树立全球能源观是推动能源变革的重要前提。2015 年 2 月，国家电网公司原董事长、党组书记刘振亚撰写的《全球能源互联网》出版，引起广泛关注。专著对能源现状和发展趋势的精准判断、深刻洞察，以及全球能源观、全球能源互联网、“两个替代”等创新思路，对世界能源行业发展具有里程碑意义。

全球能源观是关于全球能源发展的基本观点和理论，树立全球能源观，推动建设全球能源互联网，形成以清洁能源为主导、以电为中心、全球配置资源的能源发展新格局。全球能源观坚持以全球性、历史性、差异性、开放性的观点与立场来研究和解决世界能源发展问题，更加注重能源与政治、经济、社会、环境的协调发展，更加注重各种集中式与分布式清洁能源的统筹开发，要求以“两个替代”为方向，以全球能源互联网为载体，统筹全球能源资源开发、配置和利用，保障世界能源安全、清洁、高效、可持续供应。

1. 基本内涵

全球能源观的总体目标是可持续发展。全球能源观的首要任务就是转变过度依赖化石能源的发展方式，在全球范围开发清洁能源、提高电能在终端能源消费中的比例。全球能源观的战略方向是“两个替代”，即清洁替代和电能替代。全球能源观的基本原则是统筹协调，在能源开发上，充分考虑世界能源资源特别是清洁能源资源的禀赋特征，高效、统筹发展各种集中式和分布式能源，全方位保障能源供给。全球能源观的发展趋势是清洁化、电气化、网络化和智能化。全球能源观的战略重点是构建全球能源互联网，把清洁能源开发和利用环节紧密连接，使全球范围开发的清洁能源通过能源互联网在全球范围配置，把清洁电力输送到世界各地。

2. 核心内容

以全球性、历史性、差异性、开放性的观点与立场研究和解决能源问题，是全球能源观的核心内容。

1）全球性

全球能源观立足全球认识和把握能源问题，全球性主要包括能源开发的全球性、能源配置的全球性、能源安全的全球性以及环境影响的全球性。

能源开发的全球性。未来能源结构以太阳能、风能等可再生能源为主，能量密度较低，对于经济较为发达、能源需求较大的地区而言，本地可再生能源供应远远不能满足能源需求，必须在更大范围甚至全球开发能源资源。这是保障能源供应、实现能源可持续发展的关键，也是满足现代社会发展和人口增长的客观需要。能源集中式开发规模大、效率高、经济性好，是能源供应的重要补充。因此，全球开发能源资源，需要集中式与分布式并重，既重视全球范围的大型清洁能源基地开发，也关注清洁能源分布式开发利用。

能源配置的全球性。全球能源分布不均衡，不同地区的能源种类、资源量、品质、开发难易程度等差异很大。工业社会发展初期，能源需求规模小，局部就地平衡也能满足需要，能源不均衡问题并不突出。随着经济社会发展，能源开发利用规模越来越大，能源消费中心通过就地开发获取能源的方式已经很难保障供应，需要越来越多的外部能源输入，能源富集地区与能源消费中心逆向分布的特征越来越显著，客观上需要在全球范围大规模配置能源资源，形成不同地区、不同能源、不同特性互补互济的能源配置格局，实现能源配置最优化。

能源安全的全球性。经济全球化不断深化，各国能源发展相互依存，紧密联系。能源安全不是一个国家、一个地区的局部问题，而是全球性问题。局部能源形势的重大变化，将引发全球能源价格波动、供应紧张等。所谓的能源独立也是相对的，即使是能源自给自足的国家也难以实现绝对的能源独立。

环境影响的全球性。生态环境是受多种因素影响的动态系统，局部改变会带来全局影响。现代能源发展是影响全球生态环境的最重要因素，造成地质破坏、环境污染、气候变化等问题，威胁人类生存和发展。改善生态环境必须着眼全球，统筹各国能源发展，综合协调能源开发、配置、利用各环节，共同保护全球环境。

2）历史性

全球能源观是从能源发展的历史进程中总结形成的，具有历史继承性。能源发展与社会发展历史进程紧密关联。社会发展史也是一部能源进步史。从原始社会到农业社会，社会发展慢、水平低，对能源的需求小、利用效率低，畜力、薪柴等是主要能源。进入工业社会，生产力极大提升、社会发展显著进步，能源从煤炭、石油向电能、核能、可再生能源等更高层次迈进，社会从工业文明向生态文明发展。

能源发展与技术创新历史进程紧密相连。随着从手工制造技术向机械化、自动化、电气化、信息化、网络化等现代技术发展进步，能源开发利用规模、效率和经济性不断提升，推动能源发展方式从低效、粗放、高污染、高排放向高效、节能、清洁、低碳转变。

能源发展各环节不断从低层次向高层次演进。能源品种从低品质的薪柴、畜力等向高品质的煤炭、石油等化石能源和清洁电力发展。能源开发从不可再生的化石能源，转向清洁的可再生能源。能源配置从运输周期长、效率低的铁路、公路、管道等配置方式，向瞬时、高效的电网输电发展。能源利用从低效的直接燃烧向高效的终端电能利用发展。

3) 差异性

全球能源观统筹考虑各个国家和地区在能源资源禀赋、社会发展水平、政治经济环境等方面的差异性，注重合作共赢、协调发展。

能源资源禀赋的差异性。这是能源资源的自然属性。各洲各国能源资源分布很不均衡，化石能源、清洁能源分布特点也不相同。受政治、经济、环境以及发展阶段等因素影响，主导能源将逐步实现从化石能源向清洁能源转变，能源开发利用的重心与配置格局也将从一些国家和局部地区主导，向全球互联互通、按需配置转变，逐步消除资源禀赋差异对能源发展的影响。

能源发展水平的差异性。其本质是国家综合国力的差异。从关系上来看，综合国力决定能源发展水平，能源发展促进综合国力的增强。一般来说，综合国力越强，能源发展水平越高，能源技术越先进，能源控制能力越强，从而能源结构越合理，能源生产和利用效率越高、配置能力越强。全球能源观主张各国加强能源合作、共同开发，推动全球能源均衡化发展。

能源地缘政治的差异性。这是化石能源稀缺性在政治上的集中表现。化石能源主导下的国际能源地缘政治错综复杂，能源控制力越强，国际政治话语权越大。因此，全球对能源资源和运输要道的争夺异常激烈，部分能源富裕国家和地区形势长期紧张。随着清洁能源大规模发展、占据主导地位、最终实现能源充足供应，国际能源形势将日趋缓和，能源地缘政治将逐步从冲突、对立转向互利、合作、共赢。

4) 开放性

全球能源发展是一个动态过程，能源品种、结构、特性、市场等不断向前发展。

能源资源的开放性。化石能源具有稀缺性、地域性，与领土主权、国家安全和政治外交等紧密关联；而清洁能源取之不尽、用之不竭，相对化石能源具有开放性，全球共同开发、共享资源是必然趋势。

能源系统的开放性。开放的能源系统更安全、更有发展活力。随着能源种类增多、覆盖范围扩大，能源系统从实现能源开发、供应向信息、服务、互联等更多功能拓展，能源技术与信息、材料、互联网等技术融合成为必然趋势。未来能源系统将是全面开放、全球覆盖、互联互通的全球能源互联网。

能源市场的开放性。能源市场的开放性保障充足的能源供应，是实现能源回归一般商品属性、构建公平开放的能源市场的重要基础和前提。未来能源市场将依托全球能源互联网基础平台，向各国能源供应方和消费方全面开放，按照通行市场规则实现全球范围电力交易[8]。

3. 学习全球能源观的重要意义

树立全球能源观是推动能源变革的重要前提。只有树立全球能源观，构建全球能源互联网，统筹全球能源资源开发、配置和利用，才能保障能源的安全、清洁、高效和可持续供应。能源问题具有全局性和广泛性。树立全球能源观是推动能源变革的重要前提。全球能源互联网由跨洲、跨国骨干网架和各国各电压等级电网(输电网、配电网)构成，连接“一极一道”(北极、赤道)大型能源基地，适应各种集中式、分布式电源，能够将风能、太阳能、海洋能等可再生能源输送到各类用户，是服务范围广、配置能力强、安全可靠性高、绿色低碳的全球能源配置平台，具有网架坚强、广泛互联、高度智能、开放互动的特征。

树立全球能源观是明确能源发展规律的根本途径。树立全球能源观，把握能源发展规律，才可以理解构建全球能源互联网的必要性和紧迫性。全球能源分布不均衡，不同地区的能源种类、资源量、品质、开发难易程度等差异很大。工业社会发展初期，能源需求规模小，局部就地平衡也能满足需要，能源不均衡问题并不突出。随着经济社会发展，能源开发利用规模越来越大，能源消费中心通过就地开发获取能源的方式已经很难保障供应，需要越来越多的外部能源输入，能源富集地区与能源消费中心逆向分布的特征越来越显著，客观上需要在全球范围大规模配置能源资源，形成不同地区、不同能源、不同特性互补互济的能源配置格局，实现能源配置最优化。

树立全球能源观是解决我国能源问题的重要保障。未来，全球能源资源争夺可能演变为常态化趋势。尽管与过去几十年间全球能源资源需求爆发式增长相比，总体需求增长有所放缓，但对一些战略资源的刚性需求还将持续增长。全球资源竞争日趋激烈导致利用国外资源的风险和难度加大，国家间的竞争将演变为资源特别是能源竞争。经济性短缺、区域性短缺、地缘政治导致的供给中断或短缺以及需求型短缺将会不同程度地存在[9]。考虑未来全球经济重心从发达经济体向新兴经济体转移(发达经济体的总人口是 10 亿人，而新兴和发展中经济体的总人口近 50 亿人)，全球经济增长的人口基数变化和新兴经济体人均收入水平的不断提高，将产生大规模的消费需求和消费的升级换代需求。因此，新一轮消费势必推动对原材料等大宗商品和能源需求的上升。在这样的前提下，树立全球能源观，推进全球能源互联网建设，可以有效缓解能源争夺形势，提高世界能源安全水平。

新形势下电气工程人才树立全球能源观具有重要的意义。全球能源观是遵循能源发展规律，适应“两个替代”发展趋势，总结提炼形成的关于全球能源可持续发展的基本观点和理论。全球能源观不但明确了能源的发展规律和未来能源发展的理论体系，而且这一体系也从可持续发展的角度统筹考虑了满足能源需求与保护生态环境的关系，因此树立了全球能源观也就把握住了能源发展与环境保护之间的内在关系，对于构建全球能源互联网能够起到重要理论指导作用。这迫切需要在我国当前的电气工程学科人才培养计划中增加全球能源观的培养内容，帮助培养对象树立全球能源观。

7.3.2　全球环境观

环境问题是人类可持续发展所面临的主要问题，如何处理好经济发展与环境保护的关系已经成为全世界共同关注的焦点。大量利用化石能源、忽视环境保护、不可持续发展的粗放式生产方式已经产生了一系列不可逆转的环境问题，其影响范围不再是某个地区，而正逐步扩大至全世界。在 2015 年 11 月 30 日开幕的气候变化巴黎大会上，习近平主席发表题为《携手构建合作共赢、公平合理的气候变化治理机制》的重要讲话，倡导凝聚全球力量积极应对气候变化问题，体现了中国作为一个负责任的大国应对全球气候变化的坚定态度，也为推进清洁能源发展、构建全球能源互联网增添了信心。

1. 全球环境观产生的历史背景

任何观念和理论的产生归根结底是从实践发展而来的，全球环境观的产生又一次说明了这个观点。全球环境观的产生是由全球性“生态危机”的爆发而产生的。当代全球性“生态危机”的主要表现如下。

1)人口激增

人类在地球上生活了 300 多万年，在开始的岁月里，人口发展非常缓慢。公元初年，世界总人口只有 2.3 亿人；1830 年全世界人口才达到第一个 10 亿人，当时的年平均自然增长率不过 0.5%；到 1930 年，世界人口总数也只有 20 亿人。真正的人口高速增长，出现于第二次世界大战之后，1950～1987 年，世界人口平均增长率为 1.89%，1960 年为 30 亿人，1974 年为 40 亿人，1987 年达到 50 亿人，1999 年达到 60 亿人，第 2～6 个 10 亿人分别用了 100 年、30 年、14 年、13 年、12 年。人口问题反映了人口数量与环境容量的矛盾。人口增加，必须要开发更多的土地、森林、草地和渔场，开发更多的水资源、能源和地下矿藏，从而加剧人类对生态系统的压力。然而，地球表面的生态资源是有限的，迄今为止还看不到大规模向太空移民的可靠前景。

2) 自然资源短缺

自然资源是自然界中能为人类所利用的物质和能量的总称，它是人类生活和生产资料的来源，是人类社会和经济发展的物质基础，也是构成人类生存环境的基本要素。按自然资源的物质属性，通常将其分为再生性资源和非再生性资源两类。前者是指人类开发利用后，在现阶段可更新、可循环以及可再生的自然资源，如水资源和生物资源等，后者是指在现阶段不可更新、不可再生的资源，如煤、石油等矿物资源。资源危机主要表现在非再生性资源的枯竭、短缺和污染，可再生性资源的锐减、退化、濒危，其中土壤资源、森林资源、生物资源和矿物资源等问题尤为突出。

3) 环境污染

环境污染是指由于人类的活动引入环境的物质和能量，造成危害人类和其他生物生存及生态系统稳定的现象。一般说来，可以根据污染物起作用的空间处所差别，把污染分为大气污染、水体污染和土壤污染；也可以根据造成环境污染的主要方面，将环境污染分为物理污染、化学污染和生物污染。目前，最具全球规模的环境污染主要表现为酸雨蔓延、臭氧层耗损和温室效应。

酸雨，通常是指和大气沉降相关的一种复杂现象，是大气污染后产生的酸性沉降物。由于最早引起人们注意的是雨中含有这种沉降物，故习惯上称为酸雨。酸雨不仅会腐蚀建筑物和文物古迹，加速金属、石料、涂层等风化，降低林木抗病虫害的能力，而且会造成湖泊、河流酸化，导致鱼类等水生生物数量减少甚至灭绝。最新研究表明，酸雨引起的环境污染会损害人的大脑，引起早老性痴呆。臭氧是大气中的微量物质，主要密集在离地面 20～25 千米的平流层内，称为臭氧层。科学探测发现，在北美、欧洲、新西兰上空，臭氧层正在变薄，南极上空的臭氧层已出现了“空洞”。臭氧的减少会使更多的紫外线射入地面，降低人体免疫系统的保护功能。温室效应是太阳短波辐射能够透过大气射入地面，而地面增温后放出的长波辐射却被大气中的物质所吸收，从而使大气变暖的效应。估计到 21 世纪中叶，全球平均气温将上升 1.5～4.5℃。地球升温 1.5～4.5℃，将使海平面上升 30～50 厘米，海岸和河口地区将直接受到严重威胁，并造成全球气候反常。

全球性生态危机是传统工业生产方式的必然结果。传统工业是建立在大量消耗自然资源和排放废弃物的粗放式生产经营方式上的，它寻求最大限度地满足人的物质需求。人类通过发展科学技术极大地扩张了驾驭自然的种种能力，却没有同样扩大保存和保护自然的能力。传统工业无限度地向自然界索取，使得人类能够以从前无法想象的巨大力量来燃烧、砍伐、挖掘、移动、改变各种各样的物质，从而严重地损坏了人类赖以生存和发展的生态系统 [10]。由于全球性生态危机的全面爆发，强调以国际视野对环境进行总体把握和治理的全球环境观应运而生。

2. 基本内容

环境观是关于人类社会各层面与生态环境关系的基本看法的总和。它包含人们对生态环境的基本态度以及关于解决环境问题的着眼点和实现机制的理论与政策体系。环境问题是与经济发展相伴随而产生的，并反过来影响发展，因此，环境观的演变与人地关系，即人与环境的关系是互相关联的。

1958 年以来，中国环境观的演变经历了三个发展阶段，形成了三代各具特色又相互联系的环境观，即 1958～1972 年的环境改造型环境观，1973～2002 年的环境保护型环境观，2003 年至今的生态文明型环境观。从党和政府对待环境的基本观点中，可以抽象出三代环境观的基本内容，详见表 7-3。

表 7-3　三代环境观的基本内容

基本内容	第一代环境观 环境改造型环境观	第二代环境观 环境保护型环境观	第三代环境观 生态文明型环境观
人地关系	环境从属于人	环境从属于人	环境与人处于对等地位
对待环境的态度	改造	保护	环境与人共同发展
协调人地关系的着眼点	无	经济可持续发展	人类社会的存续
人地关系协调机制	无	政府环境保护	政府环境保护、社会环保机制

全球环境观是以生态文明为依托所延展出来的新的环境观念，是指在人与自然、人与人、人与社会和谐共生、良性循环、全面发展、持续繁荣为基本宗旨的前提下，以全球环境为格局所产生的新型环境观念。全球环境观的核心要素是全球范围内公正、高效、和谐和人文发展。公正，就是要在全球范围内尊重自然权益实现生态公正，保障人的权益实现社会公正；高效，就是要寻求自然生态系统具有平衡和生产力的生态效率、经济生产系统具有低投入无污染高产出的经济效益和人类社会体系制度规范完善运行平稳的社会效率；和谐，就是要谋求人与自然、人与人、人与社会的公平和谐，以及生产与消费、经济与社会、城乡和地区之间的协调发展；人文发展，就是要追求具有品质、品味、健康、尊严的崇高人格。公正是生态文明的基础，效率是生态文明的手段，和谐是生态文明的保障，人文发展是生态文明的终极目的。

全球能源互联网战略所遵循的环境观便是第三代环境观——生态文明型环境观，其所提出的“两个替代”是对传统能源生产消费方式和理念的根本性变革，其中，“清洁替代”便以解决人类能源供应面临的环境约束为根本目的之一，倡导以清洁能源代替化石能源，走低碳绿色发展道路，逐步实现从化石能源为主、清洁能源为辅向清洁能源为主、化石能源为辅转变，保证人类社会的健康延续，促进环境与人类社会的共同发展。

3. 培养电气工程人才树立全球环境观的紧迫性

1) 树立全球能源观是改善人类生存环境重要前提

众所周知，世界环境仍然很不乐观。酸雨污染、温室效应或气候变暖、臭氧层破坏、土地荒漠化、森林面积减少、物种灭绝与生物多样性锐减、水环境污染与水资源危机、水土流失、城市垃圾成灾、大气环境污染这十大环境问题至今仍然困扰着人类。图 7-2 为全球性生态环境问题。

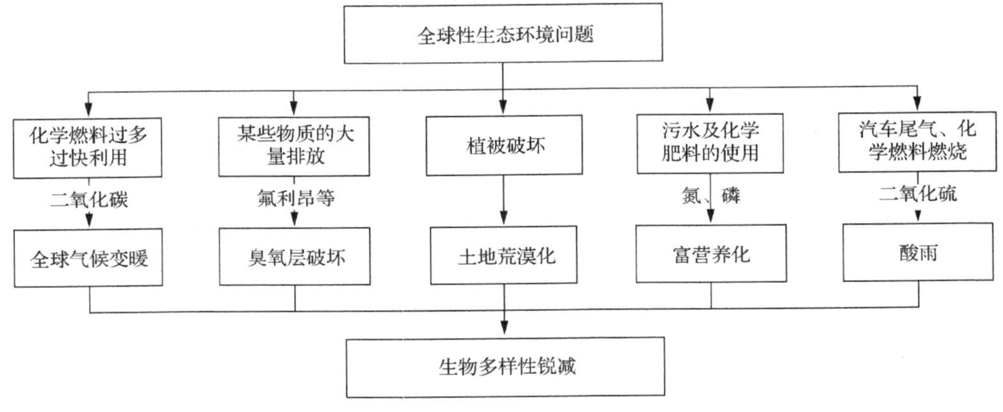

图 7-2　全球性生态环境问题

进入 20 世纪 80 年代以来，随着经济的发展，具有全球性影响的环境问题日益突出。不仅发生了区域性的环境污染和大规模的生态破坏，而且出现了温室效应、臭氧层破坏、全球气候变暖、酸雨、物种灭绝、土地荒漠化、森林锐减、越境污染、海洋污染、野生物种减少、热带雨林减少、土壤侵蚀等大范围和全球性环境危机，严重威胁着全人类的生存和发展。国际社会在经济、政治、科技、贸易等方面形成了广泛的合作关系，并建立起了一个庞大的国际环境条约体系，联合治理环境问题。我国的生物多样性在世界上占有相当重要的位置，但据科学家统计，同世界很多地区一样，我国物种正在以惊人的速度灭绝和丧失。因此，培养未来的世界接班人，尤其是培养电气工程人才树立全球环境观，加快构建全球能源互联网，可以极大地改善世界环境问题形势。

2) 树立全球环境观，是国家生态文明建设的有力响应

党的十八大以来，以习近平同志为总书记的党中央站在战略和全局的高度，对生态文明建设和生态环境保护提出一系列新思想新论断新要求，为努力建设美

丽中国，实现中华民族永续发展，走向社会主义生态文明新时代，指明了前进方向和实现路径。习近平总书记指出，建设生态文明，关系人民福祉，关乎民族未来。他强调，生态环境保护是功在当代、利在千秋的事业。要清醒认识保护生态环境、治理环境污染的紧迫性和艰巨性，清醒认识加强生态文明建设的重要性和必要性，以对人民群众、对子孙后代高度负责的态度和责任，真正下决心把环境污染治理好、把生态环境建设好。这些重要论断，深刻阐释了推进生态文明建设的重大意义，表明了党加强生态文明建设的坚定意志和坚强决心。生态文明建设是经济持续健康发展的关键保障。生态文明建设是民意所在、民心所向。全球环境观脱胎于生态文明型环境观，是在全球视野中对生态文明型环境观进行理解。树立全球环境观也是在响应党和国家的号召，顺应人民群众新期待，也为子孙后代永享优美宜居的生活空间、山清水秀的生态空间，顺应时代潮流，契合人民期待。

3) 树立全球环境观，应当从当代电气工程人才的培养入手

1962 年蕾切尔·卡逊的《寂静的春天》被看成“现代环境运动的肇始”。随着全球性生态危机的日益深重，环境问题已经成为人们关注的热点，要构建人与自然和谐的社会，关键是提高人们的环境意识。公众的环境意识已经成为反映一个社会道德水准和民族文明程度的重要标志。党的十八大报告强调：“把生态文明建设放在突出地位，融入经济建设、政治建设、文化建设、社会建设各方面和全过程，努力建设美丽中国，实现中华民族永续发展。”党的十八大报告突出了生态文明建设在五位一体建设中的重要性，把实现“美丽中国”作为我国生态文明建设的目标。当代大学生是我国现代化建设的主要力量，是生态文明的践行者，是环境保护的主力军。当代大学生环境保护意识及行为等综合素质在很大程度上决定着我国甚至全人类可持续发展战略能否得到有效的落实。我国著名高等教育学者潘懋元曾指出：“许多严重破坏生态环境的事例，应负主要责任者很多是我们高等学校培养出来的专门人才。”当代大学生是祖国的未来，民族的希望。胡锦涛同志曾指出：“一个有远见的民族，总是把关注的目光投向青年；一个有远见的政党，总是把青年看作推动历史发展和社会前进的重要力量。”[11]当代大学生作为社会的栋梁和明天的决策者，对环境现状应该有着更为强烈的忧患意识和责任意识。因此，对大学生加强全球环境观教育，使其树立正确的环境观有着深远的意义。

7.3.3　将全球能源观与全球环境观相结合培养当代电气工程人才

20 世纪 80 年代后，国际上许多能源机构和环保机构开始展开合作构建能源–环境–经济(3E)三元系统的研究框架，并开始对其综合平衡和协调发展的问题进行研究，取得了丰富的研究成果[12]。由此观之，人类在 20 世纪便已发现了能源、环境和经济之间的辩证关系。能源是决定人类进步的主要支撑，是经济增长的战略投入要素。经济增长和能源投入之间形成了一定的互动关系，能源是经济增长

的动力源泉，经济增长又拉动能源消费。因此能源对经济社会的积极影响还是很明显。但是能源的利用，对环境也造成了越来越严重的影响。

步入 21 世纪以来，随着苏联解体和冷战结束，全球多极化趋势越来越明显，在这样的大环境下，一个国家所培养的人才如果还不具有政治经济上的全球观念，必然会在国际博弈中败下阵来。因此，在构建全球能源互联网的新时期下，培养当代大学生具备全球能源观和全球环境观具有重大意义。在人才培养的过程中，应当注重对其能源观和环境观的正确引导，努力构建与全球能源互联网相适应的能源观与环境观知识体系。此外，应充分调动主观能动性，加强学生对“两个替代”战略目标的认知能力，使其认识全球能源发展的现状以及所面临的严峻挑战，提高新形势下的大局观和使命感，如此才能将更多的热情投入学习与科研任务。

具体的培养过程中，首先，应充分考虑将全球能源观和全球环境观的概念纳入高校的教育体系中，使大学生对于能源与环境问题的理解不仅仅源于对生活的兴趣爱好的浅层次认识；其次，在教学中要注意将全球能源观和全球环境观的教育与思想政治教育相结合，充分发挥思想政治教育的导向功能和调节功能，引导大学生对能源与环境的理解给予高度的重视和关注；再次，要把专业教育与全球能源观和全球环境观教育相结合，试图突破传统的仅通过专业课程向学生灌输能源知识的形式，力求从政治学、经济学、教育学、心理学等多学科视角向学生传达树立全球能源观、全球环境观的重要性，帮助学生树立正确的能源意识；最后，要充分利用校园文化载体，培养大学生全球意识，高校要积极营造向上进取的校园文化，发挥精神文化的核心作用，加大对能源与环境知识的宣传力度，通过举办知识竞赛、征文、演讲、讲座等丰富多彩的活动把全球观念渗透到学生的学习生活中。

7.4　掌握三大知识体系

7.4.1　传统电气工程知识及实践

我国高等教育传统的培养理念是重视科学教育，即传授科学知识、介绍科学方法的教育，认为只要通过科学教育，让学生掌握扎实的基础知识，他们今后就能适应包括工程实践在内的任何工作。实际上科学教育与工程教育只是相互联系的两个领域，两者不能互相代替，多年的教育实践也证明了这一点。

电气工程专业属传统的电工学科，该学科是以电磁感应定律、基尔霍夫电路定律等电工理论为基础，研究电能的产生、传输、使用过程中涉及的科学和技术问题，其学科强调应用，与物理学科有着明显的区别，具有显著的工程技术特色。该专业本科的培养目标是培养具有一定的自然科学与人文社会科学学科知识与素质，较好地掌握电工、电子、信息、控制与计算机应用专业知识，并具有一定创新与工程实践能力和继续深造的素质条件，能承担相关专业领域的科研、技术开发、工程设计、系统运行和经济管理的高素质的科研和工程技术人才。实践教学作为该专业教学体系的重要组成部分，对于培养本专业大学生的实践能力和创新精神、提高其综合素质起着至关重要的作用，也是本专业本科教学评估的关键指标。

电气工程学科在世界范围内经历 100 多年的发展，逐渐形成了一套系统完整、理论性强的专业知识体系。作为一名合格的电气工程人才，必须加强本学科基础理论学习。电路原理、电磁场导论、电气工程基础、电力系统分析等一批专业基础课程和专业课程深入细致地介绍了电力系统的电路特性、电磁本质特征以及电力系统发输配用等各个环节的基础理论及应用。可以预见，随着全球大规模新能源发电基地的建设及能源在全球范围内的配置利用，电力元件特性以及电网形态会发生革命性变化，但是电力系统作为一种能量传输与变换系统的物理本质不会变化。因此，具备扎实的传统电气工程知识不仅是电气工程人才的必备素质，也为后续学习前沿科技提供必要的知识储备。

电气工程基础理论是电气工程学科人才培养的开端，是一切延伸理论与科研活动的基础。因此为了适应全球能源互联网战略人才培养的需求，电气工程基础理论必将作为人才培养过程中的核心内容，为人才在新能源革命的浪潮中打下扎实的理论基础。

除了电气工程基础理论知识，各种课程实验和综合实验也是电气工程及其自动化专业实践教学的重要组成部分。实践教学分为课程实验、课程设计、毕业实习和毕业设计四个部分。实践教学作为工程教育与生产实际的联系环节，在《国家中长期教育改革和发展规划纲要(2010～2020 年)》中着重提出并占据突出位置，但是在现今电气工程学科培养过程中容易忽略。学科配套实验课程、校内动手创新平台和校企联合培养平台作为在校学生培养动手操作能力、认清行业需求与社会需求的主要途径，必须给予足够重视。只有不断动手操作和开展各种科技创新活动，才能培养学生的创新思维和能力；只有与发电企业、电网公司以及电力设备制造企业等密切合作、联合培养，才能让学生尽快培养工程意识。

7.4.2　全球能源互联网前沿技术

在能源发展进程中，历次能源革命都依赖能源技术的重大突破。第一次能源革命，蒸汽机的发明推动主导能源从薪柴向煤炭转变。1768 年，英国瓦特制造出世界上第一台蒸汽机，吹响了第一次能源革命的号角。有了蒸汽机，人们就可以在特定场合，以煤作为燃料产生自己所需要的动力，驱使火车、轮船和各种机器的运转，从而开辟了工业、交通运输业的新局面。不久，人们又发明了以石油产品为燃料的内燃机，进一步提高了人类利用能源的能力。第二次能源革命，内燃机和电动机的发明推动主导能源从煤炭向石油、电力转变。19 世纪 70 年代，随着电磁学的发展，人们先后制成了有实用价值的电动机和发电机，标志着人类第二次能源革命的到来。其后，人们建成了中心电站并解决了远距离输电问题。人类对电能的运用引发了一系列发明创造，电动机床、机车等极大地提高了社会生产率，改善了工作环境；电灯、电话、电报、电影、广播等极大地改变了人类的生活方式。

然而，在这两次能源革命中，人们主要利用的能源是煤、石油和天然气。它们是千百万年前埋在地下的动植物体在高温高压下，经过一系列复杂的物理、化学变化形成的，是不可再生的资源。当前，第三次能源革命兴起，人们一直在研究和开发新型能源。其中包括对太阳能、水能、地热能的转换和深层次利用，还包括发展核能、海洋能、生物能、氢能、化学合成能等。这些能源大多属于可再生能源，并具有能量大、效益高、使用方便、无污染等特点。同时，从传统化石能源的开发利用向清洁能源大规模开发利用转变，需要在电源、电网、储能和信息通信等领域全面推动技术创新，为加快“清洁替代和电能替代”、构建全球能源互联网提供技术支撑和保障。

1）前沿发展方向

从传统化石能源向清洁能源转型，给能源电力技术创新带来巨大挑战。全球能源互联网将电网范围从国家和地区扩大到覆盖全球，形成未来电网新格局，需要适应大规模清洁能源发电大容量、远距离输送、并网运行的间歇性与波动性、应对恶劣气候条件下设备运行维护、电网建设运行等多种挑战。因此，未来电网的技术创新将向实现以下目标发展。

提高可再生能源的可控性，保障能源安全稳定供应。风能、太阳能等可再生能源发电与天气变化密切相关，与传统的煤炭、石油、天然气发电相比，具有很大的波动性和不确定性。为满足经济社会发展的能源需求，应进一步加强气候工程研究，提高风光预测的准确性和风电、太阳能发电的可控性，保障能源持续稳定供应。

降低清洁能源发电成本，实现能源可持续发展。风能、太阳能等可再生能源的能量密度远低于煤炭、石油、天然气等传统能源。要提供相同的能量，可再生能源的收集成本高于传统化石能源。目前，风电和光伏发电技术已经比较成熟，但风电成本仍在 0.5 元/(千瓦·时)左右，光伏发电成本超过 0.8 元/(千瓦·时)，远高于火电、水电、核电等传统能源发电成本。同时，可再生能源发电和输电设备的利用小时数偏低，进一步提高了开发利用成本。通过技术创新，提高风电和太阳能发电的能量转换效率、降低初始投资、扩大装机规模、延长设备利用时间是降低清洁能源发电成本的主要措施，也是大规模开发利用清洁能源、实施“两个替代”的重要基础。

提高特高压输电技术水平，加快开发“一极一道”和各洲大型清洁能源基地。随着“一极一道”以及各洲大型风电、太阳能发电基地的开发利用，数亿千瓦的可再生能源发电将来自数千千米之外的北极和赤道地区。到 2050 年“一极一道”跨州电力流可以达到 10 万亿千瓦·时以上，最长输电距离将超过 5000 千米。要满足如此远距离、大容量的电力流动，必须研究容量更大、输电距离更远的特高压交直流输电技术。

研制适应极端气候条件的电力装备，保证关键设备和电网建设运行安全。北极风电的开发面临高寒、高湿、冰冻的极端气候，而赤道地带太阳能发电的开发也需要应对干旱、高温、风沙等恶劣条件。各种严酷的自然条件对现有的风电、太阳能发电装备提出更高要求，风机要抗盐雾、污秽、风暴、高寒，而光伏发电板要抗风沙、高温、干旱，大容量的输变电设备要应对制造、运输、安装等诸多新的挑战。

2) 前沿技术发展重点领域

目前，为了通过技术创新，重点解决构建全球能源互联网的可行性、经济性和安全性问题，电气行业相关的前沿技术主要集中于电源、电网、储能、信息通信技术领域。

电源技术。重点创新领域包括风电、太阳能发电、海洋能发电、分布式发电等清洁能源发电技术。风电技术向着大型化、低风速、适应极端气候条件、深海风电，以及风功率精确预测、电网友好型风电场发展。太阳能发电技术主要研发高转化效率光伏材料，制造和安装趋向薄片化、简易化；发展太阳能追踪技术，提高太阳能利用率；光伏电站并网控制技术向着更可控、更智能方向发展，提高光热发电容量、降低发电成本。海洋能发电尚处于试验示范阶段，未来应重点研究海洋能的经济开发利用。分布式电源作为全球能源互联网的重要组成部分，向系统更友好、更可控方向发展。

电网技术。进一步研究超远距离、超大容量输电技术，特高压电网将成为全球能源互联的骨干网架。重点研究领域包括交流特高压、直流特高压、海底电缆、超导输电、微电网、大电网运行控制等技术，未来电网形态、构建方式、运行控制等，以及恶劣环境条件下的电网建设、安装、运维等适应性技术。

信息通信技术。先进的信息通信技术是实现全球能源互联网安全高效运行的重要保障。全球能源互联网对应用信息通信技术，更好地适应未来电网形态变化、能源流和信息流双向流动等趋势，实现电力调度运行、管理与决策和电力市场交易智能化，提出更高的技术创新要求。

储能技术。提高储能装置的经济性和容量水平是未来储能技术创新、实现商业化应用的关键。目前，储能设备成本仍然很高，除了电动汽车电池，电力储能尚未实现商业化应用。提高功率密度与能量密度、储能和可再生能源联合运行技术是储能技术创新的重点。

通过将基础理论与前沿技术相结合，在向学生讲授基础理论的同时，结合实际科研经验，让学生了解相关领域最新的研究成果，提升学生对课程内容的理解以及对相关问题在世界范围内的前沿成果的认知程度。当学生进行课题研究时，能够把握前沿技术发展的大致方向，将理论与实际联系起来，既能提高其独立思考的能力，也能为全球能源互联网的前沿研究提供新的思路，注入新的动力，加快前沿技术的进一步突破。

7.4.3 国际政治、经济和法律理论

能源问题绝不仅仅限于化石能源枯竭、能源生产消费方式不合理、化石能源燃烧带来的环境污染等，还涉及国际政治、经济、贸易和法律等方方面面。新时代的能源市场是全球性的能源市场，能源主要生产国与消费国之间的政治合作、竞争与博弈等直接影响世界能源安全可靠供应。全球能源互联网作为新一轮能源配置的重要载体和平台，需要各国通力合作，破除各种政策壁垒，建立高效运转的运行机制和市场机制，因此了解能源在国际关系中的地位显得十分必要。作为全球新一轮能源配置的践行者，电气工程人才必须深刻理解能源因素对于国际政治经济的影响，同时熟悉国际能源法律法规，从而更扎实地参与构建全球能源互联网工作。

1. 政治

纵观世界历史，从两伊战争、中东战争到第二次世界大战，多数地区冲突和世界战争均与能源有关。能源因素不仅是战争的动因，而且影响着战争的进程和走向，是决定战争胜负的关键因素之一。化石能源的分布不均性直接影响能源地缘政治格局，而复杂的地缘政治局势又决定了全球油气资源供应具有高度脆弱性。因此理解以化石能源为基础的地缘政治格局，认清受能源制约的国际政治动荡局势，能深刻意识到发展可再生能源对于世界和平发展的重要意义，为加速推进全球能源互联网建设注入强大动力，为全球能源互联网规划建设提供重要指导。

1) 掌握国际政治知识的必要性

能源不仅在科技上具有重要影响力，而且在国际经济上有重要影响。许多国家用经济手段来控制能源贸易来制裁其他国家和地区[13]。正是能源具有的这种特殊地位和作用，使能源不仅作为一种商品或资源存在，而且在国际政治舞台上扮演着独特的角色，发挥着重要的作用和影响。

(1) 能源在国际政治竞争中的影响。回顾国际政治发展历程。可以说，能源一

直是国家和国际组织展开竞争的焦点，是国家特别是大国国际政治战略目标体系的重要组成部分。工业革命以后，能源成为工业化国家维持其经济发展的必要因素，成为衡量国力强弱的重要指标。另外，第一次世界大战使世界各大国深切体会到以石油为代表的能源在国际政治竞争中的重要性。因此，在各大国的国际政治战略目标中都增加了能源这一重要内容。

在国际政治竞争中，能源不仅是各方争夺的焦点，而且常常作为施加政治经济影响、达到一定战略目标的重要手段。能源是产油国与发展中国家改变国际政治经济秩序的有力工具，同时也是诸多产油国执行外交的重要手段。在国际政治斗争中，对能源的限制也是一种重要的制裁方法。

(2) 能源与国际冲突的关系。能源是工业化社会经济发展的命脉，而工业革命以后的现代战争必须以工业经济为基础。所以，现代战争与能源有着不可分割的重要联系。

能源是引起现代国际冲突和战争的重要因素，同时能源可以影响军事布局，对国际政治秩序的建立有着举足轻重的作用。这种影响主要体现在两方面：一方面，能源蕴藏和生产中心是各大国军事竞争的重点，在世界军事布局中占据着特殊的地位；另一方面，能源运输通道是世界军事布局中的重中之重，经济通道历来是兵家必争之地，而能源运输通道则具有更加重要的战略地位。

2) 全球能源互联网构建下需要掌握的国际政治知识

(1) 国家能源战略。能源是一个国家赖以生存和发展的物质基础，各国政府都把能源安全作为重中之重，能源贸易、能源安全与国家对外关系、国际关系、社会发展等密切相关。在全球能源互联网构建下的今天，新型电气工程人才应该掌握国际主要大国的能源战略和我国在世界格局下的能源战略。

作为世界最大的能源消费国和重要的能源生产国，美国的能源战略具有全球性的特点，对世界能源生产和消费格局产生着深远的影响。美国能源发展战略要实现的主要目标如下：提高能源利用效率、保证能源安全、改善环境质量、发展能源技术。其中，美国非常注重在新型能源的开发和利用。美国能源格局的变化往往能够对国际能源组织带来巨大打击[14]。至今，美国已成功地构建了一个以拉美为基地、以中东为中心、以西非和中亚为两翼的覆盖全球的能源供应网络，并一手掌握了能源供应来源，又试图控制世界能源运输通道。欧盟成员国都是高度工业化的国家，它们实力相当，为了自身发展的利益，在能源这个高度敏感的话题上，各国在向共同体让渡能源政策决策主权时大多会采取谨慎的抵制态度。因为能源政策仍然是涉及各国利益的重要问题，所以在欧洲一体化不断深化的情况下，成员国政府仍努力保持在能源政策决策中的独立权。建立统一的欧洲共同能源政策是欧盟在能源方面的长远目标。中国为了保证能源进口的稳定性与持续性以及国家能源安全，提出了很多与能源合作有关的外交战略。由于中东在我国的能源供应上占有重要的地位，所以，我国一直以来都努力推进中东地区的和平稳定。习近平主席提出，坚决反对任何改变中东政治版图的企图，并大力支持中东无核化建设。目前中国和中亚与中国接壤的国家签订了一系列的边界认定和边界裁军协议，基本解决了边界划定问题，使中国与中亚边界处于相对稳定和安全的状态下。

(2) 引导学生坚定社会主义信念。这是国际政治教育的一个难点。一方面，世界社会主义运动事实上处于低潮发展，东欧剧变、苏联解体后社会主义遭受了严重挫折。另一方面，当代资本主义政治制度民主化达到一定程度，经济和社会发展在相对稳定的秩序中运行。同时，西方敌对势力没有放弃对华“和平演变”战略目标，而且在信息时代发达国家由于拥有先进的技术，更容易向别国渗透、传递社会价值观和意识形态，攻击我国的政策、意识形态和价值观念。在这种情况下，必须高度重视、强力提高我国意识形态防御能力。大学是学生世界观、人生观、价值观形成的关键时期，因此一定要在大学期间加强思想政治教育，坚定共产主义信念，避免在以后全球化的浪潮中迷失自我。

能源是一个国家赖以生存和发展的物质基础，各国政府都把能源安全看作重中之重。因为能源对国际关系的巨大影响，各主要国家、国际组织制定、实施了不同的能源战略。新形势下高校培养电气工程人才，应当把教育学生具备基本的国际政治知识放到一个突出的位置上，通过互换生、交流生项目等国际交流让学生逐步树立正确的国际意识和良好的国际政治知识储备。

2. 经济

1) 学习国际经济知识的必要性

(1) 我国经济发展的需要。我国自加入世界经贸组织以来，逐步开放国内市场，与他国的经济往来日益频繁，规模不断扩大。企业融入经济全球化的程度不断加深，利用资源的全球整合优势，广泛参与国际竞争，对全球市场的依赖程度也不断加强。能源为经济发展提供动力和原料，在国民经济生活中拥有举足轻重的作用。能源作为一种特殊的商品，同样具有流通属性，其国际贸易广泛涉及包括发达国家、发展中国家和能源进出口国在内的世界大多数国家。新时代的电气工程人才需要熟练掌握国际经济与贸易相关知识；具有良好的外语沟通能力；熟悉国际商务通行的国际惯例和规则。

(2) 优化资源配置的需要。全球能源互联网作为全球能源统一配置平台，需要建立全球开放的电力市场进行电力交易。电力交易作为一种主要能源贸易方式，同样深受自然因素、贸易壁垒以及各国能源安全战略和国际政经关系影响。因此制定互动、共享、多赢的国际能源合作法律制度来保障全球能源互联网的有序运行是当务之急。当代电气工程人才必须加深对各个国家和国际能源组织的能源法律机制的认知，增强参与国际能源合作的法律意识，才能在国际能源合作法律制定中有发言权，建立起互惠共赢的国际能源贸易和电力交易体系，打破西方发达国家对于能源合作主导权的垄断，在全球能源互联网建设中占据主动地位，在新一轮能源革命中占据世界领先位置。

(3) 实施素质教育的必然要求。知识经济时代的高等教育模式发生了根本性的变革——从应试教育向素质教育转变。对学生的教育已经从单纯的填鸭式教学转向培养德智体美全面发展的综合人才。对于高素质的电气工程人才也提出了更高的要求：不仅要掌握专业相关的知识，而且要了解交叉学科的知识。

随着全球经济一体化进程的加速推进，各国经济已不再是独立的个体，而发展成为相互依存、紧密联系的有机整体。能源为经济发展提供动力和原料，在国民经济生活中拥有举足轻重的作用。能源作为一种特殊的商品，同样具有流通属性，其国际贸易广泛涉及包括发达国家、发展中国家和能源进出口国在内的世界大多数国家。随着世界各国电力市场的开放，国家之间电力交易实现快速增长，交易范围逐步扩大。要想实现全球能源互联网的有效运营，必须建立健全全球电力市场和电力交易体制。新时代的电气工程人才需要熟悉理解世界能源市场和电力市场的运营模式，掌握各国电力市场交易机制，主导全球电力市场平台建设。

2) 全球能源互联网构建下需要掌握的国际经济知识

自 20 世纪 80 年代以来，在经济全球化的推动下，生产的国际化、贸易自由化和区域一体化不断突破国界的限制，商品、服务、资本与信息的跨国流动规模日趋扩大，世界范围内配置资源的效率不断提高，各国、各地区间经济相互依赖程度空前增加，竞争和合作逐渐成为了国际经济活动的主旋律。在构建全球能源互联网的今天，新型电气工程人才应当具有国际经济意识，即在国际经济事务中的竞争意识和合作意识等。

(1) 竞争是国际经济的主旋律观念。自工业革命以来，人类社会的经济飞速发展。随着经济全球化进程的加速，国际性经济竞争更为激烈。当前，国际性经济中的竞争态势，已呈现出跨国公司的垄断、发达国家的主导、公平竞争政策的“缺位”、竞争态势的无序的局面。

在构建全球能源互联网的浪潮中，新型电气工程人才树立竞争观念，应认识到以下三个方面：第一，国家利益是在国际经济合作中应该维护的最高利益；第二，在全球化背景下，中国只有积极参与全球经济竞争，才能够保持经济活力，推动国内产业结构的调整、优化，提高经济整体实力与水平；第三，由于发达国家所主导的不合理的经济秩序与规律，再加上中国经济的落后和科技整体水平不高，中国在国际竞争中面临着严峻的挑战，中国大学生要居安思危。除此之外，新型电气工程人才还应熟悉国际经济贸易规则等相关法律条文，利用它维护经济交往中的正当利益，并在国际经济贸易中要树立国家经济安全意识。

(2) 合作是经济全球化迫切需求的理念。在国际经济竞争白热化的同时，合作已成为经济全球化过程中国家的迫切需求，我国在构建全球能源互联网的关键阶段，不可避免地要与其他国家通力合作，共同努力。在竞争中寻求合作、在合作中展开竞争已成为国际经济的真实写照，在具备竞争意识的基础上，具有合作意识，是对新时代大学生的根本要求。

当前，国际合作主要呈现出涵盖的内容广、涉及的层次多、竞争力的合作突出的特点。新型电气工程人才应把握国际合作的局面，树立合作理念，自觉维护国际贸易规则的权威性，坚持互利互惠、实行双赢的国际竞争的正确态度和正确的价值选择，学会与人合作。

(3) 国际市场意识。在经济全球化的今天，构建全球能源互联网应具备国际市场意识。经济全球化突出体现在生产全球化和市场贸易全球化。新型电气工程人才要树立国际市场意识，应做到三点。第一，要有全球市场的眼光。学会在全球范围内选择、最优化地配置生产资料要素、劳动力要素等生产要素，从而获得最大的经济、社会效益。第二，树立市场资源安全意识。世界经济竞争实际上就是市场资源能力的竞争，竞争所争夺的对象就是市场资源。由于市场经济的贸易自由原则，各国资源都摆在国际市场上自由交换，而资源的有限性、稀缺性就决定了在利用国际资源的同时要保护好我国的资源，特别注意保护能源、粮食、人才资源。第三，要有在国际市场上出售闲置的、多余的资源意识。

3. 法律政策

全球能源互联网作为全球能源统一配置平台，需要建立全球开放的电力市场进行电力交易。电力交易作为一种主要能源贸易方式，同样深受自然因素、贸易壁垒以及各国能源安全战略和国际政经关系影响。因此制定互动、共享、多赢的国际能源合作法律制度来保障全球能源互联网的有序运行是当务之急。当代电气工程人才必须加深对各个国家和国际能源组织的能源法律机制的认知，增强参与国际能源合作的法律意识，才能在国际能源合作法律制定中有发言权，建立起互惠共赢的国际能源贸易和电力交易体系，打破西方发达国家对于能源合作主导权的垄断，在全球能源互联网建设中占据主动地位，在新一轮能源革命中占据世界领先位置。

中国是一个法治国家，法律是维持国家正常运行的工具，是人们正常生活的保障。在国际事务上，法律更是具有至高无上的地位。正如康德所言：“世界上唯有两样东西能让我们的内心受到深深的震撼，一是我们头顶上灿烂的星空，一是我们内心崇高的道德法则。”

1）新型电气工程人才掌握国际法律政策的必要性

（1）当前大学生普遍缺乏国际法律知识。近几年来，在党和国家各级部门的领导与监督下，经过各有关职能部门、各学校和社会各界的共同努力，青少年学生法制教育工作不断发展。以宪法为核心的教育往往以国内各部门法为主要内容，大多缺少国际法律知识，这就导致大学生甚至包括研究生普遍缺乏国际法常识。为适应全球化的需要，大学生应加强国际法律知识的学习。现代国际法已发展成非常庞大的体系，大学生应当了解国际公法、国际私法和国际经济法等多方面的知识。对于新型电气工程人才来说，具备国际法律意识可以在构建全球能源互联网的过程中很好地与其他国家打交道，避免不必要的问题出现，更好地促进构建进程的发展。

（2）弘扬爱国主义和培育民族精神，要求大学生掌握国际公法知识。中共中央、国务院的《中共中央国务院关于进一步加强和改进大学生思想政治教育的意见》明确指出，加强和改进大学生思想政治教育的主要任务之一是“以爱国主义教育为重点，深入弘扬和培育民族精神教育。”倡导爱国主义决非过时之举。当前，国际关系复杂，世界超级大国打着“人权、自由、民主”的旗号，干涉他国内政，竭力把自己的社会制度和价值观念强加给他国；另外，经济全球化浪潮中各民族、各国之间在世界经济体系的资源配置与财富分配中难免产生矛盾，甚至引起冲突，面对这种形势，国家意识和民族意识不但不应淡化，反而应进一步增强，仍应大力弘扬爱国主义精神。时代变化风起云涌，交流与合作是构建全球能源互联网战略的主题，但新型电气工程人才仍然要以国家利益为重，弘扬爱国主义精神。在此基础上掌握国际法律知识，特别是国际公法知识，了解国家在国际上的权利和地位，积极维护国家的安全、荣誉和利益。

2）新型电气工程人才需要学习的国际法律内容

（1）国际能源组织法律制度。世界上特别重要的能源国际组织之一是国际能源署（International Energy Agency，IEA），国际能源署是一个独立的政府间组织。国际能源署的宗旨是保证工业国家的能源安全。它可以改进和维护应对石油供应中断问题的系统；国际能源署积极倡导能源技术的国际合作，努力实现能源、环保政策的整合；通过提高能源的使用效率，改善全球能源供应与需求的结构；通过与非成员国、国际组织等机构的合作关系，在全球环境下倡导合理的能源政策等。国际能源署的基础条约《国际能源计划协定》及其在成员国的适用丰富了国际争端解决法的内容；国际能源署维护能源安全、促进能源合作的法律规则和制度本身也推动了国际法的新分支——《国际能源法》的产生和发展。

1960 年 9 月 14 日，沙特阿拉伯、科威特等国家在巴格达举行了一项会议，会议中他们对成立石油输出国组织达成了决议。石油输出国组织的主要目标是："协调并统一政策；把保护成员国共同利益和他们各自的利益作为最佳途径，把寻求稳定世界石油市场作为手段；保障石油消费国获得有效、定期的供应；保障石油工业的收入与投资。"

(2) 国际能源法。"国际能源法"这一表述，只是近些年才出现在一些西方学者的著述之中，并逐渐为人们所接受，甚至还有国外院校为法学本科与硕士项目开设了"国际能源法"课程。近一时期，国外已有学者对"国际能源法"开展了专门研究，如美国学者 Rex J. Zedalis 著有《国际能源法》(*International Energy Law*)一书，英国学者 Thomas Wälde 也发表过《国际能源法：概念、范围和参与者》(*International Energy Law: Concepts, Context and Players*)，此外英国学者 Adrian J. Bradbrook 在《可持续发展能源法》(*The Law of Energy for Sustainable Development*)一书中也有专门章节阐述国际能源法。国内对国际能源法的研究刚刚起步，李扬勇在《国际能源法刍议》一文中认为，目前学界不一定存在关于国际能源法定义、范围的通说，国际能源法呈现早期性特征，分散在不同的国际法文件中，多为原则性、抽象性规定；国际能源法正向可持续发展原则、环境生态中心原则接近；国际能源法构建能力的执行机制具有重要的理论意义和实践价值。

关于国际能源法的调整对象，广义的观点则认为，国际能源法泛指调整国际间因能源产生的跨国关系的法律规则和制度，所调整的对象并不限于国家层面的关系，还包括国家通过其他主体如国际组织、区域组织、非政府组织、跨国公司等形成的关系。

(3) 世界各国能源法律。能源法是调整能源开发、利用、管理活动中的社会关系的法律规范总和。它是调整能源领域中各种社会关系的法律规范的总称。能源法的调整以能源开发利用及其规制的法制化、高效化、合理化为出发点，以保证能源安全、高效和可持续供给为归宿。

就能源领域的法律规制而言，20 世纪 70 年代，石油危机波及全球，"危机生法"，空前紧张的世界能源供应形势促使各国开始了能源立法的进程。受危机影响最深的主要发达国家先行一步，1974 年法国制定《省能法》，1976 年英国颁布《能源法》，1978 年美国颁布了《国家能源政策法》，日本于 1979 年颁布《能源使用合理化法律》。

从国际争端的角度看，近年来，以能源投资为背景的国际投资争端数量日益增加。在未来，能源投资国际争端将越来越复杂多见，为了在构建全球能源互联网的关键时期抓住机遇迎接挑战，高校在培养新型电气工程人才的过程中一定要对世界各国能源法律法规有一个全面的认识，在尊重他国利益的基础上努力维护本国利益。

7.5　拥有国际视野

随着经济全球化的发展，劳务、市场、技术、资金等诸多生产要素都在全球范围内进行流动和配置，涌现了多种多样的跨国项目，电力行业也不例外。构建全球能源互联网作为加速能源转型、应对全球环境污染和气候变化、福祉全人类的重大决策，必然需要全世界各个领域的诸多专家学者和工程技术人才的广泛参与。处于全球能源互联网建设浪潮中的当代电气工程人才必须是具有国际视野的复合型人才。因此，兴办与国际接轨的工程教育，培养拥有国际视野的卓越电气工程师自然而然成为了全球能源互联网背景下电气工程人才培养的新需求之一。

国际化，即要求电气工程人才要具备跨文化环境下交流与合作的能力。具体可以分为两个方面的需求：一是要熟练掌握同国际社会交流的语言，这是开展跨文化环境下合作的基础和前提；二是要理解世界各国的人文环境、文化习俗、生活方式的差异，并能够相互尊重求同存异[15]，这是融入国际合作的保障。拥有国际视野，即要求当代电气工程人才能够全方位多层次地考虑能源问题：能源问题已经从输配电侧拓展到发电侧，从能源供给拓展到能源环保领域，从技术层面拓展到经济层面和政治层面。当代电气工程人才要以开阔的、全球的眼光敏锐观察世界经济和政治格局的变化，找准电力行业在世界经济发展中的定位。

7.5.1　电气工程人才国际化视野培养现状

国际化视野，是指具有国际化意识和胸怀以及国际一流的知识结构，视野和能力达到国际化水准，在全球化竞争中善于把握机遇和争取主动的高层次素养。全球化是一个以经济全球化为核心、包含各国各民族各地区在政治、文化、科技、军事、安全、意识形态、生活方式、价值观念等多层次、多领域的相互联系、影响、制约的多元概念。

1) 大学生国际视野素养水平较低

国际视野知识需要包括的范围很广，涉及面宽，政治制度、经济模式、文化类型、法律形态等都包括在内。通过调研分析，关于对民主的认识，83.6%的学生对于民主与国家制度的关系、民主与宪政的关系不是很清楚；关于对经济模式的认识，认识最深的就是市场经济，75.2%的学生对市场经济的认识就是竞争、淘汰、个人奋斗，市场经济以个体利益为出发点，以实现自我价值最大化为目标；关于对文化的认识，认识最多的就是西方文化，对伊斯兰文化、非洲文化了解不多，68.2%的学生对西方文化的认识就是个人主义、利己主义；在涉及宗教的认识问题上，89.1%的学生知道有佛教、基督教、伊斯兰教，但对这些宗教的发展演变知之甚少，对宗教在这些国家的发展与社会中所起到的作用也缺乏较深的了解和认识，91.9%的学生对于宗教与科学的关系认识上表示不能够很好理解，超过 1/2 的学生认为宗教与科学之间是相悖的，相信科学的人不应该相信神灵的存在，对同时相信科学又相信宗教表示很诧异。

2) 大学生全球意识淡薄

世界公民意识较低，很多大学生对全球公民意识不是很清楚，大多数不能够很清楚地表达出来。全球公民意识中最核心的要素是个人的行为与责任要能够放到全球范围中思考，而大学生缺乏这方面的意识。例如，在乌克兰事件上，对于克里米亚地区独立问题，大多数学生认为这属于乌克兰内政，与我国无关。在对此事件的处理上，反映出大学生缺乏全球意识。对他国文化、风俗、历史了解不多，独立思考问题能力比较欠缺。有协作就有矛盾，有矛盾就有冲突，需要辩证地看历史。在国家与国家关系越来越紧密的时代，要用历史的眼光去看待问题。

3) 大学生全球化能力不高

全球化能力调查分为两个部分，即全球化理解能力和全球化交往能力。通过调查发现，关于大学生的全球化理解能力和交往能力，美国大学的得分要明显高于我国大学，差异性比较明显，得分过低的原因可能我国大学的开放性还不够高。全球化经历包括全球化学术经历和全球化交往经历，前者主要包括参加全球化方面的课程、参加全球化方面的讲座或报告、参加全球化方面的会议并做报告等；后者主要包括与外国学生的各种课外交流、社会活动交往、参加全球化主题的表演等。

首先，在全球化交往经历上，美国大学生参与各种交往活动的比例要显著高于我国大学生，美国鼓励本土学生与外国大学生混住，营造国际交往的氛围和机遇，是提升大学生跨文化能力的重要举措。其次，在全球化学术经历上，美国大学为学生创造全球化课程的修读、全球化证书或学位的获得、参加全球化主题的报告等。同时，美国很多大学为了提高学生的国际意识，设立了中国研究中心、日本研究中心、韩国研究中心等在内的几十个区域研究中心，这些中心开设本科、硕士研究生课程，举办学术研讨会，授予全球化问题研究的学位。

研究国外的教学改革经验可以发现，国外教学比较注重对学生能力的培养。从目前我国高校实际教学方法来看，仍以传统的灌输式教学为主。在长期的填鸭式的教学过程中，学生已经变成了学习的机器人，只知道被动地接收和接受，从来不知道为什么答案必须这样写，到底还有没有其他的解题思路。学生学习积极性已经消磨殆尽，学习的主动性已经没有了，内心剩下的只是学习的痛苦，很多学生的心理变得极其脆弱。甚至有的学生会因为一次偶然的考试不及格而选择极端的方式来应对这一结果。很多学生不知道为什么学习，更不用说知道怎样学习才是正确的方法。长期的灌输式教学已经磨灭了他们学习的欲望和兴趣，长此以往，创造性思维能力严重缺失。

除此之外，多年以来我国的大学授课方式还是以课堂讲授为主。科学研究更多的是老师私下的事情。社会实践活动存在走过场现象，很多情况下，实践、科研和教学是分离的。其结果，教师做了很多的科研工作，写了很多的论文，实际能够将科研成果转化为生产力的很少。实践和科研的功能根本得不到发挥。这在一定程度上也削弱了学生理论到实践再到理论的学习规律。

7.5.2　全球能源互联网形势下培养学生国际视野的必要性

1) 教育改革的发展方向：国际化

有一个因素把人们聚集在一起却通常被人们忽略，但它是人们相互理解、共同生活的关键，这就是国际化。我国学生向其他国家的学生学习和了解得越多，他们的创造性就越强。在另外一片土地上似乎陌生的一切，在它的背后有其原因。原因的发现能培养深刻的洞察力。经常观察到：当来自不同国家的学生一起学习时，他们原有的观念受到了挑战，他们成见得到了纠正，他们的思想更加开放。当我国学生与合作学校的学生一起学习时，常听到学生解释为什么许多的看法都是错的。为什么?因为他们的看法来自某些人——来自新闻记者或政治家，他们观察中国，但常常戴着西方的有色眼镜看中国。所以，对于中国来说，为了鼓励和激发学生的创造性思维，应该提倡国际性，与合作学校从简单、短期的交流项目开始进一步向前推进，有计划地让学生参与设计一所学校、制作一部纪录片、为一所小学组织并实施一次活动、向联合国提交一份报告等活动中来。

2) 国际视野是能源全球化大环境下保证国家能源安全的必要条件

从 20 世纪 90 年代开始，由于科学技术的发展促进了生产技术不断更新、层出不穷的新型交通和通信方式、两极格局的结束、各国之间市场经济制度的普遍认可以及跨国公司的推动，全球化的进程越来越快。与之相对应地，能源越来越成为牵制他国的一个重要筹码。这是俄罗斯可以从疲弱凋敝的冷战时代中走出，借助庞大的能源资源再次成为国际舞台上的一个主角的原因；也是美国虽然拥有强大的军事力量，但有时也不得不对外国石油供应者——包括沙特阿拉伯这样的长期盟友作出让步的原因；还是哈萨克斯坦和尼日利亚这样的石油供给国，吸引着能源消费国的高层源源不断地前来拜访的原因。

改革开放 30 多年来，平均经济增速保持在 10%左右的中国，作为全球第二大经济体，显然发挥着越来越重要的影响力。更加依赖进口能源的中国从来不曾像今天这样面临如此多的能源话题。在国际能源市场，中国还属于新军，在开拓能源供应渠道的同时，还时刻面临着运输通道安全保障的困难——且不说远洋运输海域，仅在最近的马六甲海域，便面临着实力更强大的美国与经济发展程度更高的日本的封堵。

一面是挑战，一面是约束，另一面又可能是陷阱。可以预料，能源结构调整前提下的中国经济发展，处处是暗礁险滩。所以，不但需要政府统筹应对，还需要每个企业和每个人的全力以赴。因此，在能源全球化趋势和国家能源问题严峻的大背景下，培养全球能源互联网形势下的电气工程人才，不可避免地要将全球视野的培养放在重要位置。

3)国际视野是当代大学生应具备的重要能力

伴随着经济全球化的深入发展，全球竞争日趋激烈、国际合作日趋紧密，国家的发展需要更多的具有国际视野的高素质人才。一个国家的未来取决于其青年人才的能力与智慧。当代大学生是实现中华民族伟大复兴的重要力量，是国家的未来和民族的希望。因此，拥有大批具有国际视野的青年人成为我国核心竞争力的重要体现，培养具有国际视野的青年人才成为高校人才培养的重要目标。北京大学前任校长许智宏指出："在今天经济全球化的社会，不管学生将来怎么样，在中国读书还是到国外读书，他们都必须有国际视野。"

党的十七大报告提出，要优先发展教育，建设人力资源强国。强调要提高高等教育质量，努力造就世界一流科学家和科技领军人才，注重培养一线的创新人才，使全社会创新智慧竞相迸发、各方面创新人才大量涌现。这是对新时期高等教育提出的新的要求。培养和造就世界一流的创新人才，要求培养目标不能只局限于适应本国的发展需要，而要立足于世界，培养在知识和能力方面都具有国际竞争力的优秀人才，以增强本国的综合国力。这就需要在教育过程中注重培养学生的国际视野，努力提高学生参与国际竞争的意识。

具有国际视野的大学生，应该具备扎实的与专业相关的工作能力，才有可能在竞争中立于不败之地。国际化背景下，人们每天要接触各种各样的信息，需要具有相应的信息处理能力，这也是人们立足于社会的重要能力和先决条件。国际化的一个直接影响是人们面临越来越多的选择，选择既是一种机会，又是一种取舍能力。取舍能力使人们在多元的国际化背景中保持清醒的头脑，在全球化的进程中保持民族性与个性。创新能力是运用知识和理论，在科学、艺术、技术等各种实践活动领域中不断提供具有经济价值、社会价值、生态价值的新思想、新理论、新方法和新发明的能力。创新能力是民族进步的灵魂、经济竞争的核心。当今社会的竞争，与其说是人才的竞争，不如说是人的创造力的竞争。由于国际环境千变万化，各国都在深度融入竞争的同时探索适合本国的发展道路。我国培养的青年学生要具有高度的灵活性，敢于面对挑战，把握时机，打破常规，创造性地开展工作。在全球化背景下，竞争无处不在，这种竞争的残酷性和多变性对人们的心理承受能力提出了更高要求。

4) 国际视野是新形势下电气工程人才的重要技能

随着经济全球化的发展，劳务、市场、技术、资金等诸多生产要素都在全球范围内进行流动和配置，涌现了多种多样的跨国项目，电力行业也不例外。全球能源互联网战略是一项集全球之力的伟大工程，各个国家、各个部门之间的交流活动将成为常态，作为加速能源转型、应对全球环境污染和气候变化、造福全人类的重大决策，必然需要全世界各个领域的诸多专家学者和工程技术人才的广泛参与。因此，处于全球能源互联网建设浪潮中的当代电气工程人才必须是具有国际视野的复合型人才。

目前，我国已经发展为全球第二大经济体，“大国”并非“强国”，经济全球一体化的发展格局，全球能源互联网战略对创新型人才的需求，要求高校培养出的学生必须具备国际知识与技能，这是时代赋予高校的职责，更是大学的使命。因此，兴办与国际接轨的工程教育，培养具有国际视野的卓越电气工程师自然而然成为了全球能源互联网背景下电气工程人才培养的新需求之一。想要培养学生的国际视野，就要全面提高学生的综合素质，不应把标准只定在专业方向上，应该从多个角度衡量学生的素质，为努力培养能够把握发展机遇、应对挑战的国际化人才提供基础的素质保证。一旦学生具有该视野并将其化作自己的思维方式，整个人才培养的水平将得到提高，而这也会在未来为全球能源互联网建设背景下的核心竞争力的增强提供后备力量。

7.5.3　从国际视野到国际化

如果说国际视野是一种认知力，那么国际化则是一种融合力。全球能源互联网在未来将参与更多更加复杂的国际政治和经济的博弈，对于人才来说绝不仅仅是拥有简单的国际认知能力便能成功的，而是要求电气工程人才要具备跨文化环境下交流与合作的能力，具体可以分为两个方面的需求：一是要熟练掌握同国际社会交流的语言，这是开展跨文化环境下合作的基础和前提；二是要理解世界各国的人文环境、文化习俗、生活方式的差异，并能够相互尊重求同存异，这是融入国际合作的保障。此外，当代电气工程人才应当能够全方位多层次地考虑能源问题，从输配电侧到发电侧，从能源供给领域到能源环保领域，从技术层面到经济层面和政治层面。当代电气工程人才要以开阔的、全球的眼光敏锐观察世界经济和政治格局的变化，找准电力行业在世界经济发展中的定位。总而言之，便是需要人才能够从对国际视野的认知向充分具备国际化特征转变，当然，这样的转变并不是一朝一夕的，需要理论与实践的不断积累，这便需要人才自身、教师、学校以及企业的共同努力。

7.6 本章小结

本章综合全球能源和电力行业的发展，基于电气工程人才培养现状，探讨了全球能源互联网大背景下的电气工程人才培养新需求，提出了“实现培养适应全球能源互联网建设的复合型电气工程人才的总体目标，具备能源观和环境观两种全球观，掌握传统电气知识、前沿技术和国际政经法三大知识体系，拥有国际视野”的需求框架。本章提出的新需求对于制定适应全球能源互联网构建的电气工程人才培养改革具有一定指导意义。

参考文献

[1] 张恒旭.全球能源互联网人才培养之二：全球能源互联网对电气工程人才培养的新需求(待发表).

[2] 关国英.浅析我国电力市场的现状及改革趋势[J].现代制造，2010，(36)：21-22.

[3] 习近平.倡议探讨构建全球[EB/OL].[2015-09-27]http://news.xinhuanet.com/politics/2015-09/27/c_1116687800.htm.

[4] 陆国栋，李飞，李拓宇.我国工科人才培养质量提升机制与路径探讨[J].高等工程教育研究，2015，(2):1-5.

[5] 张恒旭.全球能源互联网人才培养之一：我国电气工程学科人才培养目标与知识体系现状(待发表).

[6] 侯永峰，武美萍，宫文飞，等.深入实施卓越工程师教育培养计划[J]，创新工程人才培养机制[J].高等工程教育研究，2014，(3):1-6.

[7] 习近平.携手构建合作共赢、公平合理的气候变化治理机制[EB/OL].[2015-12-01] http://politics.people.com. cn/n/2015/1201/ c1024-27873625.html.

[8] 刘振亚.全球能源互联网[M].北京：中国电力出版社，2015.

[9] 胡文平.国际能源格局中的大国政治[J].青海社会科学，2007，(6)：22-24.

[10] 贾军，张芳喜，沈娟.生态自然观与当代全球性生态危机反思[J].青春岁月，2008，16(1):78-81.

[11] 黄湘倬.潘懋元教育内外部关系规律理论的价值研究[J].湖南社会科学，2010，(5):181-183.

[12] 范凤岩，雷涯邻.能源、经济和环境(3E)系统研究综述[J].生态经济，2013，(12)：42-48.

[13] 谭斌，王菲.中亚能源竞争及其对我国能源安全的影响[J].商业研究，2010，(2):92-95.

[14] 美国白宫经济顾问委员会.美国“全方位”能源战略[EB/OL].[2015-03-19]http://www.js.xinhuanet.com/ 2015-03/19/c_1114696913.htm.

[15] 林健.面向世界培养卓越工程师[J].高等工程教育研究，2012，(2):1-15.

第 8 章　适应全球能源互联需求的人才培养模式改革思路

正所谓“市场的竞争乃是人才的竞争”。全球能源互联网这一伟大构想的实现，离不开大量高层次人才的共同努力，其中电气工程人才将发挥至关重要的作用。因此，如何培养出全球能源互联网战略所需要的高层次、高素质电气工程学科人才必然将作为一项重要的课题等待教育工作者的研究。从目前来看，我国的电气工程学科人才培养模式由于受到发展历史、社会环境等因素的影响，存在体系相对陈旧、教学偏离应用、新能源技术涉及不够深入、缺乏全球化视野等局限性，所培养的人才并不能完全保证全球能源互联网战略的顺利进行。在全球能源互联网建设已经箭在弦上的情况下，我国电气工程学科人才培养模式的全面改革势在必行。

本章根据对我国电气工程学科人才培养现状的深入总结和分析，阐述全球能源互联网对于人才培养的新需求，并且结合现实情况下人才培养过程中所存在的问题提出“一个中心、两条主线、三个体系、四个抓手”[1]的电气工程学科人才培养模式改革思路。其中，一个中心指以满足全球能源互联网构建高层次人才需求为中心；两条主线包括创新能力与实践能力的培养和综合素质的全面提升；三个体系即以电气工程基础理论与前沿技术、大的能源观[2]与环境观、国际政经关系理论和法律基础为人才知识结构的三个体系；四个抓手包括高校电气工程专业课程体系改革、高校电气工程专业教学的强化、高水平的师资队伍构建、国际视野与国际化的提升四个方面。

本章的内容旨在为全球能源互联网形势下，各个高校和其他教育机构电气工程学科人才的培养提供借鉴。通过总结近几十年国内外高校在培养相关人才时遇到的困难和实行的对策，提出一套较为完善、合理、科学的教学改革措施，在加快我国电气工程学科先进教育模式的体系化建设速度和缩短人才培养周期的同时，能够提高人才培养的质量，一定程度上缓解人才培养速度和培养质量人才上的矛盾，以满足全球能源互联网的快速建设对大量人才及其多方面能力的需求。

8.1　一 个 中 心

一个中心即以满足全球能源互联网构建高层次人才需求为中心。人才培养模式改革的根本动力就是满足全球能源互联网对人才素质的需求，因此在改革过程中要时刻把握这一中心思想，保证改革措施的针对性和有效性。

俗话说，“得人者，得天下”，构建于新时代下知识经济快速发展的全球能源互联网工程更是如此。传统的能源、材料、土地等资源固然是全球能源互联网工程不可缺少的一环，但已经不是制约其向全球化进程迈进的关键因素。能源的全球化互联，最重要的是科技和管理。全新的发、输电模式，数以亿计的输电线路里程，以及星辰般的节点构成的网络，没有牢固的技术积累，没有先进的管理体制，想要让错综复杂的电网跨过大洲、越过大洋，安全、可靠地为人们提供高质量的电能是难以想象的，而科技和管理发展的潜力归根到底还是来自于对人才的培养。

8.1.1　人才的培养机制应有针对性

1) 加强针对性培养可以满足全球能源互联网建设的需求

如今的社会所面临的人才危机并不是因为缺乏人才，而是缺乏与岗位相适应的专业型人才。全球能源互联网建设过程中的人才需求亦是如此，如今，电力成为了人们生活的必需品，社会中各种生活、生产活动大多以电能为基础展开。因此，电气作为社会的一个高就业率的热门专业受到学生和家长广泛青睐，各大高校也纷纷加强了对电气工程专业的关注和投入。随着我国电力工业的蓬勃发展，如今的电力行业正处于人才供大于求的局面，但即使如此，能够满足全球能源互联网发展需求的人才依然是凤毛麟角。所以，对电气工程人才培养模式进行改革时，应更多地注重对人才培养的针对性。

目前，电气工程学科主要培养面向我国传统电气工程领域的规划设计、运行控制、技术开发和经营管理等方面的人才，在课程体系的设计上显得中规中矩，较为陈旧，对于实际的教学也是偏重于理论而轻视了实践，加上缺乏全球能源的视野以及综合素质的培养，尤其是在与全球能源互联以及清洁能源开发与配置相关的领域涉及较少并且不够深入，而这些专业知识和人文素养恰好是建设全球能源互联网对于人才培养所提出的新需求，这就要求人才的培养模式和内容需要根据全球能源互联网建设的要求，针对性地进行改革和创新。

2) 加强针对性培养可以激发人才的潜能

美国心理学家马斯洛在《人类动机的理论》一书中，阐述了人类生存五大需要层次理论，谈到“人类的需求从低到高分为生理、安全、社交、尊重和自我实现五个层次”(图 8-1)。其中，尊重和自我实现是人类的高级需求，每个人的内心都渴望能得到他人的认可，实现自身的价值。在人才培养的过程中，可以根据每个人的特点，针对性地进行课程设置和教学，激励人才主动参与学习和科研，抓住培养、吸引、用好人才三个环节，加强人才资源能力建设。除此之外，在要求学生相互合作的项目中，注重具备不同特点学生之间(如管理型、技能型、开拓型)的搭配，发挥在多个方面互作表率的同时，充分发挥个人特长，最大限度地挖掘学生的潜能，真正做到人尽其才，才尽其用。这种针对性培养模式的开展不仅创新了学习形式、提高了学习效率、凝聚了团队力量，还让学生体会到自身的价值，激发出热情和潜力。

“涓涓溪流汇大海。”人才的潜力一旦激发将变成一股正能量逐渐发酵、积聚。融洽的人际关系、良好的学习和工作环境、完善的激励机制再加上适合展示自己的平台为打造出一支高素质、有能力、富有创新意识的综合性队伍奠定了坚实的基础，进而凝聚起推动全球能源互联网建设发展的最广泛、最深厚的力量。

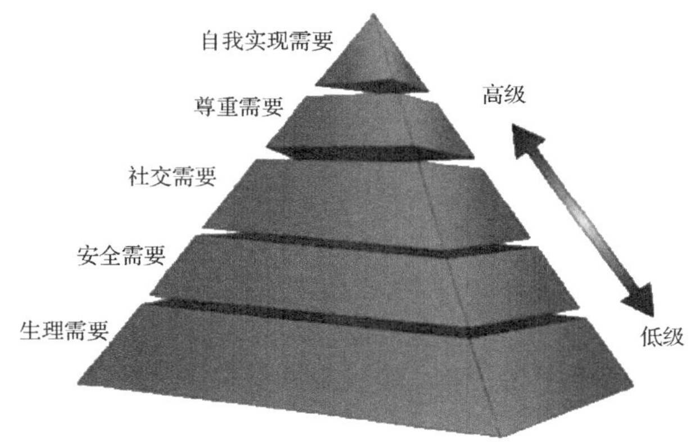

图 8-1　马斯洛人类生存五大需要层次理论

8.1.2　人才的培养机制应有有效性

对人才的培养应当注重有效性。有效的培养不仅能够促使人才专业知识得到提升，而且能够有效地提升人才的综合素质以及人才培养的效率，以保证人才输送的质量和数量。高校作为全球能源互联网人才培养的输送基地，其职责的完善性、教育工作者核心能力的高低，影响着人才队伍的建设。

然而，传统的人才培养仅仅做到了“组织培养，跟踪培养”，对于整体培养体系建设、方针性培养方案设计以及之后的跟踪培养均有不足，这主要体现在以下方面：培养职能缺乏系统性、完善性，培养职责项有缺失；培养容易走形式主义，培养效果不佳等。针对此，结合大多高校培养模式的现状，对人才的培养过程应当包括以下三个步骤。

1) 确定需要培养的人才

人才的成功产生虽然需要进行进一步的深造和培养，但其已有的基本素质和形成的知识结构对之后的培养模式与培养难度都会产生一定的影响。因此，人才在选拔时依然需要实行择优录取。选用择优录取的选拔方式的优势如下：一是能够提高人才培养的效率，缩短培养周期，减少人才培养过程中的失败，为今后全球能源互联网的建设源源不断地提供人才力量的支撑提供重要保障；二是必然会营造出竞争的氛围，可以有效增强学生的自学、自查、自纠能力，促进学生之间的相互交流，相互学习，推动良性竞争，共同进步，为之后的人才选拔提供优质的后备力量。

然而，人才的培养并不是一蹴而就，而是阶段性的发展过程，当人才经过一阶段的培养之后，需要进行培养成果的阶段性评估，根据评估结果分析培养效果，再进一步确定人才培养方案的合理性、继续培养的必要性以及下一阶段培养方案的制订等内容。

2) 培养项目设计

培养项目的设计是一项比较具体的工作，主要包括以下基本内容：确定培养的目的、设计课程类型和课程内容、确定培养方法、选择适合的培养教师等。

(1) 确定培养的目的。人才的培养是全球能源互联网战略之需，是未来能源、电力等相关企业发展之需，因此，人才培养的目的就是要产生出一批在全球能源互联网战略环境下，不仅可以胜任某些特定的岗位，而且在未来的电力发展时代潮流中能够崭露头角、推动整个行业向前发展的杰出人才。

(2) 设计培养内容。培养的课程内容应当以所学习专业的理论知识和培养所针对的岗位需要的技能为基础，例如，在推行全球能源互联网战略时，人才的培养在技术层面上可以电气、能源、信息等专业为主，在企业战略上则以管理、经济、法律等专业为主，此外也应当结合创新能力和实践能力等综合素质的培养。因此，课程的内容就可以根据这些所需要的专业理论和技能加以设计，并且通过系统的观点和方法，分析培养中的问题和需求，确立目标，明确解决问题的措施与步骤，选用相应的培养方法，使培养的效果达到最佳。

(3) 确定培养的方法。培养的方法是人才考察的基础，如果只是简单的授课形式，就很难了解到学生的理解程度，也使得培养过程成了单纯的教学过程，忽视了在培养过程中考察、甄别人才对于人才进一步选拔的重要性。此外，在培养过程中应当注重针对性，根据不同培养对象的性格特点和基本能力针对性地培养，做到因材施教。因此，对于教师等培养者来说，先进、合理、有效的教学手段与方法自然需要花费更多的时间去思考和总结，但正所谓“磨刀不误砍柴工”，为了能产生更好的培养效果以实现最终的培养目的，培养方法的改进乃至变革都是必要的，也是必然的。

(4) 选择培养教师。在培养教师的队伍建设过程中，首先应当重视教师的选拔，在选拔过程中要尽量保证其研究方向与培养课题的对口，一来，对于教师本身来说，培养的内容是自己所熟悉的领域，备课和授课都更加得心应手，减小教师的负担；二来，对于学生来说，教师的专业性使得所学内容的准确性和专业性得到可靠的保证，并且可以有机会接触到相关领域的前沿发展情况，更有利于加深学生对相关课程和知识的认识程度。此外，选拔出的教师应当具备灵活的教学思维和先进的教学理念，这两种能力可能来自于一名教师在长期教学过程中的经验总结，也不能排除一些年轻的教师对教学方式有着独特的天赋和领悟能力，所以在培养教师的选拔过程中绝不能简单地以教学时间或资历一概而论，而需要建立合理的考核制度来鉴别教师的授课能力。

其次，对于选拔出来的教师需要进行进一步针对性的培养，尤其要在思想上让他们意识到培养任务的重要性，这也是受限于我国高校如今的职称评定依据单一化的影响，在某种程度上“科研优先于教学”的现实环境下，充分发挥教师的主观能动性，使他们的精力更多地向教学方面倾斜是高校建设一支高水平、高效率教师队伍的重要前提。

最后，要做好培养过程中的保障工作，包括培养硬件设备的保障和教师薪资待遇的补偿等问题，避免“光说不练”“纸上谈兵”的形式主义以及“强制参加”“义务培养”等影响教师授课积极性和培养质量的现象出现。

3) 培养效果评估

培养效果评估主要包括评估形式、评估内容、评估人员选择三个方面。

(1) 评估形式。培养效果的评估形式可以是多种多样的，依然可以以笔试和面试的考核方式为主，也可以根据实际需要灵活改变形式，总之，评估的过程要保证评估结果的准确合理、公正透明，避免掺杂任何个人主观因素。

(2) 评估内容。评估的过程包括考核和分析两个方面，首先是对被评估学生一阶段以来培养成果的考核，通过考核找出实际培养结果与预期之间的差距，从而进一步找出学生在知识和综合能力方面欠缺的内容，进而分析产生差距的原因，综合培养过程中人才的表现进行分析以确定培养方案是否合理和具有针对性、是否需要对人才继续培养、下一阶段如何培养等若干问题。

(3) 评估人员的选择。参与评估人员的选择是影响评估结果的重要因素，建议其应当包括以下三类：第一，教师，教师是课堂的直接参与者和观察者，通过对课堂上学生表现的观察和课后任务的反馈，更能直接客观地评价一个学生平时学习、生活的态度和意愿。第二，培养的领导者、负责人，从要对整个考察过程知情和把控的角度上讲，负责人的参与就是必要的，除此之外，培养负责人对一个学生评估的角度与讲师不同，他们会从一个更加宏观、全面的角度来进行分析和评估，也许是从整个电力系统的角度，也许是从全球能源互联网战略建设的角度，因而相应地便更能评估出一个学生的宏观思维和对于事物整体性的理解能力。第三，学生本身，同为学生，他们更清楚他们这一类人缺少什么以及需要什么，更能敏锐地捕捉到同龄人、同类人身上的特点，因此，采取学生互评的评估方式尽管会粗线条，但往往会与事实的表现相当接近。

总而言之，评估结果应具有较强的指导性，是确定培养目标、设计培养计划、有效地实施进一步培养的前提，是现代培养活动的关键环节，是衡量人才培养效果的重要标准。

通过以上三个方面对与培养体系的进一步完善，可以有效地提高培养模式的系统性，加强培养工作的全面性，大幅度提升培养效果，从而更好地保障高校人才的持续培养。

由此可见，有效的人才培养机制是一个螺旋上升的循环过程，不能急功近利。首先应该明确，人才培养不是一朝一夕的事，尤其是对核心人才的把握，甚至可能出现经过阶段性的培养后才发现人才不合适的现象，只能放弃进一步的培养而重新选择。因此，对人才的培养需要有足够的耐心，形成“确定需培养人才—培养内容的设计—培养效果评估—确定需培养人才”[3]这样一个循环机制，不断完善，多元培养，从而真正有效地培养出全球能源互联网所需要的人才。

8.2　两条主线

两条主线包括创新能力与实践能力的培养和综合素质的全面提升。建设全球能源互联网需要先进的科技水平和勇于探索的实践精神，这对人才的创新和实践能力提出了更高的要求。同时全球能源互联网作为全球通力合作的产物，涉及国际政治、经济、法律、外交等方面的博弈与社会活动，这就要求人才具备自然科学和人文社会科学等多方面的综合素质，从而更好地推动全球能源互联网的全面建设。

8.2.1　创新能力与实践能力的培养

1. 对创新能力与实践能力的基本认识

1)创新能力与实践能力的内涵

创新能力是创新教育的核心内容。在教育学和心理学上，创新能力也是一个颇有争议的概念。美国哈佛大学的戴维·珀金斯认为:“创造力不能被认为是瑟缩一角的个别学科, 它应该成为历史、科学、文学、文法甚至拼写的一部分……创造力不是高不可攀的东西”。海纳特等总结为“一般把创造力理解为某种能力、力量和才能，更科学地表达为创造性的思维、解决问题的能力、获取知识的能力和创造的幻想力”。珀金斯认为，创新能力是可以培养的，而且必须要与学校内日常的学习相结合。事实上，教育的实践反复地证明了一个真理：人的发展是智慧提升与人格完善的统一。不管是创新人才、创业人才还是高素质的劳动者，只要是真正的人才，这是概莫能外的。创新不是一种单纯的智力活动过程，还包括许多个性心理品质方面的因素。创新依赖主体的智慧，也依赖主体的人格。在某种意义上可以说，创新人格是创新人才的核心要素。不屈不挠的意志、对新事物的好奇以及对未知领域探究的激情等，这些都是创新人才必须具备的人格特征。享受生活首先要学会享受创造。不仅要学会享受创造的结果，更要学会享受创造的过程。

总的来说，创新能力是一种建立在知识和技能基础上的，与创新精神的先导性、全局性、指导性及广泛性相对应的一种综合能力，它并不局限于某一种具体操作能力，对不同时期、不同阶段、不同领域、不同个体来说，创新能力的内涵与表现是有所不同的。简而言之，创新能力就是进行创造性活动的能力。这种能力所产生的结果在本质上是新颖独特、前所未有的，并有一定社会价值，能够促进社会发展。它作为观察、想象和判断而认识事物新特征的心理机制，是一个多维度、多层次的开放系统。人类创新精神和创新能力的培养，既是人们的一种复杂的精神活动过程，又是人们的一种社会实践过程，就其精神活动过程而言，主要是指创造者的愿望、观念、心理、思维和环境因素的系统综合过程[4]。

实践能力只有从教育学、心理学和哲学三个方面综合考虑才能把握其实质内涵，即运用已经掌握的理论知识、时间技能去分析解决生活、社会实践、工作中实际问题所具备的生理特征及心理特征。一般来说，实践能力就是指一个人在能动地改造和探索现实世界的一切社会性客观物质活动中所具备的解决实际问题的能力。实践能力是学生智能结构中的重要组成部分，同时也是其素质形成的重要基础。毋庸置疑，构成学生素质的一系列要素都需要经过他们长期科学地实践锻炼培养而成。

实践能力在其具体的细化上，首先应该按实践类型划分为动手类实践能力、社会交往类实践能力、综合性解决问题的实践能力；其次，应该按实践能力的构成要素划分为实践能力的动力系统、一般实践能力、专项实践能力、在具体情境中判断和解决问题的实践能力等四个方面的内容。同时，实践能力并非单纯的技能问题，在处理复杂的综合问题时，一个人道德的感染力、与人沟通的能力和意志力等素质，也会与其实践能力共同发挥作用。

2）创新能力与实践能力的特征

创新能力具有两个特征：综合独特性和结构优化性[5]。

（1）综合独特性。创新能力的综合独特性包括综合性和独特性。在分析一个人创新能力时，会发现没有一种能力是单一的，都是几种能力的综合，这是因为无论什么人，所生活的世界也不会是完全单调的，所接触的事物也不是唯一的，在创造新的事物时，思路上总会有意识或无意识地借鉴来自各个所接触领域的理论和经验。这种综合能力具有独特性，这是创新能力最为突出和本质的特点。一个事物之所以能称为一种创新，便是因为它具有鲜明的个性色彩以及其他事物所不具备的某种特质，而对于事物的创造者来说，这种个性色彩和特质便是原创性。在人类历史发展的过程中，对于一种问题的解决，人们总是不满足于解决问题这一单纯的结果，而是不断追求问题解决手段的多样性和完美性。例如，在数学理论中，勾股定理在 2000 多年前就已经解决，但千百年来，有许多数学家和数学爱好者，在研究它的不同解决方法，发现并创造出了许多完全不同的论证法，这些具备不同思想的方法不仅仅实现了问题的解决，也为其他理论的产生奠定了基础、提供了思路。这种对问题解决的原创方法，便充分表现出解题者对问题解决的综合独特性。

正是因为如此，几乎每一种理论和工具随着人类社会的发展都会不断地更新与完善，而人们的生活也会因为这些变化而变得更加先进、便捷和美好，两者构成了良性的循环，相互促进，推动历史的车轮滚滚前行。如今学生解决问题的综合独特性，主要也体现于同一个问题的解决的多样性，但在实际的理论教学过程中，学生对于一种问题解决的思路更多地受制于外界的影响，而缺乏自己的原创性，这种影响可能来自于教师上课时所提供的现成解决方法，也可能来自于所查找的文献资料。

(2) 结构优化性。创新能力的结构优化性建立在创新能力综合性的基础上，多种能力在进行创新思维的构建过程中会进行一种深层或深度的有机结合，能发挥出意想不到的创新功能。

作为创新人物典型的孙正义在读大学时具有 250 多项发明专利，这足以说明他有极强的创新意识。他曾经通过改造日本的旧游戏机，并将它们放到大家的休息室、饭厅，这样一种看似简单的工作在后来便为他赚来了 100 亿美元，这不仅仅是简单的创新能力所能做到的，还要同时归功于他出色的商业能力。后来在互联网建立之初，他投资 36 亿元给一家没有任何利润的互联网公司，经过几年的建设，他的总资产便达到了 1.17 万亿日元。他曾说“我是这个星球上从互联网经济上拿到最大份额的人”，这也恰恰说明了他具有出色的市场分析能力和决断能力，统观孙正义各种创业轨迹，正是他身上的感悟预测能力、深刻的分析能力、准确的判断能力、果敢执行能力、综合协调能力、全面驾驭能力的深度有机结合以及最大效能的充分发挥，使其走上了辉煌的创新人生之路。

实践能力具有两个方面特征：实践性和综合性。

(1) 实践性。实践性是实践能力的核心特征，是指实践能力孕育于实践活动并只有通过生活、生产实践活动才能表现出来。原因如下。

人类思维能力产生于实践。从自然发展史的角度看，人类是自然界长期发展的产物，从社会发展史的角度看，人类是在劳动中产生的，人的思维、意识能力也是在劳动、实践中形成的。

人类的思维能力随实践的发展而提高。用进废退，这是自然界的一条颠扑不破的真理。思维能力产生之后，还必须随实践的发展、丰富而发展，时刻同实践紧密相连。例如，几何学产生于丈量土地的实际需要。当初，尼罗河水每年泛滥一次，泛滥河水冲没了原有地界，于是在河水退去之后，人们就要重新划分土地。正是这每年一次的土地丈量的实践，促进了几何学的产生。所以，人类的每一项思维成果都是在实践的需要下产生的，并且当今实践的不断发展，给人类提供了越来越广阔的思维空间，也提供了越来越多的需要解决的思维难度。可以说，人类思维总在实践给予它的机遇与挑战的两难中发展。

创造性思维的成果要在实践中接受检验。创造性思维是在已有知识和经验的基础上，运用逻辑抽象能力、想象能力及直觉顿悟能力而发生的，但由于认识的主客观条件的复杂性，人的认识难免发生偏差，思维活动也会有出轨的危险，而认识成果的对与否，思维活动本身无法验证，只有实践才能检验思维活动成果的真理性。思维活动只能在实践基础上发生，其成果也只能在实践中接受检验，正确的就会得到推广、应用，错误的会得到修正。

因此人们在进行创造性思维的过程中，必须参与实践，在实践中检验思维成果的正确性，促进思维能力的进一步发展。没有实践，思维的发展就失去了动力，就不会有创造性的思维。没有实践，创造性思维其他原则就会变形或误用，如独立性原则就会变成“孤僻性”原则，求异性就会变成主观中的多样性，跳跃性就会变成臆想中的胡乱联系。

(2) 综合性。综合性表现为现实问题本身是综合的，其解决也是综合能力的表现，在实践过程中处理问题时，一个人所具备综合能力的高低往往决定实践活动的成败，成为影响实践能力高低的直接因素之一。

根据长期的教学经验，具有高度综合能力的电气工程人才应当具备的能力如下：具有良好的工程职业道德、较强的社会责任感和较好的人文科学素养；具有电气工程工作所需的相关数学、自然科学知识以及一定的经济管理知识；具有良好的质量、环境、职业健康、安全和服务意识；掌握扎实的工程基础知识和电气工程专业的基本理论知识，了解本专业的发展现状和趋势；具有综合运用所学科学理论、分析和解决问题方法和技术手段分析并解决工程实际问题的能力，能够参与生产及运作系统的设计，并具有运行和维护能力；具有较强的创新意识和进行产品开发与设计、技术改造与创新的初步能力；具有信息获取和职业发展学习能力；了解本专业领域技术标准，相关行业的政策、法律和法规；具有较好的组织管理能力，较强的交流沟通、环境适应和团队合作的能力；具有应对危机与突发事件的初步能力；具有一定的国际视野和跨文化环境下的交流、竞争与合作的初步能力。

2. 传统人才培养模式下制约实践能力和创新能力的因素

1) 传统教育模式的影响

近年来，各高校不断进行教育体制的改革和创新，但仍受着传统的教学模式和观念的影响，一定程度上限制了学生实践和创新能力的培养。素质教育实施不够完全，在教学过程中沿袭了中国传统教学观念和方式，我国现行的应试教育模式，从某种意义上说，既是传统科举教育的“现代版”，又是苏联教育模式的“中国版”。这种教育模式曾培养了一代又一代富有牺牲精神的人才，创造过无数的成功和辉煌，但也存在着评价体系是静态的应试指标、教育方式采取灌输式、学习方式以记忆为主等缺陷。

2) 社会环境的影响

从社会系统和青年学生生活的具体社会环境看，影响学生创新能力和实践能力的社会因素，大致可以分为社会政治上层建筑因素、社会经济基础因素、社会文化观念因素和社会环境交往因素。

3) 学生主观意愿的影响

学生对于创新和实践的主观意愿是决定创新能力和实践能力培养成果最为直接的因素，而阻碍他们积极参与创新和实践活动的主观因素包括以下方面：缺乏创新意识和创新欲望，忽略了自己最初学习的目的和进入大学的目的；缺乏创新和实践兴趣，即使有兴趣也缺乏创新和实践能力所需要的深度与广度；思维惯常定势，存在于头脑中的认知框架将逐步模式化、固定化，进而弱化他们的创新意识，影响其创新能力的发展；对科学的崇尚意识与付诸实践之间存在较大反差，在实践上却迟迟不能落实，主动作用发挥不够，投身实践的勇气和能力欠缺。

3. 提高创新能力、实践能力的有效途径

新教育的目的在于形成创新型人才。创新教育除了传授给学生丰厚的基础知识和专业知识，还应包含学生创新意识的培养、创新观念的培养和创新实践能力的培养，而创新实践能力的培养则是创新教育的核心教学环节。研究如何使大学生在短短的大学四年创新实践中早出成绩、多出成果，形成创新实践能力，完成创新型人才培养，是电气工程类大学生创新教育研究的重要内容。无论是传统的电气工程学科人才还是与全球能源互联网架构相适应的新时代人才，其创新能力与实践能力的差距归根结底是思维的差距，是教育体系和教学模式的差距。因此，人才培养模式的改革也是教育体系和模式的改革。

1) 建立起素质教学的培养理念

创新意识、创新平台、创新能力和创新文化是培养高素质创新型人才的四个

基本要素[6]。创新教育的基础是实践，实践教学对创新人才的培养起着至关重要的作用。素质教育观念与实践创新能力培养应该基于加强实践教学工作条件的支撑、充实优化教学队伍、建立科学合理的考核评价体系、支持学生进行科研实践训练等。大学生的实践能力和创新能力是大学生综合素质的重要内容，高等教育要积极顺应时代需要，结合实际开展素质教育，重视培养大学生的实践能力和创新能力。课堂是全面实施以培养实践能力和创新精神为核心的素质教育的主阵地。

因此，高校要把素质培养理念贯彻到课堂教学过程中。既要注重课堂教学的质量，又要加强对学生实践和创新能力的培养，课堂教学在保证完成实现高等教育总体目标和要求的基础上，注重培养学生的实践能力、创新思维、创新能力的训练；教学方法上，既要注重对学生的共性培养，也要培养学生的个性；把增加学生实践能力和创新能力的实践活动、创新活动纳入教学计划。使大学生课堂内外都能长见识，增才干，增强创新意识，培养实践能力和创新能力。

2) 改革培养体系

全球能源互联网战略开拓了能源行业全新的领域，需要更为先进可靠的技术手段才能保证这一宏伟战略的顺利实施，这无疑需要科技工作者有更多独立思考和开拓创新的能力，大胆地进行尝试。为了培养更多具备这些能力的人才，建立规范的适应教学改革和人才培养要求的新型实验教育体系非常必要，其中课程内容是保证专业培养目标实现的基础，教学方法则是达到教学目的的有效手段。此外，高校可以结合课堂教学，开展各种学术讲座、开设创新系列学术报告会、成立社会实践社团等，着重建设适应大学生创新能力和实践能力的校园文化环境与学术氛围。

(1) 实践教学体系改革。实践教学包括实验教学、生产实习、课程设计、毕业设计等教学环节，以实践教学改革为基础，强化学生创新能力和实践能力培养。在实验教学环节，开发综合性、设计性的实验教学内容。在生产实习教学环节，解决基本认知和实际操作两个方面的问题。在课程设计教学环节，围绕某一门课程及相关先修课程知识，对学生进行较全面的工程设计训练，培养学生在课程设计过程中理论联系实际的设计思想，应用理论知识解决实际工程问题的初步能力。毕业设计是对大学生本科学习成绩的集中检验，也是对学生综合素质、科研能力、创新能力的考察。科研项目是生产实践和工程中需要解决的技术问题，具有很强的综合性和针对性。将毕业设计与科研项目相结合，能够激发学生的创新意识，并能够使学生掌握科研的思维方式，对于培养学生创新能力和实践能力会有较大帮助。

(2) 科研活动体系改革。科研活动对培养大学生创新能力具有重要作用，是直接培养学生创新能力的重要途径，其活动内容十分丰富。高等学校以院系为单位创建大学生创新基地实验平台，出台政策鼓励大学生积极参与科研项目的申请和研究。实验中心可以通过增加对创新和科研活动的投入、更新实验仪器等措施满足大学生创新和科研活动的基本要求；定期开发实验室，实现实验教学与科研项目实验研究相结合，激发学生创新思维和科研兴趣；鼓励大学生参与创新实验和科研项目，提高大学生实践能力和创新能力；鼓励大学生积极参加全国性、地区性的各类大学生科技竞赛活动；鼓励教师将优秀学生融入自己的科研团队，参与科研项目研究，通过结合指导教师的科研项目，培养学生的科研理念，增强学生的科研素质和创新意识，从而在教学体制改革中融入一种科研创新体制。

(3) 社会实践活动体系改革。创新型人才的培养离不开实践活动，大学生社会实践活动对于促进大学生了解社会、奉献社会、社会责任感、能力培养、品格培养等各方面具有十分重要的作用，在创新型人才培养上具有其他教育形式所不能替代的特殊功能和作用。社会是一个大舞台，大学生社会实践活动形式、实践内容应该更广泛，包括社会调查、科学研究、生产实习等各个方面和领域，坚持与时俱进，强化资源意识，不断拓宽实践内容的设置领域，有效增加社会实践活动的机会数量，提高大学生社会实践活动参与率。

3) 完善保障措施

为促进大学生创新能力、实践能力的培养，应进一步完善“大学生创新能力、实践能力培养保障措施”，构建大学生创新能力、实践能力培养体系。这种保障措施包括要出台相应的激励机制和政策保障来作为学生创新实践工作的坚强后盾。保障措施的出台和完善并不是单方面的付出，这是一个双赢的过程，学校的激励措施能激发学生更高的创新热情，学生的创新能提升整个学校的科研实力和学生素质，这是一个良性的循环。邓小平同志在 1978 年就讲过要实行激励机制，而不是单纯地要求一味的奉献。这种激励机制不仅要包括精神上的鼓励，也需要物质上的嘉奖。激励机制的设立要尽量避免过于功利化，否则会使得学生参与创新实践的目的过于物质化和现实化，形成“追名逐利”的乱象，不利于人才人格的健全。一系列的激励措施的施行需要同步地设立相关的政策进行保障，否则就如同虚设一样，口头上的承诺是脆弱的，容易受外界的影响而变化，难以真正让人信服。由此可见，激励机制是推手，政策保障是屏风，确保学生创新实践活动的进行。

8.2.2　综合素质的全面提升

卢梭曾经说过“虽然人的智力不能把所有的学问都掌握，而只是选择一门，但如果对其他学科一窍不通，那他对所研究的那门学问也就往往不会有透彻的了解。”当今世界，政治、经济和科学技术都在发生着巨大的变化，单一的专业型人才不再可能适应当前处在动态发展中的社会。全球能源互联网伟大战略构想的实现便是如此，作为国际框架下的一大工程，无论是前期的筹备工作还是正式运营的管理事务都会涉及国际政治、经济、法律、外交等多专业领域，这就要求所培养的人才在熟练于电气领域专业知识的同时，应当具备包括自然科学和人文社会科学等多方面的综合素质，即跨学科、跨领域的人才，从而更好地推动全球能源互联网的全面建设。

1. 综合素质的基本内容

1) 具备综合素质人才的基本特征

(1) 知识面广。具备综合素质的人才要基本通晓两个或两个以上专业或学科的基础理论知识和基本技能，因此具有较宽的知识面和宽厚的基础，从而为多学科知识的融会贯通提供条件，也为不同专业知识的学习和能力的培养提供良好的基础。

(2) 知识的交融程度高。具备综合素质的人才具有多学科的知识，但不是多种学科知识的简单相加，而是不同学科领域的知识的有机结合，相互交叉、融合、渗透，文理综合、理工综合，形成良好的知识结构、能力结构与素质结构。简单地形容，他们的知识结构不是松散的拼盘式的，而是“八宝粥”式的结构。学科知识能够融合并综合地发挥作用是具备综合素质的人才的重要标志。

(3) 思维辐射宽。具备综合素质的人才需要具有两个或两个以上的学科专业知识，具有坚实的自然科学知识和广博的人文社会科学知识，且能相互交融，因此，他们知识迁移性强，能够触类旁通，善于从多方面、多角度、多层次去考虑问题，迅速认识与把握一事物与其他事物间的联系和规律，有利于尽早找到解决问题的新方法。

(4) 社会适应能力强。由于复合型人才基础扎实，知识面广，专业能力强，知识结构合理，具有较强的应变能力，在复杂的社会中能够游刃有余，弥补了过去一些专业型人才适应能力不强的缺陷[7]。

2) 具备综合素质人才的类型

一般来说，具备综合素质的人才主要有三种类型。

(1) 跨一级学科人才。例如，中国人民大学于 1995 年开始招收文史哲试验班，把分属文学、哲学、历史学三大门类的专业合而为一，培养文史哲多学科综合人才。1993 年武汉大学在全国率先创办的人文科学试验班，打破文学、史学、哲学三大学科门类之间的学科专业壁垒，培养人文科学专业基础宽厚、综合素质较高、创新潜能强的文科综合型人才。

(2) 跨二级学科人才。例如，华南理工大学从 1994 年起创办 3+2 的国际贸易班，从在校工科各专业三年级选拔部分基础扎实、外语好和能力强的学生到工商管理学院学习两年国际贸易，将他们培养成既懂工程技术，又懂管理和贸易的综合型专门人才。

(3) 以一个专业为主，兼有多门学科知识的人才。例如，许多高校通过开设主辅修制、选修课制扩大学生的知识面，促使各学科的交叉渗透，改善学生的知识结构。

对于全球能源互联网的建设来说，第一类综合型人才可以产生多种跨学科的专业搭配，如电气+法律、电气+管理、电气+经济以及电气+计算机等；第二类综合型人才可以是综合电力系统自动化、电力电子、电机、高压等多方向专业能力的电气工程人才；第三类综合型人才则可以是电气与其他多种专业的结合，是难以培养也是全球能源互联网最为需要的宝贵人才。

2. 满足全球能源互联网建设需求的综合素质人才培养思路

1) 转变思想，建立综合素质人才培养理念

任何重大的社会改革，都要求首先转变思想观念。国家教委原副主任周远清指出："教育思想、教育观念的改革非常重要，如果教育思想、教育观念问题不解决好，很多工作就难以推动，特别是改革就很难深化。"综合型人才的培养模式的改革也需要以转变教育思想观念为先导。

"教育必须为社会主义现代化建设服务、必须与生产劳动相结合，培养德智体全面发展的社会主义事业建设者和接班人""教育要面向现代化、面向世界、面向未来"是我们必须坚持的教育思想。教育是面向未来的事业，今天培养的人才，是要为未来几十年内全球能源互联网的建设和发展服务的。必须转变教育思想，深化教育改革，才能培养适应此战略要求的高素质的电气工程复合型人才。从高等教育的基本特征以及时代与社会发展对人才的新要求出发，当前在教学思想和观念上，应着重实行下列转变：在教学目的上，要树立以学生为本、为学生服务的观念，促进学生综合素质的全面提高，使学生知识、能力、素质得以和谐统一发展；在课程设置上，要加强通识教育，拓宽专业口径，构筑基础平台，促进文理渗透，构建合理的公共基础课、专业基础课和专业课的比例，优化课程体系，更新教学内容，打破学科课程之间的壁垒，扩大学生知识面；在教学方法上，树立新的学习观，采用研究型教学方法，要立足于培养学生的学习能力，强调学生主动探究、自主地学习，在研究过程中主动地获取知识、应用知识、解决问题；在课堂教学中，应更多地采取研究式、讨论式、学导式等方法，引导学生独立进行知识的发现与探究活动，最终培养学生的适应能力、可持续发展能力和终身学习能力。

2) 突破传统专业概念，调整专业设置

专业设置在教学改革中具有重要的地位。我国现行的高校专业设置模式存在专业设置过多、过窄、过细，“专门化”色彩太浓等问题。学生过早进入专业学习，形成的知识面狭窄且结构不合理。此外，由于“通识基础”薄弱，学生难免会产生思维上的缺陷，并且导致视野不够宽、认知和实践能力不强等一系列问题。面对这些问题，许多高校实施了一系列的改革措施，如开展专业调整，通过合并、重组等方式，减少了专业种类，拓宽了专业口径，增加了通识教育的内容，并把通识教育与专业教育结合起来，取得了改革的阶段性成功。拓宽专业口径从本质上说是从“专识化”向“通识化”逼近，不仅要减少专业、拓宽专业，还要淡化专业。逐步推出针对电气工程学科人才的计算机、外语、信息、管理、法学、经贸等方面的培养模式，让学生在宽广的知识面上逐步寻找兴趣点，在此基础上从容地选择志笃的专业和研究方向，这样更有利于人才的成长与人生的成功，也同时为全球能源互联网的建设提供了宝贵的人才基础。

3) 建立综合素质人才培养体系

(1) 人才培养方案改革。人才培养方案是培养人才全过程的总体设计和实施蓝图，其主体部分是人才培养计划。人才培养计划是高等学校人才培养模式的核心内容，是人才培养模式的实践化形式。高校在综合素质人才培养计划的制订中要正确处理好以下三个方面的内容：第一，遵循传授知识、培养能力、提高素质、协调发展和综合提高的原则，加强学生全面素质的培养；第二，灵活设置专业方向，使专业方向模块更加符合综合素质人才对专业的要求和学生个性化发展的需要；第三，注重通识教育与专业教育相结合，针对我国专业教育存在严重的科学主义和工具主义色彩，以及学生狭窄的社会适应面的现象，高等学校应顺应科学技术发展的趋势，在通识教育观的指导下加强学科的交叉渗透和综合，促进学生知识、能力和素质的协调统一发展。

(2) 深化教学内容和课程体系的改革。课程体系是人才培养模式的具体体现和基本内容。要培养综合型人才，课程体系要体现知识、能力、素质的统一，使学生具有丰富而深广的知识，形成较高的、综合的素质。

就整个高等教育来讲，改革课程体系，主要表现在以下四个方面。

①加强基础理论课程。所谓课程体系结构的基础化主要是指，在课程体系中注重培养大学生更好地适应社会、经济与科学技术发展的基本素质，以及进一步增加能够扩大知识面的基础课程。现代科学技术发展迅速，但大量知识是从基础理论中派生的，基础理论有时还决定了所属学科的思维方法和创新模式，对人的思维能力、分析能力有重要的作用。可以说基础课是专业人才的奠基，是保证高等教育特别是本科教育质量的重要环节。

②加强文理工有机结合的课程。文理渗透是当前世界教育改革的趋势。怀特海认为："没有人文教育的技术教育是不完备的，而没有技术教育就没有人文教育……教育应该培养学生成为博学多才和术精艺巧的人。"为尽快改变我国高等教育传统的培养模式造成的人才知识面偏窄、适应性不强的状况，就必须改革现有的课程体系，尽快改变以往"自然科学、工程技术、社会科学、人文艺术的人为分割和偏斜"局面，建立平衡合理的综合型课程体系，开设文理交叉课程，鼓励学生跨专业、跨系科选修课[8]。把传授各类科学知识、培养创新能力、提高综合素质融为一体，使知识教育与创新教育达到统一，注重培养学生将各种知识融会贯通和创造性思维的能力。

③开设综合课程。用集成的方法开设综合课程，是科学技术和社会发展的必然要求，是课程结构改革的关键，也是培养复合型人才的要求。构建综合课程的目的是通过构建课程范围内合理的知识体系，解决学生的发展问题，帮助学生形成多角度的认知方式和整体思维，形成探究的态度。多种课程形态的结合，可以拓展学生的学习空间，有利于改变教师的教授和学生的学习方式，有利于学生的知识学习和实践能力的协调发展。

④突出研究型课程。所谓研究型课程，是学生在教师指导下，根据各自的兴趣、爱好和条件，选择不同的研究课题，独立自主地开展研究，从中培养创新精神和实践能力的一种课程。将本科生科研工作纳入课程体系，突出本科教育中研究型课程的地位，是大学研究与教学的一个很好的结合点。

4) 大力改革现行的教学手段，寻求先进科学的培养途径

改革教学方法，既是我国高校教学改革的主要课题，又是世界各国教学改革的共同热门话题。日本就很明确地把教育教学方法的改革作为使教育适应新时期要求的十分重要的内容，强调："教育方法应重视青年的感觉、质疑、逻辑推理等感情和思维过程。无论哪一门课程如果只是一味地向学生灌输，让学生大量解答给定的题目，那么，既不能使青年从中体会到任何学习的乐趣，也不会激发他们的学习积极性和主动性。要让青年在反复实践和屡遭挫折中体味'发现的喜悦'，体会'创造的喜悦'。"

(1) 变灌输式教学为启发式的教学。我国高校中还有不少老师仍采取一言堂的"填鸭式"教学法。老师讲得汗流浃背，学生无动于衷。老师对此现象表示"费解"，学生对这样的课程感到"没劲"。所以，应该抛弃"填鸭式"教学法，代之以"启发式"教学法，让师生思想在交流的碰撞中产生"火花"。所谓启发式教学的基本内涵，是指教师在教学中要适时而巧妙地启迪诱导学生的学习活动，帮助他们学会动脑思考和语言表达，生动活泼、轻松愉快地获得发展，其核心是调动学生的积极思维。启发式教学的要义是教师要通过知识教学启发、引导学生积极、

主动地从多方向、多角度发现问题、分析问题和解决问题，鼓励学生质疑、提出有价值的问题，鼓励学生发挥想象力和创造力，不要预先树立是与非、对与错的权威，尊重学生提出的意见和问题，使学生掌握类比、迁移、重组、逆向、联想等创造性思维的基本方法，训练学生的灵活性、流畅性、独创性等智能品质。

(2) 在教学形式上，应重视对学生实践能力的培养。加强教学实践环节，坚持理论联系实际，培养、挖掘学生创造能力，提高学生对未来工作的适应能力。使学生在实践中感悟、体验、发现问题，进而提高学生分析问题、解决问题的能力。世界上许多国家的高等学校，都在加强学校与企业等单位的合作，培养学生利用多门学科知识综合分析问题和解决问题的能力。这既是培养学生动手能力、实践能力的需要，也是培养复合型人才的需要。

5) 建立与具备综合素质人才培养模式相适应的保障机制

(1) 完善学科体系，建设综合素质人才培养平台。大学学科是人才培养的基础和平台。大学要根据国家发展需要、社会发展需要和科技发展需要以及学校已有学科的实际情况，对现有学科体系进行战略性的结构调整，打破院系布局，在全校范围内优化重组，构建学科综合的大平台，注重在学科基础上拓宽学科门类。学科的交叉渗透容易产生创新成果，也易于培养高水平的综合型创新人才。因为一流的学科建设是培养一流人才的基础。只有在一流学科建设的基础上，才能培养出一大批社会公认的创新型、综合型人才，并创造出对社会发展有深远影响的创新成果。

(2) 改革教育评价体系，保证人才培养质量。高等学校教育教学改革的根本目的是提高人才培养质量。高等学校的人才培养质量有学校内部和学校外部两种评价尺度。具备综合素质的人才培养是一项系统的复杂工程，评价应着眼于人的个性发展，应尊重个性，接受人的能力是多种多样的，从根本上改革只注重分数的刻板评价方式。苏联著名教育家苏霍姆林斯基曾尖锐地指出：“不要让上课、评分成为人的精神生活的唯一的、吞没一切的领域。如果一个人只是在分数上表现自己，那么就可以毫不夸张地说，他等于根本没有表现自己，而我们的教育者，在人的这种片面表现的情况下，就根本算不得是教育者——我们只看到一片花瓣，而没有看到整个花朵。”对综合素质人才的评价不能把分数作为考查学生学习效果的唯一标准，不仅要关注学生的学业成绩，而且要发现、发展学生多方面的潜能。改变单纯通过局部测验、考试检查学生对知识、技能掌握的情况，倡导运用多种方法综合评价学生，促进学生发展，促进学生潜能、个性、创造性的发挥，使每个学生具有自信心和持续发展的能力。

8.3　三 个 体 系

三个体系即以电气工程基础理论与前沿技术、大的能源观与环境观、国际政经关系理论和法律基础为人才知识结构的三个体系。这三个体系是建设全球能源互联网对人才素质提出的具体要求，其中大的能源观与环境观是指导思想，电气工程基础理论与前沿技术是工程技术支持，国际政治经济关系理论和法律基础是资源合理配置和利益最大化的保障。

8.3.1　基础理论与前沿技术相结合

全球能源互联网的实质是全球互联泛在的智能电网，先进的科学技术是保障其稳步建设和合理运行的关键。然而目前的能源技术和通信技术水平无法满足能源全球互联网的需求，还需要在电源、电网、储能和信息通信技术四个领域取得重大创新突破[2]。这就要求在对人才培养的过程中，既要重视建立扎实的基本理论体系，也要跟踪前沿先进科技的发展，如特高压输电技术、直流电网技术、微电网技术等关键技术。也就是说要建立起基础理论与前沿技术相结合的人才培养模式。

电气工程基础理论是电气工程及其自动化专业理论体系中最基本、最核心的理论内容，它对电力行业的一些基本的理论、技术进行系统的介绍，目的是使学生能够系统地了解与电力行业有关的基础知识，掌握电力系统的构成、设计、运行、管理的基本概念、理论和计算方法，使学生对电力行业有一个初步的认识。电气工程基础理论是电气工程学科人才培养的开端，是一切延伸理论与科研活动的基础。因此为了适应全球能源互联网战略人才培养的需求，电气工程基础理论必将作为人才培养过程中的核心内容，为人才在新能源革命的浪潮中打下扎实的理论基础。

前沿技术所取得的重大突破在全球能源发展的进程中，始终都扮演着极其重要的角色，是历次能源革命的前提和基础。例如，第一次能源革命，蒸汽机的发明推动主导能源从薪柴向煤炭转变；第二次能源革命，内燃机和电动机的发明推动主导能源从煤炭向石油、电力转变。到如今，第三次能源革命也逐渐兴起，能源在配置上从传统化石能源的开发利用向清洁能源大规模开发利用转变，这就需要在电源、电网、储能和信息通信等领域全面推动技术创新，同时实施好对培养中人才前沿技术发展的灌输，提高其对前沿科学的认知水平，为加快“清洁替代和电能替代”、构建全球能源互联网提供技术支撑和后备力量的保障[2]。

1）进一步加强基础理论知识教学

基础理论知识是一切高新科技的基石。没有扎实的基础理论知识，就无法理解前沿科学技术，更无法从事科学未知领域的探索，这一点毋庸置疑。因此，要实施学科前沿知识教学，高校必须加强低年级学生的基础理论知识的教育，夯实学生的基础理论知识基础。在这一方面，我国高校经过教育工作中的长期探索，总结出了丰富的经验，形成了各种较为完善的基础理论教学体系，对学生提出了完整全面的基础知识结构要求(表 8-1)，包括掌握本专业所需的数学和物理学相关的基本理论，掌握本专业的基本知识与基本原理，如电气标准与制图、电路与电子技术、自动控制系统、PLC(programmable logic controller，可编程逻辑控制器)应用、电气传动与变频技术、电力电子设备与装置、电气工程基础、电气检测、电力系统运行等，掌握常用电子电路设计与仿真、工控软件的使用知识，掌握程序设计语言及编程知识，掌握单片机和 DSP(digital signal processing，数字信号处理)等微处理器的应用与编程知识，掌握一门外语知识，具备一定的文学艺术修养，具有较宽的人文社会科学基础，了解专业相关的职业和行业的标准、法律法规，了解本专业相关的基本知识与应用背景等。

表 8-1　电气工程基础知识结构[9]

基础理论类别	配套主要课程或教育培养环节、措施
自然科学知识	高等数学、大学物理等课程或讲座
人文管理知识	文史哲类(中国近代史纲要、马克思主义原理、中国化的马克思主义等)、法律基础知识、政治经济学、企业管理类等课程或讲座
工具性知识	外语、电子线路设计软件、组态软件、电路仿真软件、C 语言、可视化程序设计、单片机和 DSP 等微处理器的应用、电子设计竞赛等课程或讲座
专业基础知识	工程制图、电气工程基础、电路、电磁场、电力电子技术、电机学、PLC 与电气控制、过程控制与仪表、自动控制原理、传感与检测技术、嵌入式系统设计、变频技术
社会类知识	形势与政策学等系列学术讲座

2) 加强专业英语的教学

外语是与国际科学家进行学术交流的重要工具，其中，英语作为国际使用范围最广、频率最高的语言尤为重要[10]。当今世界，绝大多数知名专业期刊都使用英文出版。因此，加强专业英语教学既能便于学生进行国际的学术交流，学习他国学者先进的科研经验，了解各种学科前沿的先进技术，也是帮助他们在国际舞台上表达科研体会、展示学术成果最为重要的手段[11]。

电气工程及其自动化专业英语是一种以英语为工具的电气工程专业课程，教学内容以电气工程及其自动化基础知识为主，并以学术英语为辅，目的在于培养学生使用英语语言工具进行电气工程专业阅读与交流的能力，使学生能够熟练阅读、听懂专业英语并翻译相关的英文科技文献资料，能够以英语为工具进行专业交流获取专业信息，为今后的科学研究打下良好的基础。

(1) 教学现状。我国当下高校的专业英语教学并不乐观，源自于多种复杂因素的影响，存在很多方面的问题，主要包括师资力量和教学学习模式两类。

师资力量方面，当前各类院校专业英语师资可分为两种情况：一种为英语专业型教师，他们是英语专业毕业，自身知识结构偏重英语语言，非语言专业知识多为技能型的或与日常生活比较接近的(如商务英语、旅游英语等)，其非英语的专业素质较低，或者毕业后虽然经个人努力或进修等途径掌握了另一门非语言类专业知识，但对该门专业知识的掌握深度远远不够。专业素质的欠缺决定了他们的教学内容深度不够，教学效果显然也是有限的。另一种为非英语专业型教师，他们的情况与第一类正好相反，毕业于某一非英语学科专业，有很高的专业知识储备和专业素质，但是由于没有经过系统的英语语言学习，语言素质成为他们从事教学的主要障碍，或者能够熟练于应用英语解决专业方面的问题，但是对专业英语的教学缺乏足够的经验，他们能用汉语熟练地讲解专业学科知识，而改用英语授课却不再像使用汉语时那样熟练。由于电气工程及其自动化专业性较强，大部分院校的该专业英语任课教师一般从专业教研室任课教师中选拔，即属于上述情况中的第二种。由于英语教学经验欠缺，任课教师在教学中多采用英汉双语教学，内容局限于专业文献的阅读和翻译，课堂授课多采取传统的老师念、老师翻译、学生听的单一模式。同时部分院校还存在电气工程及其自动化专业起步较晚，缺乏成熟的专业英语教材而采用自编讲义等形式，内容设置尚不成熟。这就需要各相应的院校采取一定的措施加强非英语专业型专业英语教师的培养力度，推进各高校相应领域的合作，完善专业英语教材内容的设计和编写。

教学学习模式方面，在如今的社会形势下，应试教育仍然占据着主导地位，相当多的学生学习英语的方法依然是死记硬背。由于专业英语在本科阶段的应用不多，很多学生对这门课程的重要性和必要性认识不足，学习的动力和压力小，学习的主动性和积极性不高，无非是为了应付相应的考试，因而不能进行及时的巩固，考试结束后所背诵的内容也就抛到了脑后。在这种模式下，无疑对学生专业英语水平的提高形成了很大的障碍。甚至有许多学生，英语考试水平很高乃至通过了专业英语的 8 级考试，但是应用能力却十分低，根本不会用英文书写专业论文，有的甚至连阅读外文文献都非常困难。此外，目前 60%以上的专业英语教学基本上是教师领读讲解新词，然后讲解语法、逐句翻译课文句子含义。很多专业英语课的教师认为，专业英语的主要目的就是培养学生能阅读外文科技文献，专业英语课就是为了培养阅读和翻译的能力。因此，教师在授课时将主要精力用于讲解词汇、讲解句子结构、翻译课文，授课时极少采用试听手段，主要是直接讲解的方式，如图 8-2 所示，使得学生的专业英语应用能力范围有限，仅仅停留于阅读上，不能真正达到专业英语课程设立的教学目的。

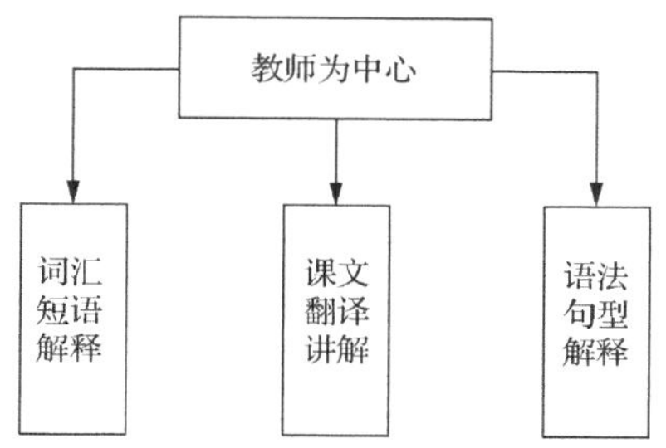

图 8-2　传统英语教学模式

(2) 专业英语教学内容探究。专业英语在教学过程中应该力求使学生尽可能地掌握与专业相关的常用词汇及相关的阅读翻译、写作技巧，重在提高专业英语应用水平，改变过去习惯上形成的只注重培养学生阅读能力的单一教学目标，正确处理好读、译、写、听和说之间的关系。这就要求授课教师在深刻理解教材内容的基础上，对教材相关内容进行必要的补充，使得语言材料更加丰富。在教学过程中，教师应努力把“以教师为中心”的课堂变为“以教师为主导，以学生为主体”的课堂。教师在教学过程中要采用灵活恰当的教学方式，增加学生参与的机会，让学生成为学习的主人。

为了解决上述传统授课模式的弊端，同时基于电气工程专业的特点，将专业英语教学目标定位如下：阅读，了解专业英语的文体特点，具备一定的专业词汇量，能够根据不同需要对外文专业资料进行精读或快速阅读，获取所需信息，汲取相关知识；翻译，能够借助词典翻译电气类英文原版书籍；交流，具有一定的听、说能力，能够基本听懂电气工程专业方面的讲座，掌握其中心大意，能够讲出自己的学术思想，可以就专业知识进行简单交流；写作，具有一定的写作能力，能够完成英文简历、英文文章摘要、专业商务信函的撰写等。

专业英语知识讲授包括专业英语特点、专业英语阅读知识、专业英语翻译知识、专业英语写作方法、专业英语对话交流 5 部分内容。专业英语有着许多不同于基础英语的特点，如常用词汇专业化、较多使用长句、修辞时态运用有限等，对这些专业英语特点的介绍将非常有利于学生对专业文献的学习和掌握。同时，专业文献的阅读和翻译能力的培养也是专业英语课程的重点，但在许多教学实践中不难发现，学生在专业英语阅读与翻译过程中，单个专业词汇的掌握程度较好，但对于整个英文句子与段落的翻译掌握得较差。常见的情况有简单将词对词直译、英文原文句子结构分析错误导致整个句子理解错误、译成中文句子不通顺等，难以达到对原文忠实、通顺的水平。为此，对专业英语阅读和翻译知识、技巧进行讲授、总结是非常有必要的。此外，对于英语的学习不应仅仅停留在读写上，听说能力同样是衡量学生专业英语水平的重要标准，因此，在授课过程中可以采用听力练习、课堂展示、交流对话等方式锻炼学生这两方面的能力，具体可以包括搜集自国外著名大学的公开课、探索频道等，教师提供音视频资料供学生练习，学生可根据自身能力进行选择性学习；开展课堂展示活动，学生在课下研读某一篇英语的专业论文，并在课堂上用英文向大家解释该论文所阐述的问题、提出的方法等，以此来培养学生的专业英语表达能力；通过使用英文对某一专业问题交流对话，同步训练听说能力等。

总之，专业英语是继大学基础英语之后，结合专业知识进一步提高英语水平的课程。专业英语的教学必须符合教学规律，需要科学设置专业英语教学内容，这就需要各高校、各学院可以针对自身学科特点以及学生特点，组织教师学习与探索教学内容和方法，指导学生阅读、理解本专业文献，进行英文写作，使用英文完成简单的专业交流，达到有效提高学生专业英语实用能力的目的，这也是帮助学生了解国际前沿技术的基本手段。

3) 加强文献检索课分类教学

(1) 文献检索分类教学的必要性。文献检索是打开科学知识宝库的钥匙，掌握娴熟的文献检索技术，有助于学生更加方便地接触最新前沿科学知识，了解科学前沿的进展，激发学习兴趣，拓展视野，全面提高个人科学素质。因此，要实施学科前沿知识教学，文献检索课程尤为重要。在进行文献检索的教学中，要注意与时俱进。文献检索的手段日新月异，在几十年之前，文献的检索都是通过查找纸质版的文献、期刊完成的，工作量大，效率低，并且容易遗漏。如今，随着网络技术的发展，只需在计算机前动动手指头，输入文献标题或其他关键信息，就可立即查阅到相关内容，其高效、快速、准确是纸版文献的检索所不能比拟的。因此，高校应当单独设立文献检索课程，加强学生在文献检索方面的能力，并且及时更新文献检索最新技术的使用方法[12]。

如今本科院校专业覆盖面较宽，文献检索课一般以公共选修课或必修课的形式出现，对各专业的学生开设的文献检索课程执行同一个教学大纲，内容相同，都以文献检索和利用的基本知识与主要综合性数据库的检索为主。如此，文献检索课的课程安排及具体的教学内容不能突出学科特色，难以达到提高学生实践应用能力的目的。

文献检索课教学内容的专业性、文献检索课的实践性都决定了文献检索课可根据学生的专业课的特点实行差异化教学。目前已有高校探索文献检索课的差异化教学或分类教学。例如，上海交通大学的文献检索课程，在全校设立 4 种信息检索，即面向所有本科生的通识核心课“信息素养与实践”、主要面向理工科学生的公共选修课“科技信息检索”和主要面向文科学生的“网络环境下的文科信息检索”，以及为媒体与设计学院专业专门开设的专业限选课，在教学内容上，根据选修对象的不同，各有侧重。武汉大学的信息检索课程也进行了细分，分别在 4 个校区开设了 5 门公共选修课程，在医学校区开设了“医学信息检索与利用”课程，在文理校区开设“文科计算机检索与利用”和“理科计算机检索与利用”课程，在工学校区开设“网络信息检索与利用”课程，在信息校区开设“计算机信息检索与利用”课程且突出工学学科；另外还为土木建筑工程学院、医学院、遥感信息工程学院开设了专业选修课，以突出学科文献检索特色。可见，文献检索课进行分类教学已是大势所趋，有条件的高校可尝试建立基于学科专业的教学模式，从教学内容、教学深度、课时安排等方面进行定制化的设计，从而有效提高学生利用文献解决专业问题的能力，真正提高学生的信息素质。

(2) 文献检索课分类教学模式的探究。文献检索课是培养学生信息能力和信息素养的课程。但是信息素质教育是不能脱离学生专业实际而独立培养的，学生的专业学习与信息素质的培养应是相辅相成的[13]。开展文献检索课分类教学，应以学科为基础，针对不同学科的特点和专业需求，开展具有针对性的文献检索教学，主要体现在教学内容、教学深度及学时安排上。教学内容在实行共同的通识性综论(基础知识)基础上，讲授综合性的数据库检索、专业性的文献检索和文献检索综合利用。根据学生的专业特点、就业方向和对文献的利用特点，决定专业性文献检索的教学内容和开课的课时及综论通识性教学内容的深浅程度。

电气等理工科类学科的文献检索教学，取教育部(84)教高一字 004 号和(85)教高一司字 065 号文件规定的课时上限，为 40～50 学时(含上机学时)。该类专业的特点是文献资源比较丰富，典型的外文数据库较多，学生对文献的利用程度较高，考取研究生继续深造的学生较多，毕业后走上工作岗位多数从事技术工作，继续深造机会较多，工作中解决实际问题还会对文献表现出较强烈的需求。因此，在对如电气工程专业的学生进行文献检索教学时，除了要对其文献检索教学内容综合性的数据库检索和文献检索综合利用要讲授得详细一些，还应当重视对以下三个方面加强案例讲解：①一些基本专业工具的检索，包括各种电工手册、各种电气设备的参数和使用要求、各种科学实验的步骤和要求、重要科学软件的使用方法等；②部分著名的外文数据库如 IEL、EI、ACM、INSPEC、Aerospace 等专业性文献检索，同时对于这些数据库的分类检索、数值检索、叙词检索、组合检索等都要求学生掌握，对于编写检索式的命令检索也要适度掌握，对于文献获取应该熟练掌握；③要求使学生对于信息分析、信息评价、信息管理和利用要有粗浅的理解，便于其在离开学校后进行自学。

4) 改革实验教学

对于电气工程学科来说，科学实验是探索发现新科学知识的重要手段，也是锻炼学生动手能力、强化学生对基础知识掌握的最直接方法。仅仅掌握书本知识是不够的，还要善于灵活应用这些知识，为以后的工作生涯、科研生涯服务。通过实验，也可让学生更进一步接触学科前沿的动态，在学生修完基础实验课程后，可进一步进行与学科动态密切相关的科学实验。最有效的方法就是安排对科学研究抱有浓厚兴趣的学生，在学有余力的情况下，提前进入实验室，从事科学研究，国内很多知名高校，如清华大学、浙江大学等早已付诸实践，取得良好的结果，既培养了学生的能力，避免学有余力的学生大量空闲时间的荒废，又促进了高校科学研究的进展。通过提前进入实验室，很多学生在本科阶段，就能取得较好的科研成果，在国际知名杂志上发表论文，在继续攻读研究生后，与其他学生相比，他们无疑在起跑线上就更胜一筹。在具体的改革措施上，可以分为以下四个方面。

(1) 建立和优化实验教学平台。以培养创新型和应用型人才为目的，建立和优化电气工程实验教学平台。通过对实验室进行分析可知，其主要功能是实践教学，即为专业学生提供课内实践与课外创新的实训环境，进而培养出具有创新精神的应用型人才[14]。因此，电气工程实验教学平台应在充分调动学生学习积极性和提高其实践能力的同时，较好地满足电气工程专业教师和部分深造学生的科研需求，进而从整体上提高学生与教师对电气工程知识的理解、应用和创新能力。

(2) 创造并完善实验教学条件。高校应在对现有的电气工程实验教学平台情况进行分析的基础上，争取国家在实验平台建设方面的资金和政策支持，同时，加大自身在实验平台的资金投入力度，并加强与企业合作，从而为专业学生和教师提供较为完善的实验教学条件，为其专业知识应用和创新能力的提升提供良好保障。

(3) 加强理论与实践的结合。教师需要利用先进的实验设备对实验内容进行整改和创新，进而体现出实验内容的先进性与实用性，通过基于实验平台的教学提升学生的动手能力，促使理论与实践有机结合。

(4) 创新实验教学方法。传统的演示型与验证型实验已难以满足优化后实验教学平台对创新型和应用型人才培养的新要求，故有必要也必须加强对实验教学方法的创新。基于此，教师可设立自主开放型实验，即由学生根据既有的实验教学平台和相关资源自主设计电气工程实验项目，在巩固其已学知识的基础上，做到举一反三，提高其独立解决问题的能力和实验创新能力。

5) 进行前沿技术拓展式教学

在完成了基础知识、语言、文献检索等相关基础能力的训练后，方可实施学科前沿知识的教学。对于高年级学生，开设相关的介绍学科发展前沿的专业课程，如特高压输电技术、直流电网技术、微电网技术等。在这门课程中，将在学生基础知识的基础上进一步拓展，讲述更高层次的专业科学知识，讲述当今最新科学进展[15]。在教学内容上，要注重丰富多彩，可以引导学生认识本专业最新科学动态，也可以介绍教师本人实验室的科学进展。在教学方法上，可以通过教师讲授，也可邀请知名科学家进行相关学术报告，并且鼓励学生利用先前所学习的外语知识、文献检索知识去跟踪最新科技杂志，了解当今科技发展趋势。具体可以包括以下五种途径。

(1) 直接转化为课堂教学内容。教学内容是决定教学质量的重要因素。传统意义上，教学内容的主要依据是教材，教材一旦确定，教学内容也就固定下来。然而，科学技术的不断发展推动专业知识不断深入，尤其对于电气等工科性质的学科更为明显。电气工程学科如今应用广泛，发展迅速，具有前沿知识发展快、应用快、技术更新快等特点。因此，教学中完全依赖教材显然是无法满足前沿技术教学需要的，要在教学中把电气技术研究前沿的知识及时融入课堂教学内容，通过形象化的方式在课堂教学中直接讲授学科前沿知识，让学生直观地学习最新专业知识，了解学科发展动态。在这种直接转化为课堂教学内容的前沿技术拓展方式中，由于学生专业知识的有限，以及前沿技术理论的复杂和抽象，要避免纯文字性的阐述和解释，通过更形象的方式进行教学，不一定要将这一技术讲得透彻，但要做到让学生明白这种前沿技术或理论所要解决的问题、所涉及的领域和主体的结构等方向性的内容。

(2) 建设网络教学平台，丰富研究前沿资源。课堂教学主要是将前沿的技术通过简单易懂的方式传播给学生，不论是从内容的丰富程度还是教学的时间上，都远远不够课程专业知识的详细深入学习。教师在课堂内进行“少而精”“启发式”的教学后，需要学生课堂外再进行充分学习。建设有丰富教学资源的网络教学平台，可以给学生提供一个课外自主学习的场所，是对课程教学方式一个非常好的延伸。这一平台使学生能够自己选择想要学习的前沿内容，并且该平台还可以提供一定的基本学习材料和研究理论，使得学生能自主地安排学习时间，并且根据学习内容和材料的不同选用最适合自己的学习方法。

(3) 前沿技术调研报告和创新设计报告。在前沿技术的教学课程中可以穿插进行前沿技术调研报告和创新设计报告的展示。前沿技术调研报告内容是通过让学生进行文献检索、开展信息技术研究前沿调查，根据调研内容完成涉及某种具体技术的报告。创新设计报告内容是在学生了解信息技术前沿后，自主做一个简单的创新设计，内容具有开放性。报告可以采用学生分组的形式，既督促学生课外的自主学习，又让学生充分接触和了解信息技术前沿，还培养了学生团结协作的意识和能力。

(4) 鼓励开展课外创新项目研究。创新项目研究超越了传统的课堂，是一种开放式学习和实践。创新项目研究把培养学生发现问题、研究问题、解决问题的能力摆在十分突出的位置。这种方式把学生置于一种动态、开放、多元的学习环境中，让他们在自主、合作和探究式的学习中接触更多科学研究前沿知识。鼓励学生参与校外的大学生研究性学习和创新性实验项目，以及学校的大学生科技项目，充分调动学生的积极性、主动性和创造性，有利于学生创新能力的极大发挥。

(5) 参与课题研究。科学研究与人才培养相互依赖、相互促进，高等学校人才培养必须与科研结合，尤其课程教学不能和科研分家。除了把最新的科技成就和研究前沿通过不同渠道介绍给学生，让学生直接参与课题研究更是一种非常有效的方式。这种方式需要建立合适的学生融入科研机制和实现途径，教师科研课题的选择与分解，学生广泛参与和深入研究的合理结合。当然需要指出的是这种方式并不一定适合每个学生，更多的是针对有一定基础和对科研有兴趣的学生。

8.3.2　两大全球观

1. 两大全球观的基本内涵

两大全球观即能源观和环境观，两者作为世界观和价值观的一部分，来自于人类对于能源与环境以及它们之间关系的认识，是人类意识形态的产物。在不同的历史时期，由于生产力发展水平、科技水平以及社会环境的影响，能源观与环境观的内容不断发生变化，但终究是与时代的发展相适应的。

能源观发展至今成为了全球能源观，也称为大能源观，是指以系统的方法，以可持续发展的理念，以全局的、整体的、历史的、开放的、普遍联系的视角去分析和研究能源问题。结合我国实际来看，就是统筹考虑能源发展与经济、社会、环境、外交等各方面的关系；统筹考虑满足能源需求、保护生态环境与增强国际竞争力的关系；统筹考虑国际、国内能源资源开发利用的关系；统筹考虑煤、水、电、气、核等各种能源之间的关系；统筹考虑化石能源与非化石能源、传统能源与新能源之间的关系；统筹考虑能源开发、输送、消费等各个环节之间的关系。

环境观发展至今成为了生态文明环境观[16]，也称为大环境观。这是一种基于既是人与自然的和谐又是人与人的和谐的生态文明观，其实质是将人类社会系统纳入自然生态系统而构成的广义生态系统的和谐。生态文明环境观认为，生态文明的本质要求是实现人与自然和人与人的双重和谐，进而实现社会、经济与自然的可持续发展及人的自由全面发展，生态文明与物质文明、精神文明之间并不属于并列关系，生态文明的概括性与层次性更高、外延更宽。

因此，建设全球能源互联网，解决世界能源问题与环境问题，必须以科学的世界观和方法论为指导。正确认识和把握世界能源发展的内在规律，厘清能源发展与环境变化之间的内在关系，熟悉能源和环境的现状与发展趋势，是树立全球性的大的能源观与环境观的前提，也是正确认识全球能源互联网战略的前提。所以人才的培养必须以大能源观与环境观的认知为基础，从心底真正了解全球能源与环境发展面临的重大挑战，理解全球能源互联网战略对实现人类社会与自然可持续发展的意义，才能保证该战略的有效实施。

2. 培养人才大的能源观和环境观的基本思路

1) 确立大的能源观和环境观教育的培养目标

(1) 引导学生正确认识和把握世界能源和环境历史发展的内在规律。

雨果曾经这样形容历史，它“是过去传到将来的回声，是将来对过去的反映”。因此，历史是对过去的一次总结，是现实的一面镜子，是未来的一段缩影。人类经历了三次能源革命和三代环境观的演变，每一次发展都伴随着科技与生产力发展的进步，并与社会发展历史进程紧密关联，这是因为人类社会每一次的发展都不是凭空产生的，而是踩在历史的肩膀上前进的。前人在一次又一次的变革中，对未知的领域进行了一次又一次的冲击，总结出了无数宝贵的经验和教训，而研究历史的目的除了能够了解人类能源观和环境观的发展历程，更重要的便在于人们可以利用这些经验和教训，揭示能源和环境的发展规律，总结能源环境的发展与社会发展的内在关系，并且借此预见未来、规划未来，为人类的生存和发展设计出理想的方案。

因此，为了培养全球能源互联网战略所需要的人才，高校应当开设相关课程，向学生普及世界能源环境的发展史，引导学生正确认识和总结能源环境发展的规律，并且联系现实，探讨如何借鉴历史的经验和教训，更好地服务于现在及将来的能源和环境战略规划。

(2) 帮助学生理解两大全球观中能源与环境的关系。

大能源观，即全球能源观以可持续发展为总体目标，以“两个替代”为战略方向，其首要任务就是要转变过度依赖化石能源的发展方式，消除大量碳排放对人类生存以及自然环境的长期威胁，保障人类社会和自然的可持续发展。

因此，在培养学生树立大的能源观时，必须要强调人类能源的发展以环境保护为前提，提高他们在环境保护方面的意识。大能源观对环境的态度决定了未来社会以清洁能源为主导的能源生产趋势，这是全球范围开发清洁能源、推进清洁替代的理论基础，同时决定了高校对于相关专业人才的培养需要向清洁能源的相关领域倾斜，提前向学生教授清洁能源领域的基本行情、发展状况和前沿科技，讲述与清洁能源相关的基础理论，让学生时刻树立与生态文明环境观相对应的大的能源观，这对全球能源互联网能够始终坚持以可持续发展为总体目标，促进人与自然的和谐相处起到至关重要的作用。

(3) 培养学生以全局的视角看待大能源观和大环境观。

大能源观是全球化的能源观，认识和把握能源问题需要从全局的角度来考虑，包括全球性的能源开发、能源配置、能源安全和环境影响。其中，全球性的能源开发保证了能源的全球供应，缓解能源的供需矛盾；全球性的能源配置注重解决能源的分配不均，形成不同地区、不同能源、不同特性互补互济的能源配置格局，实现能源配置最优化，促进了全球能源领域的交流；全球性的能源安全推动了各国能源发展相互依存，紧密联系，促进经济的全球化；全球性的环境影响号召各国着力改善全球的生态环境，统筹国家之间、区域之间的能源发展，综合协调能源开发、配置、利用各环节，共同保护全球环境。这就要求高校在培养学生能源观的时候，从更加宏观的角度阐述全球能源的发展状况，帮助学生系统全面地理解全球能源互联网战略的构想。此外，大的能源观以统筹协调为基本原则，包括统筹考虑能源发展与经济、社会、环境、外交等各方面的关系，满足能源需求、保护生态环境与增强国际竞争力的关系，国际、国内能源资源开发利用的关系，煤、水、电、气、核等各种能源之间的关系，化石能源与非化石能源、传统能源与新能源之间的关系以及能源开发、输送、消费等各个环节之间的关系。

大环境观是全球化的环境观，是以生态文明为依托所延展出来的新的环境观念，是以全球环境为格局所产生的新型环境观念。进入 20 世纪 80 年代以来，随着经济的发展，环境问题的影响越来越广泛，逐渐成为了一个全球性的问题，一个地区的环境问题若不及时地解决，往往会波及整个区域乃至全球。因此，人类逐渐认识到生态文明环境观的重要性，并且在全球范围内开展了广泛的合作。此外，环境观的全局视角不仅仅是纵向的，也是横向的，需要用发展的眼光来看待，胡锦涛同志曾指出："一个有远见的民族，总是把关注的目光投向青年；一个有远见的政党，总是把青年看作推动历史发展和社会前进的重要力量。"因而，需要认识到培养学生全球化的环境观的重要性，也要让他们在认识环境问题时，能够从发展和全局的角度来看待这个问题，避免由于视野的狭隘对某些问题的研究带来不利的影响。

在学生对能源观和环境观的全局性有了基本认知的情况下，高校应当着重加强对学生统筹协调能力的培养，组织学生参加团队活动，完善培养计划，具体可以包括以下方面：设立相关课程，保证基本的理论教学；教师本身应当注重组织管理能力的锻炼，积极备课，思考高效的培养方案；引导学生处理问题时积极尝试从全局的角度进行考虑；设置团队协作科目，学生轮流扮演管理者角色，统筹协调解决问题等。

2) 完善大的能源观和环境观教育的培养途径

(1) 建立灵活综合的课程体系。为了帮助学生建立起良好的全球能源观和生态文明环境观，必须创建一门高度综合的、能够囊括多种能源知识和生态知识的学科，并将这门学科融入人文科学中，使其像人文、政治教育一样，能面向所有专业的学生，成为大学各专业都必须学习的一门公共必修课。在构建教育课程体系时，要有目的地构建一系列有利于培养学生能源和环境意识宽泛性、交叉性以及时代性特征的课程。使学生通过这些课程的学习能够掌握能源环境的历史性规律，了解能源与环境的关系，让学生深刻了解能源问题的复杂性和生态环境问题的严峻性，使学生的全球能源观和全球环境观建立起来，形成自觉的意识。

(2) 加强能源和环境相关领域师资力量的建设。教师是教育活动的主导者和主要实施者，教师队伍自身知识的储备和意识的高低将直接影响教育的质量。如今高校在电气工程专业中既熟悉宏观的能源战略和能源配置，又了解全球环境观的含义与发展方向的教师十分缺乏，而其他相关的能源和环境专业的教师又缺乏足够的电气工程专业知识，授课时往往停留在能源和环境本身，不能与本专业联系，导致问题研究得不够深入。因此，提升教师知识储备和执教水平，对打造一支水平过硬的、能够承担起两大全球观教学任务的教师队伍起着至关重要的作用。

(3) 将可持续发展的能源战略和生态文明环境观教育融入校园文化。大学校园文化对于丰富学生的精神文化生活、培养大学生高尚道德情操有重要的作用。在校园文化营造的过程中，将可持续发展能源战略和生态文明价值观融入，使学生在各种文化活动中自觉形成生态文化。将崇尚自然、热爱生态的可持续发展观念通过校园文化生活建立起来，会对大学生的思想观念、价值取向和行为方式产生潜移默化的影响。要想将可持续发展战略和生态文明环境观教育融入校园文化中，需首先构建和谐的校园生态环境，形成良好的校园生态子系统，积极开展校园生态文明建设，构建“绿色校园”，努力营造尊重自然、爱护生态、保护环境、节约资源的校园文化氛围，使校园成为生态文明教育的基地。

(4) 实施开放性教育方式。高校的教育过程本身就有着社会性和实践性的要求。在进行两大全球观教育时，如果只偏重理论性教学，就会显得有些“纸上谈兵”，因此，教师在教学的过程中需要加入相应的实践活动，可以包括以下方面：教师授课时注重对学生能源配置问题和环境问题的识别与分析，让学生参与决策和分析，对实际问题提出自己的见解和看法；让学生通过实际的活动或调研、观察等活动体验我国能源配置和生态环境的现状，使其能够亲身感受的教育效果会更加明显；引导学生大胆创新，积极引导学生发挥自身的智慧和科技创新的潜力，研究有利于生产生活中低投入、高产出的发明创造，让学生实实在在地感受到低资源或能源消耗可以带来高产出的良好回报，从而认识到建立节约型社会的重要性。

(5) 树立生态文明保护的良好典范。在德育教育中，进行榜样模范教育一直以来能起到良好的作用。在生态文明意识培养中，树立起生态文明保护的典范，对取得的成果进行展示，对作出突出贡献的个人进行宣传，树立起典型，让学生通过对典范的学习而提高生态文明意识。切实加强大学生生态文明教育，是目前高校德育教育中贯彻落实科学发展观的重要举措，是促进大学生全面发展的内在要求，也是大学生融入社会、适应社会的必然要求。只有清楚地认识到目前我国环境的现状以及高校学生生态文明意识的现状，意识到我国德育教育中生态文明教育的缺乏，采取合理的方式将生态文明教育贯穿于德育教育中，才能将大学生培养成符合全球能源互联网建设的优秀人才。

8.3.3　国际政经关系理论和法律

从 STS(科学、技术与社会)研究视角来看，任何社会工程都是科学—技术—工程—产业—经济—社会的链条。它不但涉及人与自然的关系，而且涉及人与人、地区与地区等不同方面的利益关系，涉及社会、经济、文化、自然、伦理等一系列因素[17]。构建全球能源互联网，除了面临工程技术创新的挑战，同时也涉及很多政治、经济、贸易和法律等方面的问题。例如，化石能源或清洁能源的地域分布格局使能源成为了国际政治博弈的焦点，因此把握好国际政治关系、地缘政治格局是统筹协调各个国家或地区政治利益的前提；良好的国际经济学、国际贸易学基础是保障以电能为载体的能源贸易能够实现全球经济利益最大化的必要条件；熟悉各国、各组织的能源法律政策又是推动能源政策改革、建立全球能源新秩序的基础。

1. 提升大学生国际政治经济关系知识的基本思路

高校是政治经济学创新发展与人才培养的重要阵地。然而，目前我国高校政治经济学教学存在边缘化趋势[18]，必须予以高度重视。政治经济学教学面临着开课范围缩小、课时减少的问题，学生厌学、师资队伍不稳的现象十分普遍。教学内容创新不足、片面强调西方主流政治经济学思想、教学模式与教学方法落后是政治经济学教学面临困境的重要原因。政治经济学教学的出路在于坚持马克思主义政治经济学的主流地位，改革教学内容，创新教学模式与教学方法，形成有利于政治经济学教学与研究的学术氛围，以培养学生政治经济学理论素养为目的，实施以学生为主体、教师为主导的师生互动型教学模式。

1)树立以马克思主义政治经济学为主导、西方经济学为重要组成部分的培养理念

(1)坚持马克思主义政治经济学的主流地位。马克思主义政治经济学的主流地位是由我国社会主义制度性质和政治经济学基本特点决定的。马克思主义政治经济学是具有明确价值取向的经济科学，实现人的自由全面发展是其研究的最终目的，代表最广大的无产阶级和劳动群众的利益是其鲜明的阶级立场。坚持马克思主义政治经济学的主流地位，形成有利于政治经济学教学与研究的学术氛围，要着重做好以下工作：一是坚持用马克思辩证唯物主义和历史唯物主义的世界观和方法论来研究与阐述政治经济学，加强对马克思主义政治经济学基本理论与基本观点的研究。二是加强政治经济学教学与科研的学术平台建设，依托学术平台对

政治经济学的教学与研究给予重点资助。三是注重马克思主义政治经济学的实践应用，用马克思主义政治经济学的研究方法与研究方式分析和解决经济社会发展迫切需要解决的重大现实问题，以突出马克思主义政治经济学对社会实践的指导作用。四是广泛开展以马克思主义政治经济学研究为重点的学术交流活动[19]。

(2) 正确处理好马克思主义政治经济学和西方经济学的关系。马克思主义政治经济学和西方经济学都属于经济学范畴，各有自己不同的阶级立场和研究视角，不能相互取代。西方经济学关于市场经济的很多理论与成果值得学习和借鉴，例如，各种宏观经济政策目标和措施，对加强和改善我国宏观经济管理、完善政治经济学理论体系也有借鉴意义。但对于我国社会主义市场经济建设中出现的一些特有问题，西方经济学也无能为力[20]。例如，怎样使社会主义公有制与市场经济相结合，怎样发展和完善公有制为主体、多种所有制经济共同发展的社会主义初级阶段的基本经济制度等问题。我国有自己的国情，众多的西方经济学理论不能解决我国经济发展中遇到的特殊问题。因此不管是教学还是实践，都不能简单地以一个代替另一个，而应该将马克思主义政治经济学与西方经济学有效结合研究，在教学中要紧扣资本论的时代背景、研究目的和意义，引导学生正确认识政治经济学这门课程。著名经济学家刘国光认为："马克思主义经济学的立场，是劳动人民的立场，大多数人民利益的立场，关注弱势群体的立场，是正直的经济学人应有的良心，是不能丢弃的。"

2) 建立和完善政治经济学培养体系

(1) 改革教学内容，促进政治经济学的创新和发展。"一种理论能否被人们接受，不能靠强权，不能靠压服，只能靠理论能否说服人。马克思主义的指导思想地位能否巩固，关键也在于其理论本身，能否创新，能否与时俱进。"对政治经济学教学内容进行改革，就是要在坚持马克思辩证唯物主义和历史唯物主义的世界观与方法论的基础上，遵循理论与实践相结合的原则，认真研究当代资本主义经济发展实际，深入分析当代中国制度变迁、结构转型与经济发展实际，借鉴和吸收包括西方主流经济学在内的一切人类文明的科学成果，对已有的政治经济学理论进行检验、补充和发展。现阶段政治经济学教学内容改革的重点应放在以下方面：认真处理好一般规律与特殊规律、经济规律与其特殊表现形式的关系；用马克思主义政治经济学的研究方法和基本理论剖析现代资本主义社会的新问题与新特点；在坚持马克思主义世界观与方法论、坚持政治经济基本理论的基础上，立足中国改革开放实践，借鉴与吸收当代西方经济学的科学成果，创新社会主义政治经济学；在坚持马克思主义世界观与方法论的前提下，以政治经济学基本理论为基础，丰富政治经济学的研究内容和具体研究方法，进一步强化政治经济学对现实经济生活的解释力。

(2) 改革传统教学模式。在实际的教学环节中，传统的“注入式”“填鸭式”教学方法很难调动学生的学习积极性，不利于学生分析问题、解决问题能力的培养。因此，教学模式的改革至关重要。在教学改革过程中，教师要把传统的讲授法、案例分析法、问题讨论法以及社会实践等多种教学方法有效地结合起来，要让学生积极参与教学活动，启发、调动、吸引学生思考问题、分析问题、解决问题。同时，教师在备课环节一定要投入精力，收集现实生活中的案例。另外，也可广泛利用教师集体智慧，集体备课，以使经典教学案例、经典动画和视频等教学信息资源共享。这样通过与现实经济问题的结合分析，不但明显活跃和丰富了课堂教学，而且增强了这门理论经济学的应用性，使学生能够学以致用，明显提高课堂教学效果。

(3) 加强教师队伍建设。为加深学生对政治经济学相关理论的理解以及理论在现实中的运用，教师要认真学习《资本论》及其相关研究成果，掌握马克思主义经济思想史和马克思主义政治经济学在世界范围的发展与最新变化。年轻教师的科研也要围绕教学展开，用政治经济学的立场、观点和方法对我国社会主义经济发展中遇到的问题进行说明、解释、分析，做到教研相长。同时还应为年轻教师提供参会和学习交流的机会，鼓励和扶持青年马克思主义经济学者的成长与发展，让我国马克思主义政治经济学研究形成老、中、青三代后继有人的合理结构。

(4) 改革考核方式。在学校的教学过程中，教学的主体除了教师，就是学生。教学质量不仅取决于教师的教学水平，在很大程度上还受到学生学习能力的影响。由此，不难看出课程的考核方式对于政治经济学教学的影响。因此，在努力培养学生学习兴趣的同时，绝不能忽视课程的考核方式[21]。例如，在有些专业政治经济学作为副科，不需要学生参加闭卷考试就可以取得学分；而在一些重视政治经济学课程的专业，课程考核往往比较严格和科学，只有这样才能真正实现政治经济学的教学目的，达到预期的教学目标。另外，也可以进行分解考核，例如，学到期中进行考核，学到期末再进行考核，同时将平时的学习成绩计入最终考核，这样既可以避免学生为了通过考试而死记硬背，也可以督促其在平时认真学习本门课程。

(5) 完善社会实践环节。教授学生政治经济学的目的，在于使他们能确立马克思主义的世界观，学会运用马克思主义的基本观点、立场和方法认识社会的发展规律。要实现这样的目的，仅仅依靠课堂教育是不够的。理论是实践的指导，实践是理论创新的动力和源泉。政治经济学深邃的理论只有通过不断地与实践相结合才能获得新的生机与活力。这除了要求教师在课堂教学中能够不断地理论联系实际，也要求学生能够从实际出发，对社会的发展变化和存在的问题有自己的理解与认识，这样才能对教师在课堂上的讲授内容有更深刻的理解。所以适当组织学生开展课外社会实践活动，增加社会实践的环节，可以克服政治经济学学习中理论脱离实际的现象，培养学生学习的兴趣。例如，组织学生到工厂、农村、社区进行专项社会调查实践，引导学生更好地将所学政治经济学基本原理用于分析、认识当前我国经济的现状及热点经济问题。因此可以说，社会实践教育是培养学生认识社会、了解国情、深化理论认识的有效途径，是政治经济学教学中不可或缺的极为重要的环节。

改变目前政治经济学的教学困境，是一项非常艰巨的任务，它需要社会、教师和学生的共同努力。“马学为体，西学为用，国学为根，世情为鉴，国情为据，综合创新。”只有适时改革政治经济学相应的教学内容，积极探索和改革教学模式与方法，把政治经济学基本原理与我国社会主义市场经济建设的具体实践相结合，才能使政治经济学充满生机与活力，才能提高学生的学习兴趣，使他们用马克思主义经济学的立场、观点和方法解决社会主义经济实践中不断出现的新问题，才能坚定地走中国特色社会主义道路。

2. 提升大学生法律基础的基本思路

随着我国经济的快速发展和法制建设进程的加快，法律课程不仅在法学专业中开设，在很多非法律专业中也有设置。例如，电气工程专业开设有法律基础、电气法；经济学专业开设有经济法等课程。如今，全球能源互联网的建设需要电气方面人才能够更加高效、清晰地认识法律知识，但由于法律课程自身的特点以及各种因素的影响，教学效果并不理想，学生兴趣并不高，教师的积极性也不高。其原因在于课程设置与教学上存在一些问题，包括课时偏少、课程设置不合理、教材陈旧、缺乏与专业的联系、思想上缺乏重视、师资力量薄弱以及教学方式单一僵化等[22]。因此，本节针对这一方面问题，提出合理可行的法律基础培养思路。

1) 强化认识，转变形式化的培养理念

(1) 提高对法律课程的重视。对于非法律专业的法律课程，很多学生，甚至是授课教师都不太重视。大多数人都认为这是一种本专业的普法教育，不需有多大深度、广度，只要了解就行。因此，在课程设置和教学安排上显得比较随意。授课教师在授课过程中更是墨守成规，依赖教材，注重条条框框的理论的灌输，缺乏一种探究和革新精神，更谈不上对本门学科或课程发展前沿的了解和熟悉。此外，很多教师在思想认识、教学观念上存在一些问题。认为对于非法律专业的法律课程来说，只需要上课照着教材读一读，简单讲几个故事举例就可以了，反正学生今后不会从事法律工作，学得深一些、浅一些不会有什么影响。这样的法律教学方式是不能满足全球能源互联网建设要求下的人才需求的，因此，提高思想认识，转变传统意识上形式化的培养理念是很有必要的。非法律专业的法律教育不仅是普法教育，也是一种专业素质的教育，更是为现代化建设培养合格人才的教育。

转变培养理念，既要从思想上入手，在课程的时间分配上也要增加法律课程的课时。目前，非法律专业开设的法律课程课时量都比较少，一般周学时在2～3学时，并且通常只开设一个学期，而且法律课程的总课时量占本专业课时总量的比例也比较小。这样从表面上就会暗示课程重要性很低，不仅会导致教师的不重视，而且很难保证教学任务和教学目标的完成。因此，适当增加周课时量，延长课程开设周期是有必要的。由于针对专业开设的法律课程较少，一般都为基础性的法律课程，建议增开一些与专业紧密相连的专门性的法律课程，如电气法、劳动法以及其他法律中与本专业相关的条款政策。

(2) 教学重心的改变。在提高对法律课程重视程度的前提下，学校的教学计划和老师教学的重心也要随之转移，教学的重心不能仅仅放在有关法治方面的宏观的、抽象的问题上面，例如，让学生去理解一种法律思想和法律精神的应用在人类历史上的进步意义等空洞的问题，而更是要教育学生如何掌握具体的法律知识并加以运用，让学生去理解法律程序保护每个人权益的具体手段和流程。教学目标和重心的转换，对于老师来讲，需要进行更全面的知识储备和准备更恰当精致的案例分析；对于学生来讲，需要加深对法治及其运作的认识和了解，更加努力地学习应用相关法律作为武器的能力。

2) 建立更加完善、合理的培养体系

(1) 构建三结合教学模式。课程性质决定着教学内容的设计和教学方法的选择。要改进现有法律基础教学中的问题，就必须首先正确认识和把握大学法律基础的课程性质和定位。增强大学生法律基础课的教学实效性，必须做到三个结合[23]。

理论教学与实践教学相结合。思想政治教育型课程不同于知识型课程和实践型课程，它不仅要解决学生“知不知”的问题，更重要的是解决学生“做不做”的问题。为了让学生在有限的课时条件下掌握基本法律知识，形成良好法律素质，必须把理论教学和实践教学有机结合，用理论指导实践，用实践深化和巩固理论教学成果。理论教学方面，在学校宏观层面，必须在教学方面给予足够的关注和支持，保证教学经费、教学时数、教学人员的落实；在教学实施层面，必须在制定教学大纲、教学计划、教学内容上做到系统化、规范化、具体化、制度化，改变陈旧落后的教学观念和教学方法。实践教学中，要积极组织学生适当参加社会实践，还可以组织学生开展法制专题社会调查、参观法制教育基地等。

教师讲授与学生自学相结合。苏联教育家苏霍姆林斯基说过，“教育的目的是达到自我教育的境界”。对大学生来说，重要的是掌握学法用法的能力，而不是仅仅会记忆法律条文。法律基础课程的教学必须谨记，教学的目的不是单纯灌输法律知识，而是培养学法、用法和护法的能力。教学的方法不能局限于传统的“满堂灌”，而要采取教师讲授与学生自学结合、师生互动启发的方式，开展课堂讨论，精选案例剖析。

学校、家庭和社会相结合。当代社会的多元化发展趋势越来越明显，社会越来越复杂。大学生最终要走向社会，必然要面临很多不确定的因素，增强自我防范和保护意识十分重要。教学工作者必须充分认识这一特点，做好校园、家庭与社会的衔接和过渡，坚持学校、家庭和社会相结合，引导学生了解社会、认识社会，为学生踏上社会做好基本的法律知识准备。

(2) 改进教学方法，提高教学质量。破除“一堂课、一支粉笔、一张嘴” 的传统教学方法，这不仅使课堂教学显得枯燥无味，更是直接打击了学生学习法律知识的兴趣。好的教学方法不仅能提高学生的兴趣和求知欲望，更重要的是能提高教学质量，很好地实现教学预期的目标。

案例教学法。教师提前准备与本堂课教学内容相关的经典案例，通过多媒体的手段，直观地展示给学生。可以先组织学生分组进行讨论，再每组选出一名代表来表达自己的看法。最后，由教师对学生的观点进行点评。这样，不仅把书本的理论或法条变得生动、形象、直观，而且激发学生的兴趣，使学生真正感受到法律在生活中的重要作用。

比较教学法。教师在讲授某一内容时，可以进行广泛的联系，横向或纵向比较，开阔学生的视野。横向比较就是联系国外，特别是发达国家的情况。纵向比较就是介绍其历史发展过程，让学生了解它的来龙去脉。这种方法对教师本身的专业素质要求较高，既可以促进教师不断地自我学习，更新知识结构，又能扩大学生的知识面。

(3) 重视法律教学师资队伍建设。要重视高校法律基础教学的师资队伍建设，有效整合现有教师资源，尽力改变当前部分院校由思想政治教育教师兼任法制教育教师的现状。首先，要积极引进法学专业人才，不断提高法律基础教学师资队伍专业化水平。其次，要努力提高法律基础课教师的教学水平。要有计划、有针对性地对法律基础课教师进行法律知识的培养。可采取脱产进修、短期培养、专家辅导、以会代训等方式进行，并将培养成绩纳入教师继续教育考核体系。最后，建立校外法律专家宣讲团，聘请政治觉悟高、有责任感、业务精、宣讲能力强的法律职业人士到高校进行法制宣讲活动。

总之，法律基础课作为高校法制教育的主渠道和主阵地，对于提高大学生的法律素质、培养大学生的法治信仰起着不可替代的重要作用。高校法制教育的力度应当继续加强而不是削弱，法律基础课从教学内容到教学方法应当进行调整和改革。

8.4 四个抓手

四个抓手包括四个方面。一是高校电气工程专业课程体系改革。根据全球能源互联网的新需求对原有的课程进行整合与更新，同时增添新的课程，做到与时俱进。二是高校电气工程专业教学的强化。继续完善理论教学体系，并且努力搭建创新型平台，以全球能源互联网的现有实践成果为出发点，丰富实践活动。三是高水平的师资队伍构建。着力打造一支学术水平高、科研能力出众、学术视野开阔的教师队伍，为高校人才培养奠定雄厚的师资力量。四是国际视野与国际化的提升。树立全球思维、开放理念，努力创造国际学术交流的条件，提高培养的国际化水平，帮助教师队伍和学生群体开拓国际视野，提高国际合作能力。

8.4.1 课程体系改革

1) 厘清人才培养方案与课程体系的关系

课程体系是组成人才培养方案的主要结构体，不同专业的知识结构和能力结构主要以课程体系的不同构建实现。科学的课程体系设计，应该清晰地体现出基础知识、专业基础知识、专业知识、实践教学等环节，清晰地反映出课程理论教学与实践教学之间的关系，反映出课程与课程之间的衔接与互动。当然，再好的人才培养方案和知识体系，如果没有一批精品课程，没有一批授课水平高的教师，没有合适的教材，要培养出高水平人才也只能是空谈。为此，对于课程建设问题不能掉以轻心，要将其作为人才培养方案改革中的重要工作同步规划、同步进行。

2) 课程设置力争实现“四增四减”

目前我国电气高等教育课程体系的结构概括起来主要包括基础与专业课、理论课与实践课、必修课与选修课、课内课程与课外课程。在长期的人才培养过程中，普遍存在着重专业轻基础、重理论轻实践、重必修轻选修、重课内轻课外的现象，因此当前课程体系改革应力争实现“四增四减”：适当减少专业课总课时，增加基础课总课时，从而从根本上支撑宽口径人才培养目标的要求；减少理论课总课时，增加实践课总课时，缓解当前大学生解决实际问题的应用能力缺失与社会发展需求的矛盾；减少必修课总课时，增加选修课总课时，充分体现出人才培养的知识整体性、学科交融性和学生个性要求，加强复合型人才的培养；减少课内总课时，增加课外总课时，协调整合课内外课程资源，全方位地对大学生进行素质教育。

3) 完善选修课课程体系建设

如何构建与新型电气工程人才培养相适应的课程体系，培养高素质电气工程人才，是各电气工程学院面临的重大课题。选修课在培养新型电气工程人才方面有着独特优势，但就目前的选修课开设效果来看，其功能尚未得到很好的发挥。首先，应建立科学的选修课体系，加强大学生的人文素质和创新能力的培养，同时引导学生了解前沿的新成果和新趋势，时时关注全球能源互联网的构建进程，关注不同学科的交叉渗透和培养学生的思辨能力。其次，要加强选课指导，提高学生对选修课的关注度，积极宣传与引导，让学生明确开设公共选修课的目的，使广大学生在思想上引起足够重视。同时也要加强选修课的监控力度，对于选修课的考试制度应借鉴专业课考试模式，采用考试考核等多种形式，在监考方面应该严格对待，而不是走形式，敷衍了事。

8.4.2　强化专业教学

1)建立整体性的培养理念，处理好教学中各种知识体系的关系

(1)理论教学与实践教学的关系。《新编高等教育》给课程下的定义是："教学内容按一定程度组织起来的系统"，理论教学与实践教学相互补充、联系紧密，两者相对独立，共同构成完整的课程体系。理论教学与实践教学如果脱节，容易造成理论知识的空泛，无法使学生真正掌握知识，再通过实践过程将其内化为能力。目前，各院校的电气工程专业的理论课程和实践课程没有得到较好的整合，而是各成体系，相互独立，基本上都是先上专业理论课，再进行实践课。电气工程专业的人才实践能力与创新能力的培养和学习方法获得，应将知识传授、能力培养贯穿于实践教学中，形成理论教学与实践教学统筹协调的新观念，建立与理论教学相联系、相配合，而又相对独立的完整的实践课程体系。

(2)知识技能和素质教育的关系。课堂教学一方面要把书本知识传授给学生，另一方面要培养学生树立良好的思想、道德、品德，树立正确的人生观、世界观、价值观。但是在教学工作中，有些教师往往只重视书本知识的传授，忽视了育人的宗旨。学生良好的思想、道德、品德、心理素质和行为习惯的培养，是与教学工作分不开的，因此，教书与育人应有机结合起来。素质教育及其人才培养质量的提升，并非通过人才培养方案的改革就可以囊括全部，对此应该有清晰的认识。

2)创新教学方法

(1)互动教学法。教学互动不仅仅是用来活跃课堂气氛的一种课堂教学的形式，它突破了传统的教学理念。在教学互动中，教师与学生、学生与学生相互交流，在互动中，学生得到各种刺激和提示，被鼓励去积极思考，去各抒己见，去探索，去讨论。学生运用所学的语言去交流，在交流中使所学的语言得到实践，从而最终作为一种技能而被掌握。在教学互动的过程中，教师要根据需要不断变换角色。教师是参与者又是引导者，应善于对学生进行启发、诱导，掌握互动的

进行情况和进程，不时地提供必要的帮助。互动是手段，不是目的。因为互动，学生有机会去独立思考，形成自己的观点和想法，同时学生有机会去运用所学的语言进行交际，达到交际的目的。在目前课堂教学的互动中，有的貌似互动，实际上并不是真正意义上的互动。还有一些仅仅是为了活跃课堂，为互动而互动。当然也有真正意义上的互动，但其中也不乏一些互动因缺少互动特点中的某一项或几项，使互动失去了应有的效果。

(2)案例教学法。在教学活动中应提倡案例教学法，把实际中真实的情景加以典型化处理，形成供学生思考、分析和决断的案例，通过独立研究和相互讨论的方式，来提高学生的分析问题和解决问题能力。案例教学有助于提高教师素质，提高教学质量和教学水平，也有助于增强学生学习的自觉性，提高学生对复杂问题的分析和解决能力。同时，案例教学法强调学生学习和思考的主动性，使学生成为培养教学活动的主体，从而更加有效地激发学生的积极性，增强学习的动力，促进学习目标的实现。除此之外，经过长期的实践和总结，还形成了情感教学法、发现式教学法、疑问式教学法、开放式教学法、实践探索式教学法等多种创新教学方法[24]。

3)建立实践教学平台

(1)加大教学设施建设力度。改善设施、加大投入是特色培育的必要条件。要不断加强实验室建设、实习基地建设，实验室建设以质量为主线，以提高人员素质为重点，以优质服务为目标，为学生结合理论形成解决实际问题的能力提供支持。要加大多媒体教学和网络教学设施的投入，以此来支撑教学改革的实施和培养特色的教育。

(2)鼓励学生参加科技创新活动。参加科技创新活动是提高学生动手能力、促进学生个性发展、培养学生创新意识的重要环节。为满足不同个性、不同层次学生的需求，应开放实验室，分设电子设计类、创业计划类、专业素质拓展等形式。在日常培养的基础上开展各类竞赛，并优胜劣汰，选拔优秀学生参加省级、国家级比赛，部分学生还可以加入教师科研项目中。这些措施极大地调动了学生参加科技创新的积极性，对培养实践应用性的复合型电气工程人才起到重要作用。

(3)产学研结合培养。在素质拓展课程体系中增加暑期走进企业实践项目学分。产学研结合、建立实习基地是学校、学生与企业共赢的一种培养人才的教育模式。立足于利用学校和企业两种不同的教育环境，培养学生的全面素质、综合能力、就业竞争力。利用暑期实施工学交替、定岗实践的方式不但可以增强学生的工程意识，而且更重要的是让学生学会做人、做事。

8.4.3 构建高水平师资队伍

识得千里马，需得好伯乐，优质的师资力量是提高人才培养质量和灵活教学的重要因素。邓小平同志早就指出："一个学校能不能为社会主义建设培养合格人才，培养德、智、体全面发展，有社会主义觉悟的有文化的劳动者，关键在教师。"好的人才培养需要优秀的师资队伍，好的师资队伍需要从多方面去打造，师资队伍的状况直接关系培养学生的质量。培养复合型人才对师资队伍的整体水平提出了更高要求。只有建设起一支复合型的教师队伍，才能得心应手地教出复合型的学生。

1) 加强师资培养

(1) 根据学院自身定位，优秀教师"引进来"和"走出去"。每所高校都有自己的定位，学校要按照自己的定位去物色人才，而不能盲目地引进人才。选择好定位是学院发展的基础，然后需要引进优秀的教师人才。在引进教师的过程中，不能仅仅关注学历和经历，要多方面地考察他们的综合素质和能力。这可以分为几个阶段，首先由专业的负责人员进行筛选，再由该专业经验丰富的专业人员进行二次过滤，最后进行试讲、评估以及试用。这样能更好地确保师资队伍的优秀。另外，有计划地选派优秀中青年教师去海外知名高校和研究所学习，学习国外先进的教学理念和科研方式，提升本校教师的科研能力与教学水平。支持教师参加各种国际学术交流活动，掌握国际最新学术动态。

(2) 现有教师的二次培养。在教师的日常工作生活中，学校的领导人员要对他们进行全方位的关心，从工作上、生活上、政治思想上关注他们的成长。要引导优秀的教师深入地学习党的指导方针及政策；要引导优秀的教师树立正确的人生观、价值观和世界观；要引导优秀的教师树立崇高的理想和长远的目标。另外要定期地对教师进行师德和教风的培养，定期地对他们的专业知识进行培养，定期地对他们的教学方法进行指导。不经历风雨永远无法成长，要多加鼓励青年教师勇担重任，多加鼓励他们加强科研能力，有条件的话让专业导师带领他们到生产一线进行实践，充分地提升自身的综合能力。

(3) 优化教师的知识结构。培养复合型人才对教师的要求较高，除了专业知识，教师还应该广泛涉猎各个领域，应该具有跨学科的知识结构，学会用跨学科思维的方式、方法开展有关工作。高校复合型人才的培养，需要学校组织和调整有关教师，整合相关力量，并注重对他们进行跨学科培养，使其能够尽快胜任复合型人才培养的任务，以培养出高质量的复合型人才。

教学是学校的中心工作，是教师的第一要务，是培养人才的主要途径，建立跨学科的教学制度对于培养跨学科复合型人才具有根本性意义。为了创设跨学科教育的良好氛围，加强学科之间的交流和沟通非常必要。学校要力促教师进行跨院系听课，允许教师跨院系兼课，鼓励教师进行跨学科指导学生，大力提倡教师开设新的跨学科课程。例如，浙江大学为了促进学科交叉和复合型高层次人才的培养，加大博士研究生指导教师跨学科培养博士研究生的力度，规定凡在岗博士研究生指导教师都可以申请跨学科培养博士研究生，经审核通过，可取得“跨学科博士研究生指导教师资格”。

2）建立有效的激励机制

(1) 鼓励并创造条件让教师积极参与科研活动。哲学家雅斯贝尔斯曾说过:“最好的研究者才是最优良的教师。”因此应充分利用国家“千人计划”和地方“百人计划”等政策支持，积极吸引优秀海外归国学术精英任教，同时聘请国内外知名专家作为本专业的特聘教授或兼职教授，发挥他们在学科建设、科学研究等方面的作用，提高培养层次。教师通过科研获取了丰富的学科前沿知识，掌握了学科最新的发展动态和趋势，了解了专业发展方向与最新成果，从而能在教学中从高层次统驭和把握本专业的知识体系，与时俱进地优化课程体系、深化教学内容、改进教学方法、完善教学手段，及时将科研能力迁移为教学能力，将科研成果不断转化为教学成果。

(2) 鼓励“教授、名师要上课堂”。高质量的教学是大学最优先的使命。国外许多名校一改以往基础课均由研究生承担的做法，鼓励知名教师下课堂，为低年级学生介绍学科前沿动态和发展方向，使更多学生了解各学科的基本内容与研究方法。在我国，为激励教授讲授本科基础课程，教育部从 2003 年起开展“高等学校教学名师奖”的评选表彰，许多知名教授和院士走上讲台，承担了本科生的基础课和主干课的教学任务。但同样存在高校之间差距过大的情况。因此“教授、名师要上课堂”依然需要各个教育管理部门和各高校相互配合，进一步加强高校的人才培养工作。

8.4.4　注重国际化与国际视野

工程科技分为工程科学和工程技术，工程技术是将科研成果转化为生产力的孵化器，而工程科学则是沟通基础科学和工程技术的桥梁。图 8-3 给出了国际上工程教育的趋势，从中可以看出：21 世纪回归工程技术与回归实践是工程教育的主流(在 20 世纪中后期工程教育的文化背景趋向工程科学；20 世纪 50 年代以前，工程教育实践背景很普遍；60 年代是工程教育的黄金时期，到了 80 年代，工程科学占据主导地位)。因此，新时代电气工程人才培养，必须面向国际化电气工程人才的需求，结合国际工程教育专业标准和我国国情，以学生为本，以能力培养为核心，注重综合素质的培养。按照国际化电气工程人才标准制定培养方案，按照国际通行规则组织实施教学活动，按照国际通行标准评价培养质量。

在国际视野的培养实践中，重要的是学生思维方式的转变。思维方式的转变不仅需要教师的外部引导，也需要学生主动去了解、理解其他不同的文化。在这个过程中，需要学生以一种积极的态度去面对不同文化之间的融合与冲突。需要学生能够以国际视野在当今的实际中思考中国在参与全球能源互联网建设中所面临的问题与挑战，并能够提出相应的解决对策。对于高校来说，构建国内外合作平台、创新跨文化教育内容、打造国际化培养环境，才能实现扩大人才国际视野，最终成为国际化人才的目标。

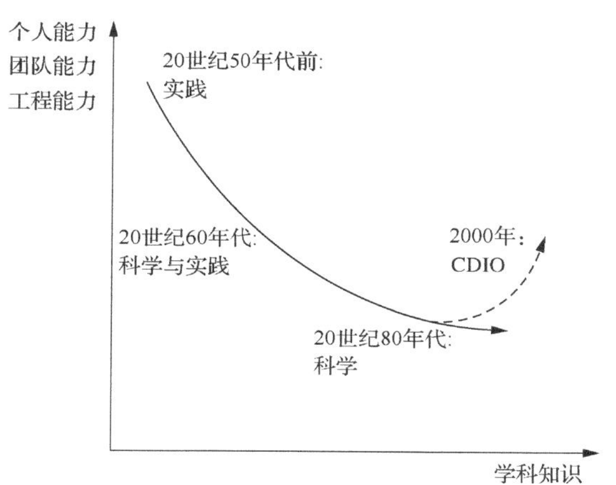

图 8-3　工程教育的趋势

CDIO 即构想(conceive)、设计(design)、实现(implement)、运作(operate)

至于培养具有国际视野的高素质人才的途径，实践证明，教育国际化是必由之路。主要原因在于，全球性的教育国际化作为一种教育实践活动，已然在全球范围内如火如荼地展开着，改变传统教育结构的同时，也塑造着新的教育模式。根据我国的现有实际情况，通过教育国际化的途径来培养具有国际视野的高素质人才的主要举措分别如下。

1）转换培养理念和模式

培养理念和模式的转换是教育国际化与培养高素质人才的先决条件。邓小平同志认为，“教育要面向现代化，面向世界，面向未来。”毫无疑问，该思想精髓为我国的教育国际化指明了方向。教育国际化首先是培养理念的国际化，基于我国教育所存在的问题，教育走国际化道路，则必然以国际化的现代教育理念作为指导，从而扩大培养的全球视野、融合性概念、开放性程度、全方位交流等。以此为基础，还要扩大各级各类学校的培养自主权，要积极鼓励国内学校到境外与同行合作，开辟新的教育资源，共同开展教学和科研工作，积极鼓励国内学生利用网络平台，在国内学习国外大学的网络课程，加速把人才培养纳入全球体系和全球视野。经验表明，多样的培养模式在我国教育事业的改革和发展中发挥着巨大的推动作用。

转换原有的培养理念和模式，需要政府积极引导，优化配置教育资源。除此之外，还需要社会力量的参与，因为政府的引导和政策的落实，最终都要在社会中实现。

2)借鉴国际先进教育理念，确立具有国际化视野的电气工程人才培养目标

考察世界高等教育发展的历史、现状和未来发现，伴随着世界的全球化、多极化，高等教育的发展日益呈现鲜明的国际化趋势。一流大学普遍把国际化程度作为自身学术实力和办学水平的体现，把自己的国际影响力作为衡量成功与否的重要标志。一流大学必须面向国际、参与竞争，一流大学理应活跃在国际高等教育、科研和学术前沿，彰显强劲的国际影响力。全球视野的办学理念，以培养具有世界竞争力和国际化眼界的人才作为自身办学目标，引领学科发展前沿的科研平台、科研机构、科研队伍，开展广泛的国际交流、密切的国际合作，原发性学术思想频频引发国际关注，原创性学术成果时时引领世界发展的进程和方向，这些，应当是一流大学高度国际化的具体体现。

高度国际化使一流大学成为世界的学术分享及文化交流的中心，这在大力推进留学生教育，提高学生国际交往能力方面表现得尤为突出。师资队伍的全球化成为高等教育国际化的核心指标，配备国际化的师资力量，不仅有助于学生国际交往能力的提升，更为培养学生的国际竞争力提供了坚实有力的保障。国内高校应当学习国际上知名高校在提高自身国际化方面的努力，积极与世界名校和教育科研机构开展多方面的合作，构建国际交流合作平台，打造国际化培养环境，创新跨文化教学内容。

3)加速课程体系国际化的步伐

课程体系的国际化是培养高素质人才的关键环节。如今，世界各国把课程国际化作为一条主要途径，来实现整个教育国际化、提高教学和研究水平、培养具有国际视野的高素质人才。学术界认为，我国可以先允许各校因地制宜，根据实际情形开设专门的国际教育课程，然后逐渐展开，从无到有，从小到大，从凌乱到系统，最终建立起全球性的课程资源观、课程合作开发观、课程共享观、学习结果的互认观等。虽然整个过程比较漫长，但是前景十分乐观，因为我国已经基本实现了“有”和“大”，目前正在进行系统化和规范化的实施过程。

另外，增加跨文化、跨民族的国际教育课程，使学生具有国际知识、国际视野、国际情感。在当今全球社会中，国与国之间相互依存，想要理解世界，就必须主动去了解他国的文化历史、风土人情、社会政治经济、科学技术信息以及我

国所处的国际环境、世界和平等国际知识，这样才能更好地真正地去理解和认识自己。总之，课程体系的国际化是教育国际化的重要组成部分，加速实现课程体系的国际化有利于高素质人才的培养。研究发现，在我国沿海的某些地区，教育国际化已经普及，这是非常好的局面，相信这样的浪潮会逐步深入内地。

4) 全方位保证国际化教学效果

(1) 教学手段和方法的多样化。除了采用常规的讲授方法，还可以采取课堂内与课堂外、校园内与校园外、集中面授与单独辅导等方式。不仅绝大多数学生受益，对有出国意向的学生更加受益；同时，也让部分学习能力与外语基础相对薄弱的学生的学习能力和水平有所提高；对有意出国并且相关英语考试(如雅思、托福)成绩达到一定等级以上的学生，采取半年的专门培训和出国前假期短期培训相结合的培训模式。聘请专业教师紧跟相关考试和面试应用与实践，量体裁衣，知识应用与模拟训练相结合，情景交融，可以取得较为明显的教学效果。

(2) 构建国内外合作平台。合作平台的搭建不是一个学校的事情，它是一个双向的过程。在学校选择时，需要与和本校能力相当甚至更好的学校加强合作，积极接收该校的留学生，这样可以为我校的学生提供后备支持。加强国际合作办学，荟萃中西文化，是一条十分重要的途径。当然在合作的同时，还应该努力探索国际合作办学模式，进一步加强课程内容的国际化，在国际化的环境中培养人才的国际视野，如在日本、美国等许多国家的课程教学大纲中，都已经把培养学生的国际视野作为一个非常重要的方面。

另外，广泛参与国际交流活动和各种竞赛活动也是很必要的。在交流活动和竞赛活动的过程中，可以看到国际学校所展示出来的风采，取其精华，弃其糟粕，加以利用和学习。还有很多学校利用假期组织学生到国外游学或参加青少年国际夏令营，这种做法也是十分可取的，学生在参加国外留学、游学的过程中，不仅开阔了视野，还体验了西方的科技与文化，学习到西方礼仪，对于加强与西方的交流和学习具有重要意义。除了与国外教育机构开展合作，高校还可以与外资企业开展广泛的合作，建立联合培养模式，引进企业导师，完成相应企业实践教学课程，共同指导毕业设计等，让学生认识国际中企业的运作模式和对人才的要求[24]。

(3) 创新跨文化教育内容。创新跨文化教育可以分为两个部分：一是课堂教学的创新，二是课外学生自主创新。在课堂教学中，教师可以改变以往的教学模式，模仿国外开放式课堂的教育模式，使学生不再是被动的接受者，而是主动参与的创造者。在这个过程中，需要教师的全程掌控，有条不紊地进行本节课的课程内容。转换输出方式，学生自然就会改变接受方式。在教学内容上，教师可以尝试放下课本，以课本内容为主线增加课外知识的辅助量，为学生灌输国内外前沿知识，使学生在学习课本知识的同时，可以有针对性地结合跨文化的内容，双管齐下。在课外学生的自主创新方面，学生可以利用文化社团这个契机，举办外语角、外语文化节等活动，外语角的活动不应仅仅局限在校内，更多的应该是和校外的相关人士产生交流与互动。当然，社会实践与志愿服务也是很好的方式，在社会实践以及涉外志愿服务活动中学生可以充分发挥自主创新能力，在与社会的交流中提升自己的能力，拓宽知识面，增强国际视野。

(4) 打造国际化培养环境。打造国际化的培养环境不是一蹴而就的事情，这是一种氛围的营造，需要日复一日的努力。氛围，对一个人来说影响是十分重大的。如果营造一种国际化的培养环境，学生在不自觉中就会受到影响。使学生置身于所学语种的民族氛围下，让学生接触西方文化、开拓学生国际视野、培养学生国际胸襟，耳濡目染，不断受到熏陶。除了大环境的营造，在日常的教学活动中也可以有计划地实现，例如，外教课程的增多，可以使更多学生真切地感受到不同国家文化下的教育模式，更好地体验国际化的教育环境；双语教学模式的开展会对中国教师教学质量与教学水平的要求有所提高，双语教学的环境下，虽然不能为学生提供完全西方式的教学环境，但却可以减少因学生水平差异而带来的尴尬；要拥有国际视野，就要掌握国际通用语言，全英文授课为学生国际视野的提高提供了基础。此外，要积极鼓励学生以多种途径观看外语类影音资料，注重学习西方文化，这样不仅使学生在轻松的环境中感受不同的文化，也使得国际化的培养环境得到良好的提升和运用。

(5) 积极协调教育国际化和本土化的关系。协调教育的国际化和本土化关系，是实现具有国际视野高素质人才培养的重要条件。近代中国由于民族文化始终处于弱势地位，“崇洋”思想时常在知识阶层有所显露，这十分不利于我国的教育国际化和人才培养目标的实现。所以，处理好教育的国际化和本土化的关系，使我国的教育国际化建立在本土化的基础上至关重要。

处理好国际化和本土化的关系，应坚持以下原则，即普遍性、双向性、文化融合、文化独立。每一个民族国家都有着自己独特的文化，这正是民族存在的一个特征，失去那片孕育独特文化的土壤也就失去了那个民族存在的根基。中华民族文化植根于中华大地之上，教育事业必然具有自身的特色，所以我国教育国际化必然建立在本土化基础上。

坚持文化独立的原则要求教育在国际化道路中应坚持本民族国家的文化特色，按照自身情况，有效学习来自他国的先进文化教育，使我国教育走向国际化道路，而不应该出现一边倒或全盘西化的路子，兼容并包正体现了中华民族文化的内涵。坚持普遍性原则要求教育国际化不仅仅学习某一国家、某一文化，而是利用国际化这个平台，学习能够体现全人类共同价值文化的知识信息。坚持双向性原则要求在国与国之间的教育文化交流中，应保持正确合理并且双方都能够接受的态度，那就是平等。世界各国发展不一样，从国力划分，有发达国家和发展中国家，不管是发达国家还是落后国家都是独立的民族国家，各民族国家都是独立唯一的，都是世界的财富。所以发达国家不能以强制的态度对待落后国家，落后国家也应正确看待本民族的文化，并以此为基础学习先进文化教育思想，平等地进行交流学习。坚持文化融合性原则要求在走教育国际化道路时，努力寻找本国和他国文化教育的结合点，既要了解他国文化教育特点，更要考虑本国的文化教育特点，不应简单地复制别国文化教育发展模式，而要试图结合两者，培养具有中西文化融合能力的高素质人才。

要正确处理好“本土化”与“国际化”的关系，要坚持在本土化的前提下，开放性地吸纳国际化的元素，做具有国际视野的原创知识生产者。只有这样，才能更好地实施教育国际化，并培养出一大批适合全球能源互联网建设的高素质的国际化人才。

基于上述分析可知，通过教育国际化，培养具有国际视野的高素质人才对 21 世纪的中国来说具有非常重大的意义。不仅有利于提高人的素质，挖掘人的智力资源，从而实现教育的现代化、国际化，还有利于综合国力的提高和民族的复兴。虽然过程极其艰辛，需要耐心和恒心，但是，相信在国家正确的政策指引下，全社会齐心协力，势必会到达理想的彼岸，正所谓“长风破浪会有时，直挂云帆济沧海”!

8.5 本章小结

本章根据对我国电气工程学科人才培养现状的深入总结和分析，阐述了全球能源互联网对于人才培养的新需求，基于需求并结合现实情况下人才培养过程中所存在的问题提出了“以满足全球能源互联网构建高层次人才需求为中心，注重创新能力和与实践能力综合素质的全面提升为主线，构建基础理论与前沿技术相结合，囊括两大全球观和国际政经法的培养体系，以坚持课程体系改革、强化专业教学、构建高水平的师资队伍、注重国际视野为抓手”的电气工程学科人才培养模式改革思路，并为改革思路中的每一个环节都提出了相应的改革措施，为构建全球能源互联网背景下的人才培养改革提供了借鉴。

参考文献

[1] 张恒旭. 全球能源互联网人才培养之三: 适应全球能源互联网需求的人才培养框架建议(待发表).

[2] 刘振亚. 全球能源互联网[M]. 北京: 中国电力出版社, 2015.

[3] 华恒智信. 不拘一格选人才[J]. 北京: 中外管理, 2012(2): 1-1.

[4] 庞国斌. 试论实践能力在形成和发展学生创新能力过程中的重要作用[J]. 教育科学, 2004, 20(6): 5-8.

[5] 王志强, 刘晓宁, 韩永. 大学生创新能力、实践能力的培养与思考[J]. 教育教学论, 2013, (34): 71-72.

[6] 汤佳乐, 程放, 黄春辉, 等. 素质教育模式下大学生实践能力与创新能力培养[J]. 实验室研究与探索, 2013, 32(1): 88-89.

[7] 黄江美. 高校复合型人才培养模式改革的研究[D]. 南宁: 广西大学, 2008.

[8] 陈海霞. 论高校复合型人才培养模式[J]. 中国科教创新导刊, 2013, (25): 46-47.

[9] 王玉华, 陈跃, 雷必成. 电气工程及其自动化专业人才培养方案改革研究[J]. 中国电力教育, 2012, (20): 19-20.

[10] 祁鲲, 李慧. 电气工程及其自动化专业英语教学探讨[J]. 中国电力教育, 2012, (5): 154-155.

[11] 俞磊. 论理工科学科前沿知识教学的实施[J]. 湖北广播电视大学学报, 2010, 30(9): 119-120.

[12] 王泽琪, 李娟娟. 基于学科的本科院校文献检索课分类教学模式研究[J]. 农业图书情报学刊, 2014, 26(1): 127-129.

[13] 张佳. 自动化专业文献检索课实践教学探索[J]. 中国电力教育, 2013, (1): 68-69.

[14] 刘德宏. 电气工程实验教学平台优化[J]. 黑龙江科技信息, 2015, (33): 44.

[15] 彭润伍, 唐立军, 谢海情, 等. 信息技术研究前沿融入课程教学的思考[J]. 教育与教学研究, 2015, 29(6): 75-77.

[16] 张连辉, 赵凌云. 新中国成立以来环境观与人地关系的历史互动[J]. 中国经济史研究, 2010, (3): 121-121.

[17] 张秀华. 工程：具象化的科学、技术与社会[J]. 自然辩证法研究, 2013, (9): 46-52.

[18] 张桂文. 政治经济学创新应从高校教学改革入手[J]. 经济纵横, 2011, (5): 6-10.

[19] 冉鹏程. 马克思主义国际政治经济学对国际关系的理论贡献[J]. 现代经济信息, 2007, 3(2): 77-79.

[20] 戴青兰. 我国高校政治经济学教学的尴尬困境与对策思考[J]. 黑龙江教育, 2011, (7): 88-90.

[21] 刘冲宇. 当前我国政治经济学教学探究[J]. 内蒙古师范大学学报(教育科学版), 2015, (2): 133-134.

[22] 陈开来. 关于非法律专业法律课程设置与教学的思考[J]. 中国成人教育, 2011, (3): 152-154.

[23] 彭美. 高校法律基础教学研究[J]. 重庆科技学院学报(社会科学版), 2010, (19): 175-176.

[24] 杜文倩, 郭胜来. 全球化环境下高校学生国际视野培养初探[J]. 亚太教育, 2015, (6): 222.

第 9 章　人才培养模式改革的具体措施建议——以山东大学为例

山东大学是教育部直属重点综合性大学，是国家“985 工程”“211 工程”重点建设高校。山东大学电气工程学科始创于 1946 年所设立的电机工程系，专业历史悠久。自学科创立以来，始终致力于为我国电力行业培养高级专业人才，能够根据社会需求进行人才培养方案的改革，为国家电力及相关事业的发展作出了重大贡献。本章以山东大学为例，探索如何根据全球能源互联网新需求对电气工程人才培养体系进行改革，对当前的课程体系和教学内容等方面提出改革建议，力争能够为全球能源互联网又好又快的发展输送一大批高素质创新人才。

9.1　山东大学电气工程专业教育基本情况

9.1.1　电气工程专业的发展与概况

山东大学历史悠久、学科齐全，是我国第一所按章程办学的大学，学术实力雄厚、人才培养特色鲜明，是在国内外具有重要影响的教育部直属重点综合性大学。山东大学跨连三个世纪的办学历史，形成了底蕴深厚的优良传统。

山东大学电气工程学院合校前为山东工业大学电力工程学院，其前身可追溯到山东大学 1946 年设立的电机工程系和山东工学院 1949 年成立的电机工程系。电气工程学院曾先后设立电机电器、发电厂及电力系统、继电保护及自动远动技术、电气技术等四个专业。1997 年按教育部文件，统一合并成电气工程及其自动化专业。研究生教育开始于 20 世纪 60 年代，1981 年电力系统及其自动化成为首批硕士学位授权点，1998 年成为博士学位授权点。2003 年电气工程学科成为博士学位授权点，2006 年设立博士后流动站。

电气工程是“211 工程”和“985 工程”的重点建设学科。2007 年电力系统及其自动化二级学科成为国家重点培育学科。目前围绕电气工程，拥有国家地方联合工程实验室 1 个、教育部重点实验室 1 个，教育部工程研究中心 1 个，省级重点实验室 1 个，省级重点学科 2 个，省级工程技术研究中心 4 个，设有“长江学者”“千人计划”“泰山学者”“齐鲁学者”等特聘教授岗位近 10 人。

电力系统及其自动化学科是国家重点(培育)学科，电力系统及其自动化、电机与电器、电力电子与电力传动为山东省重点学科，电气工程及其自动化专业为国家一类特色专业。电工电子实验室被评为山东省“一类基础课实验室”。

2006 年电气工程及其自动化专业成为山东省特色专业，2007 年又成为国家第一类特色建设专业。

山东大学电气工程学院为我国电气工程行业培养了大批优秀人才，为国家电力及相关事业的发展作出了重大贡献。

9.1.2 人才培养的基本情况

表 9-1 显示了山东大学 2009～2013 年五年内电气本科毕业生走向的统计情况，图 9-1 显示了五年内电气本科毕业生去向的占比情况。

表 9-1 2009～2013 年山东大学电气本科毕业生走向统计表

年度	总毕业人数	电网公司人数	继续深造人数	发电、设计、设备单位人数	其他就业人数	待就业人数
2009	283	140	63	31	17	32
2010	353	149	74	64	28	38
2011	335	153	72	56	30	24
2012	303	161	64	36	16	26
2013	314	131	84	51	25	23

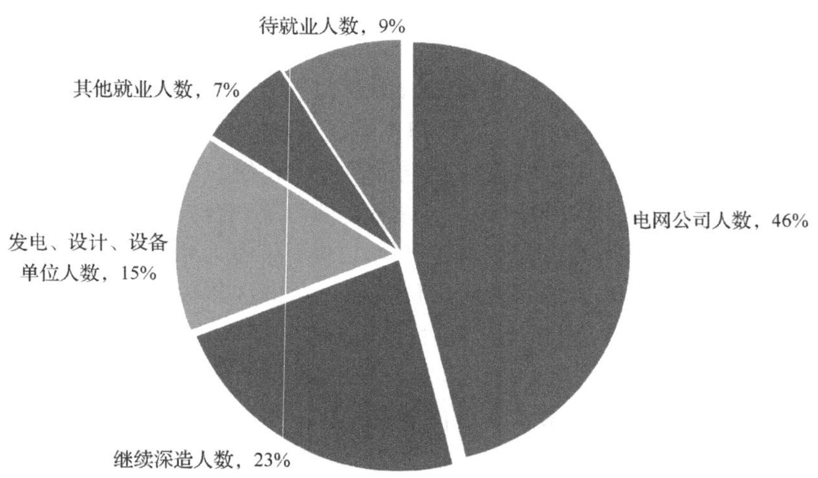

图 9-1 5 年内电气本科毕业生去向占比

每年有接近一半的电气本科毕业生被电网公司录用，在选择继续深造的学生中，将来仍有 70%以上的学生进入电网公司工作，且大部分从事工程运行与调试、设计开发及工程研究以及设备的维护和检修等工作。当前的培养目标能够满足电力行业目前发展需求，但是在大力构建全球能源互联网的今天，立足全球能源互联网对于人才的需求，重新确立培养目标，培养大批现代化电气工程人才是当务之急。

近年该校分配到发电、设计、设备单位的人数占电气工程毕业总人数的 15%，由于大规模的电网建设与工程改造，刺激了电力设备市场的发展。然而，现行培养目标中对于电气设备的认知及操作能力要求甚微，毕业生进入岗位工作后仍需较长适应期。因此在培养中应注重学生全面能力的培养，增加毕业生就业面，使其在竞争日渐激烈的社会中有更广阔的发展空间。

总体而言，在我国，不同院校的电气工程专业长期保持着高度统一的人才培养目标。通过对清华大学、华中科学大学、山东大学等全国电气工程专业排名前 18 位高校的电气工程学科培养目标进行调研，有 6 所高校没有根据其学科优势等设立独特的培养目标，只是服从于教育部提出的培养目标。这其中有国家宏观教育政策的原因，也与大学自主培养权限有限、大学管理层缺乏创新、偏重学习和移植、对人才培养理念认识存在偏差有关。各院校人才培养应立足实际情况，客观分析其学科优势和定位，确定科学合理、特色突出的人才培养目标。

9.1.3 师资队伍

山东大学电气工程及其自动化专业教师队伍情况如表 9-2 所示。

表 9-2 山东大学电气工程及其自动化专业教师队伍情况

在编教师总数/人		89	百分比/%
教师职称结构	教授	26	29.2
	副教授	58	65.2
	讲师	5	5.6
学历结构	有博士学位人数	49	55.1
	有硕士学位人数	31	34.8
	有学士学位及其他人数	9	10.1
年龄结构	50～59 岁	14	15.7
	40～49 岁	38	42.7
	30～39 岁	33	37.1
	30 岁以下	4	4.5
国外进修的教师人数		31	34.8
外校毕业或曾在外校进修的教师人数		28	31.5
具有工程实践经历的教师人数		37	41.6

学院现有教职工中，双聘院士 4 人，“长江学者”特聘讲座教授 4 人，国家“千人计划”2 人，“泰山学者”2 人，进入国家“百、千、万人才工程”学者 1 人，教育部新世纪优秀人才 3 人，省级有突出贡献的中青年专家 3 人，享受国务院政府特殊津贴 5 人，教育部电气工程及其自动化专业教学指导委员会委员 1 人，中国电力企业联合会教学指导委员会委员 4 人。

9.1.4　山东大学电气工程及其自动化专业的特色

山东大学电气工程及其自动化专业，经过 60 多年的演变、建设和发展，遵循“学无止境，气有浩然”的校训，继承百年来治学严谨，以人才教育、培养为中心的传统，形成了鲜明的专业特色。

(1) 以电力行业为龙头的优秀工程师的人才培养定位，彰显人才在电力行业领域的魅力，培养了史大桢、刘振亚、薛禹胜等一大批高级专门人才，为国家电力及相关事业的发展作出了重大贡献。

(2) 以电气工程领域为线索的学以致用、务实求真的人才培养思想，在产、学、研密切结合上有鲜明的个性，以电力故障录波器为龙头的一批科研成果转化产品，取得明显办学效益的同时，赢得行业用户的赞誉。

(3) 以山东大学特色文化传承为背景的人格与知识、身心与体魄交融的人才培养风格，凸显踏实、厚重的人才品格，毕业生深受用人单位信赖。

9.2　卓越工程师培养计划

9.2.1　培养模式

1) 校内培养阶段

学校将整个培养模式划分为本科、硕士、博士三个阶段，采用模块化结构整合本、硕、博培养方案，形成贯通的培养模式。明确每一阶段相应的培养目标，设计相应的分流方案和衔接模式，给学生提供选择的机会。整个人才培养模式中将贯穿“工程”这一主线，着力提高学生的工程意识、工程素质和工程实践能力，以培养一批高素质的研发型工程人才。

本科工程型人才培养模式：采用“3+1”的四年制本科培养模式，3 年在校学习，累计 1 年在企业学习和做毕业设计。

硕士工程型人才培养模式：采用“3+1+2+1”的培养模式，4 年本科加上 3 年全日制工程硕士阶段培养。本科毕业后，未分流的试验班学生通过推荐免试升入全日制工程硕士阶段培养，累计 2 年在校学习，1 年在企业学习工作或挂职培养。

博士工程型人才培养模式：采用“4+2+3”的培养模式，4年本科加上2年全日制工程硕士，再加上3～5年工程博士阶段培养。

2)校企联合培养阶段(在学制内穿插进行)

学校旨在将产学研相结合的思想融入工程教育整体培养过程，通过边教学、边实践、边科研、边应用，工程教育和培养过程更贴近社会、贴近市场、贴近生产。把课程设计、毕业设计的内容与工程设计相结合，真正体现校企联合培养。学校将在以下四方面进一步深化校企联合培养模式并确保成效。

(1)建立企业和学校之间在实践岗位的提供、学生的招聘、薪金的支付以及学生工作质量的监督、学习效果的评估等方面形成一套系统的有机融合的运行机制。

(2)积极创造条件聘请企业工程技术人员和专家参与卓越工程师培养方案的制定，全过程参与课程建设和课程设计，参与实践环节和论文的指导工作。

(3)加强企业实践基地建设。对已建校外实践基地，进一步明确全方位合作的内容、模式，建成若干满足学生实习与顶岗工作的实践基地。

(4)毕业设计尝试让学生结合签约岗位选题，也可根据校企合作项目或历届毕业生就业后反馈的信息确定毕业设计题目。

9.2.2　培养方案

1)培养目标

总体培养目标如下：培养人格健全、个性鲜明、视野开阔，具有创业、创造、创新意识，掌握电气工程领域的基础知识、专门知识和技能，具有掌握和利用电气工程领域技术和技能的素养，显现电气工程领域行业特点的工程技术人才。以此为基础，实施吐故纳新，继续在能动性和创造性上深度细致地磨砺和训练人才，最终达到具有洞察力、识别力，具有解决复杂工程问题和关键攻关技术能力，并在其相应领域具有领导力的硕士和少而精的博士工程型人才。具体阐述如下。

本科工程型人才培养目标如下：基础宽厚、扎实，确保学生在电力系统及其自动化、电力电子与电力传动、电机与电器、理论电工与新技术、高电压与绝缘技术(具体注重在可再生资源发电、核电、节能减排等新技术)的一个或几个方向上有初步的专长，初步具备运用其所掌握的知识和技能解决基本的电气工程领域问题的能力，同时在电气工程领域有发展潜力，下得去上得来，达到见习电气工程师水平。

硕士工程型人才培养目标如下：在导师指导下，确保学生掌握所从事领域的较深入的基础和专门知识与技能，通过一个实际的复杂工程问题或攻关技术等对应的一个子问题的开发、设计或研究锻炼，其具有独立承担并解决开发、设计或研究类似问题的能力，达到电气工程师水平。

博士工程型人才培养目标如下：在导师指导下，确保学生掌握所从事领域的深入的基础和专门知识与技能，通过一个实际复杂工程问题或攻关技术的开发、设计或研究锻炼，其具有独立承担并解决开发、设计或研究复杂问题或攻关技术能力，达到高级电气工程师水平。

2) 培养标准

本科电气工程型人才所从事的领域是电气工程，主要包含方向为电力系统及其自动化、电机与电器、电力电子技术与应用、高电压与绝缘技术、电工理论与新技术。该标准培养本科生，可达到电气工程师应具备的知识、能力和人文素养要求。

(1) 具备从事电气工程领域生产、管理、开发、设计、研制等相关工作的必要的自然科学基础和专业基础的知识，形成初步分析问题和解决问题的思维方式，通过测试、试验及误差理论与数据处理等训练，初步形成电气工程科学的概念与对电气工程领域现状和发展趋势的认识和理解。

(2) 综合运用电气工程领域知识和技术、相关学科知识和技术，沿着电气工程领域生产、管理、开发、设计、研制等方向，具有提出问题、分析问题和解决问题的初步推理能力与思路，初步形成提出和解决电气工程领域问题的基本流程与方法的能力，即总体目标形成、模型建立、方法确定及评价体系。

(3) 在电气工程领域，具备良好的语言、文字表达能力，国内、国外的文化和技术交流能力，团队协作能力，以及再学习的能力。

(4) 具有良好的思想、品德及德性修养，有良好的为人道德、职业道德和公共道德修养，具有对职业、社会、环境等的责任意识。

硕士电气工程型人才所从事的是电气工程的某二级学科领域，包括电力系统及其自动化、电机与电器、电力电子技术与应用、高电压与绝缘技术、电工理论与新技术。该标准培养硕士研究生，可达到电气工程某二级学科领域工程师的要求。

(1) 具有较扎实、深度、全面的电气工程领域的基础知识和相应的技能，以及对应电气工程某二级学科领域较深度的专门知识和技能。

(2) 对电气工程某二级学科领域的关键、复杂、攻关等问题，具有较强的独立思考和工程科学研究的能力，具有较强的提出问题和解决问题的能力，具有较强的自学新知识的能力，具有较强的国内外前沿技术交流的能力，以及团队协作、组织协调的能力。

(3) 在对应领域，具有较高水平的语言、文字表达能力，具备较强的撰写国内外高水平论文、专利申请、大型工程项目建议、团队协作方案等的能力。

(4) 具有良好德行修养，具有责任意识。

博士电气工程型人才所从事的是电气工程某二级学科下的子方向领域。该标准培养博士研究生，可达到电气工程某二级学科下的子方向领域高级工程师的要求。

(1) 具有扎实、深度、全面的电气工程领域的基础知识和相应的技能，以及对应电气工程某二级学科下子方向领域深度的专门知识和技能。

(2) 对电气工程某二级学科下的子方向领域的关键、复杂、攻关等问题，具有独立思考和工程科学研究的能力，提出问题和解决问题的能力，自学新知识的能力，国内外前沿技术交流的能力，以及团队协作、组织协调、引领等能力。

(3) 在对应领域，具有高水平的语言、文字表达能力，具备撰写国内外高水平论文、专利申请、大型工程项目建议、团队协作方案等的能力。

(4) 具有良好德行修养，具有责任意识，具有领导力。

3) 培养标准的实现矩阵

培养标准实现矩阵试图将电气工程及其自动化的培养标准所规定的知识、能力及素养等目标和要求落实到具体教学环节上。本科、硕士、博士工程型人才培养标准的实现矩阵分别如表 9-3～表 9-5 所示。

4) 培养方案特点

就总体培养方案而言，有如下特点：一是人才培养出口定位主要在具有工程背景的硕士上，培养出具有领军作用的博士是要实现和追求的最高境界；二是知识培养、能力培养以及人文修养的过程是渐进、连续的金字塔形，体现厚重、扎实，在某一领域有特有的专长；三是知识培养、能力培养以及人文修养的过程是融合的，体现在每一环节实施一三制的教育观点，其中一表示对应教学环节，三表示关键而核心点的引入，互动、启发的关联，指导下的个性发挥；四是知识培养、能力培养以及人文修养的过程始终贯穿校企紧密合作，互利共赢；五是知识培养、能力培养以及人文修养的过程的实现矩阵由粗放到细微，体现共性中提倡展现个性。

校内培养计划而言，主要特色在于反映总体方案的具体实现上，具体特点体现在：一是知识体系的完备性，汲取自然科学，以及仪器、仪表，工程技术原理、构造、工艺及运行，工程复杂问题及攻关技术等且最反映基础状态特征的知识与技能集合；二是本科、硕士、博士三阶段工程型人才培养的渐进连续、有机衔接体系，在不影响分流淘汰的基础上，实现金字塔形的人才培养设想；三是知识、能力、素养融为一体的各环节的教学内容的设计，体现以知识为线索、以实践条件为手段、以人才成长为中心的卓越工程师培养理念；四是校内、校外各教学环节内容的设计，发挥校企各自独有的作用，突出理论与实践的结合；五是继承山东大学学生必须具有三种经历的经验和效果，设计丰富多彩的开拓学生国内国外视野的内容，尤其是海外经历和国际视野，培养国际化人才；六是人文教育、语言学习、交流等内容应摈弃灌输式的教学理念，贯彻以学生为主体、教师为辅助的教学方法，体现在内容安排上学生空间的释放，硕士、博士阶段完全实施指导下的自我学习，接收国外留学生，国内外专家短期讲学、提供多种国际交流机会，确保有三个月到一年不等的海外经历等措施。

表 9-3　本科工程型人才培养标准的实现矩阵

<table>
<tr><th colspan="3">培养要求</th><th>实现途径</th></tr>
<tr><td rowspan="4">知识要求</td><td colspan="2">基础学科</td><td>数学、物理、化学、计算机及实验，英语，电气工程概论、名家讲座</td></tr>
<tr><td colspan="2">人文社科</td><td>哲学、经济、管理、道德、艺术、法律、讲座，实践</td></tr>
<tr><td colspan="2">核心工程基础</td><td>电路、电磁场、电机学、自动控制理论、模拟电子技术、数字电子技术、电力电子技术、工程力学、信号与系统、微机原理及应用、工程制图、计算机技术基础、电力系统工程基础、电力经济、电力电子装置及应用、电力电子自动控制系统、电磁兼容及应用、技术经济、电机设计及其 CAD 等系列课程设计及实践环节，企业实习</td></tr>
<tr><td colspan="2">高级工程基础</td><td>管理信息系统、计算机控制技术、计算机网络与通信、新能源发电技术、智能电网技术、能源与环境等系列课程及实践环节、电工新技术，企业实习与参观</td></tr>
<tr><td rowspan="12">能力要求</td><td rowspan="2">知识获取</td><td>获取信息</td><td>设计、调研、报告、竞赛、实践，以及直接文献检索</td></tr>
<tr><td>继续学习</td><td>在课程学习和实践训练的过程中感悟，辩证发展的哲学人生教育，以及大学生科技活动和社会实践</td></tr>
<tr><td rowspan="5">应用知识解决问题</td><td>工程推理和解决问题</td><td>课程学习、课程设计、项目设计、实验、实习等过程进行基本训练，参与科技项目及各类科技竞赛活动；实施辩论式教学模式，启迪学生主动性</td></tr>
<tr><td>工程实践中探寻知识</td><td>综合型实验、项目设计、开放型实验、参与科研项目，企业实践锻炼等；实施启发式教育，保持生动性、趣味性及个性张扬</td></tr>
<tr><td>系统思维</td><td>课程学习及实验、学术讲座、实习等进行训练，教学方法实践</td></tr>
<tr><td>时间和资源管理</td><td>日常生活管理、项目设计计划与进度、大学生自主创新计划申请与完成情况，学科竞赛，以及相关课程的学习、讲座等</td></tr>
<tr><td>计算机技术应用</td><td>计算机软硬件相关课程及实践、专业课程教学中的计算机应用、项目设计、学科及科技竞赛、参与项目开发等环节进行训练</td></tr>
<tr><td colspan="2">创新</td><td>科技制作、开放实验室、学科竞赛、大学生课外学术科技作品竞赛、参与科研项目，校内、企业实习、调研等形式进行训练</td></tr>
<tr><td rowspan="3">表达、交往和团队管理</td><td>文字和语言表达</td><td>课程设计报告、实验报告、实习、实践报告、项目设计，各类设计的答辩、辩论、演讲，以及课堂教学互动等形式进行训练</td></tr>
<tr><td>人际交往</td><td>在课程设计、实验、实习、社会实践，项目设计等多环节中多采用团队形式，创造人际交往环境进行训练</td></tr>
<tr><td>团队合作和团队管理</td><td>在学科竞赛、科技作品竞赛、实习、综合课程设计等团队形式的活动中，通过成员角色分工和变换进行训练</td></tr>
<tr><td rowspan="4">素养要求</td><td colspan="2">思想道德素养</td><td>思想品德、传统文化系列课程及社会实践等环节进行训练</td></tr>
<tr><td colspan="2">文化素养</td><td>人文社会科学系列课程及实践训练</td></tr>
<tr><td colspan="2">专业素养</td><td>知识要求中的系列课程及能力要求的实践训练中获得</td></tr>
<tr><td colspan="2">身心素养</td><td>心理咨询、艺术、体育系列课程及社会实践</td></tr>
</table>

表 9-4　硕士工程型人才培养标准的实现矩阵

培养要求			实现途径
知识要求	基础学科		现代数学系列课程、现代控制理论等必修课程
	人文社科		必修的人文类课程
	工程基础		必修和选修的各类方向课程
	拓展工程基础		必修和选修的各类方向课程，系列前沿讲座
能力要求	知识获取	获取信息	调研、设计及实际工程项目开发，国内外文献检索及与导师的交流
		继续学习	辩证发展的哲理教育，成功与失败的教育，独立研究与思考的感悟
	应用知识解决问题	工程推理和解决问题	理论与实践结合，以现实企业为主，以发现问题为攻坚课题；严格开题环节(题目的提出，研究的价值，实现的思路，预计的成果)；严格中期检查(题目研究与开发阶段的不断线跟踪、督促、指导与交流)；严格项目设计答辩(设计或论文的撰写水平、创新性评判等)
		工程实践中探寻知识	抓住工程实验、计算、模拟、仿真的每一细微环节，以实用为线索、以提高精确度为方向、以性价比为目标，全面实施各环节的精细化管理与考核，保持工程科学的严谨性
		系统思维	提倡独立思考、辩证看问题的研究观，力求每一环节有辩论、有交流、有争执，遵循实践是检验真理的唯一标准
		时间和资源管理	在整个培养的周期内，有详细的计划和进度表，有详细的奖惩规则和制度；培养学生自我管理、自我完善、自我提高的独立意识和水平；提供必要的、带有资金资助的研究、设计、开发项目，培养学生在规定条件下独立完成任务的能力
		计算机技术应用	在培养过程中，由简单到复杂，计算机软硬件应用不断线，提供或鼓励学生参与各类科技比赛，企业提供的生产改进和革新项目，以及在指导教师指导下，必须完成规定的任务
	创新		必须发表相应的工程应用论文或专利申请，以及技术成果鉴定，并给予一定的奖励和资助
	表达、交往和团队管理	文字和语言表达	课程学习报告和口试、调研报告与汇报、文献综述与汇报，毕业和学位论文及答辩，另外可组织辩论、演讲等不同形式的比赛
		人际交往	日常生活管理、进入企业的情况反馈、毕业论文或设计过程中的协作与衔接要求，等等，各环节中尽量采用团队形式，创造人际交往环境进行训练
		团队合作和团队管理	提供人才独立承担课题机会，以及在学科竞赛、科技作品竞赛、企业经历等团队形式的活动中，通过成员角色分工和变换进行训练
素养要求	思想道德素养		思想品德、传统文化教育及社会实践等环节进行训练
	文化素养		校企文化氛围，人文社会科学报告与演讲
	专业素养		校企学术、创造、创新气氛营造，在导师指导下提高专业素养
	身心素养		心理咨询、艺术、体育活动定期化

表 9-5　博士工程型人才培养标准的实现矩阵

培养要求			实现途径
知识要求	基础学科		自学为主、必修课程为辅
	人文社科		必修的人文类课程
	工程基础		必修和选修的各类方向课程
	拓展工程基础		必修和选修的各类方向课程，系列前沿讲座
能力要求	知识获取	获取信息	调研、设计及实际工程项目研发，国内外文献深度检索，以及与导师的交流和企业的经历
		继续学习	独立研究与思考的感悟
	应用知识解决问题	工程推理和解决问题	将理论、工程科学与企业紧密结合，以发现关键问题为攻坚课题；严格开题环节（题目提出缘由，研究价值所在，关键技术实现思路，创新与成果预计）；严格过程检查（题目研究与开发阶段的不断线跟踪、督促、指导与交流）；严格论文答辩水准（设计或论文的撰写水平，论文、专利等情况，创新性评判等）
		工程实践中探寻知识	抓住工程实验、计算、模拟、仿真的每一细微环节，以实用为线索、以提高精确度为方向、以性价比为目标，全面实施各环节的精细化管理与严格考核，保证创新性、新见解、新想法的出现
		系统思维	必须独立思考，树立辩证看问题的研究观，力求每一环节有辩论、有交流、有争执，遵循实践是检验真理的唯一标准
		时间和资源管理	在整个培养的周期内，有详细的计划和进度表，有详细的奖惩规则和制度；培养学生自我管理、自我完善、自我提高的独立意识和水平，具备独立发现问题和解决问题的能力；提供必要的、实际的、带有资金资助的研究、设计、开发项目，培养学生在规定条件下独立完成任务的能力
		计算机技术应用	在培养过程中，计算机软硬件应用是基础和手段，必须自我设计软硬件的模型和解决方案，必须参与企业的攻关课题或科技革新项目，以及在指导教师指导下，必须完成规定的具有创造性的任务
	创新		必须发表学术界和工程界认可的高水平论文，或者发明专利的申请，或者达国际前沿水平的技术成果鉴定，并给予一定的奖励和资助，作为是否答辩的一个条件
	表达、交往和团队管理	文字和语言表达	课程学习报告和口试、调研报告与汇报、文献综述与汇报，毕业和学位论文及答辩，另外可组织辩论、演讲等不同形式的比赛
		人际交往	日常生活管理、进入企业的情况反馈、毕业论文或设计过程中的协作与衔接要求，等等，各环节中尽量采用团队形式，创造人际交往环境进行训练
		团队合作和团队管理	提供人才独立承担课题的机会，以及在学科竞赛、科技作品竞赛、企业经历等团队形式的活动中，通过成员角色分工和变换进行训练
素养要求	思想道德素养		思想品德、传统文化教育及社会实践等环节进行训练
	文化素养		人文社会科学报告与演讲
	专业素养		在导师指导下提高专业素养
	身心素养		心理咨询、艺术、体育活动定期化

就企业培养计划而言，其总体特点在于伴随知识、能力渐进增长的过程中与之对应连续的实践和提供适宜场景的个性发挥的过程。具体体现在：一是在校内自然科学基础知识、物理化学知识、实验和技能培养的基础上，通过综合认识实习，实现感悟、理解的过程；二是在学科基础知识、学科实验技能培养的基础上，通过岗位及岗位交换实习，实现理解、掌握、动手的体验过程；三是在专业课程、专业综合实验培养的基础上，通过带有实际项目的专门岗位实践，实现初步提出问题和解决问题的实际场景，激发学生对工程项目的兴趣和好奇，从而获得工程师的基本训练；四是硕士、博士阶段中，针对企业的实际问题和攻关技术，完全实施导师指导下的自主学习、自主实践、自主研究与开发或设计，实现人才独立承担问题和解决问题的创造力培养。

9.2.3　本科课程体系

本节主要介绍本科工程型人才的培养计划，本科工程型人才培养计划体现厚基础的特点，同时激发学生对深入学习电气工程知识、从事电气工程研究的好奇心。

1) 核心课程与实践环节

核心课程包括高等数学(国家精品课程)、工程数学、大学物理(国家精品课程)、工程制图(山东省精品课程)、电路(山东省精品课程)、电子技术基础(山东省精品课程)、信号与系统、电磁场、电机学(山东省精品课程)、微机原理与应用(山东省精品课程)、自动控制理论(山东省精品课程)、计算机网络与应用、现代通信原理。

主要实践环节包括军事训练、课程实验、课程设计、金工实习、感知实习、生产实习、项目设计。

各类课程学分分配如表 9-6 所示。

2) 课程设置及学分

(1) 必修课。必修课主要分为公共课、数理课、工程基础课和专业基础课。

公共基础课程包括马克思主义基本原理、大学英语、传统文学修养、计算机技术基础、体育等。对该类课程，将在教学中采取灵活多样的授课方式，进行教学内容的更新和改造，减少课堂教学课，提高教学效果，特别是对于大学英语课，要加强读、说、写、听方面的训练，以适应学生培养国际化的要求。公共课总学分为 22，具体如表 9-7 所示。

表 9-6　各类课程学分分配表

类别	性质	学分	占总学分比例/%
公共课	必修	22	18.2
数理课	必修	31	25.6
工程基础课	必修	33	27.3
专业基础课	必修	16	13.2
小计		102	84.3
专业课	限选	9	7.4
	任选	4	3.3
小计		13	10.7
创新课	选修	6	5.0
课程总计		121	100
实践环节	必修	36	90
	选修	4	10
小计		40	100
合计		161	

表 9-7　公共课

课程编号	课程名称	学分数
2853001	道德与法律	2
28540001	马克思主义基本原理	2
32954110	体育	4
0561700	传统文学修养	2
13540000	计算机技术基础	3
31502014	大学英语	9
小计		22

数理课是电气工程人才必备的基本知识，根据厚基础、重实践的要求，培养计划中增设了运筹学和化学两门课，大学物理学分有所增加，总学分数为 31，具体如表 9-8 所示。

表 9-8　数理课

课程编号	课程名称	学分数
09046010	高等数学	10
09136001	线性代数	3
09037000	复变、场论、拉氏变换	3
09042001	概率统计	3
09042002	运筹学	3
100160011	大学物理	6
10016110	物理实验	1
10017110	化学	2
小计		31

工程基础课是电气信息类专业必需的基础知识，要立足于提高人才培养质量，从剖析课程和课程体系内涵入手，做到各课程间的无缝连接，根据课程的性质和特点，采用不同的授课方式，特别要注重强化学生能力和素质培养，充分发挥课程在人才培养中的主导作用。具体课程见表 9-9，要求 33 学分。

表 9-9　工程基础课

课程编号	课程名称	学分数
16054001	工程力学	3
19042001	电气工程导论	1
16054000	工程制图	3
19042000	电路	5
19018110	电工基础实验	1
17082000	数字电子技术	3
17058001	模拟电子技术	3
19096000	信号与系统	2
19013000	电磁场	2
19087000	微机原理与应用	3
19102000	自动控制理论	3
19102001	计算机网络与应用	2
19102002	现代通信原理	2
小计		33

专业基础课是电气工程及其自动化专业必需的基础知识。为适应精简课时、增强理论联系实际、完善课程体系的要求，将这部分课程进行较大幅度的整合，把电机学和电机设计融合为电机学与电机设计，电力电子技术和电力电子装置融合为电力电子技术与装置，电力系统基础、高电压技术、继电保护、电气设备 4 门课融合为电力系统工程基础。课程的融合对任课教师提出了更高的要求，要进一步加强课程团队建设，探讨课程的开课方式与授课方法，精简课堂学时，增强综合训练，在传授知识的同时，提高学生分析和解决工程问题的能力。具体课程见表 9-10，要求 16 学分。

表 9-10　专业基础课

课程编号	课程名称	学分数
19023000	电机学与电机设计	6
19024000	电力电子技术与装置	5
19035000	电力系统工程基础	5
小计		16

(2) 选修课。选修课分为限选课、创新课和任选课。

限选课是为保证学生知识面的宽广和系统而设置的，要求修满 9 学分，具体如表 9-11 所示；创新课在学校建设的创新课程、创新基地和创新实验室中获得，要求不少于 6 学分。

表 9-11　限选课

课程编号	课程名称	学分数
19048000	电力系统分析	3
19036003	电力系统微机保护	3
19119000	电力拖动自动控制系统	3
19123022	电磁兼容及应用	3
19123000	新能源发电技术	3

任选课是学生据自己的爱好和兴趣任意选择的课程，要求最低修满 4 学分(表 9-12)。

(3) 实践环节。卓越工程师培养的关键是加强实践环节，在原有实践环节的基础上，将项目实习和项目设计的时间增加到一年，在企业进行。实践环节设置必修学分 36，选修学分 4，合计 40 学分。各实践环节必修学分如表 9-13 所示。

表 9-12　任选课

课程编号	课程名称	学分数
19123001	电力系统故障分析	2
19123002	电力系统暂态分析	2
19123003	电力系统自动控制技术	2
19123004	电力系统远程监控原理	2
19123005	发电厂变电所控制	2
19123006	电力系统运行与控制	2
19123007	计算机软件技术基础	2
19123009	电网电能质量控制	2
19123010	现代建筑电气系统	2
19123011	电力市场概论	2
19123012	电力系统内部过电压	2
19123013	交直流输电技术	2
19123014	配电网综合自动化	2
19123016	现代电力电子器件	2
19123017	计算机控制技术	2
19123018	发电厂变电所控制	2
19123019	电网电能质量控制	2
19123020	MATLAB 编程及应用	2
19123021	灵活交流输电	2
19123023	电力设备的在线监测与故障诊断	2
19123024	控制电机	2
19123025	现代测试技术	2
19123026	智能控制技术	2
19123027	大型同步发电机运行	2
19123028	可编程控制器原理	2
19123029	计算机仿真技术	2
19123031	DSP 在运动控制中的应用	2
19123032	永磁电机	2
19123033	单片机原理与应用	2
19123035	管理学	2
19123036	经济学	2
19123037	管理信息系统	2
19123038	数据库	2

表 9-13　实践环节必修学分

课程编号	课程名称	学分数
69002001	军训	1
17021500	电子技术课程设计	1
19087500	微机原理课程设计	1
19035500	电力系统基础课程设计	2
19080300	综合认识实习	4
19082300	生产实习	5
19082400	金工实习	1
19032100	电力系统动模实验	1
19007500	项目设计与项目实习	20
小计		36

注：实践环节的选修学分在社会实践、竞赛、公益活动等环节取得。

9.2.4　企业培养计划

电气本科工程型人才应掌握一般性的电气工程领域知识和技能；进行电气工程领域的设计、运行和维护或解决实际工程问题的系统化训练，初步具备解决工程实际问题的能力；掌握电气工程领域项目及工程管理的基本知识并具备参与能力；具备沟通与交流的能力；具备良好的职业道德，体现对职业、社会、环境的责任。

本科工程型人才的企业培养计划为完成本科 3+1 阶段学习模式。该阶段的企业培养计划环节主要包括学生的综合认识实习、生产实习、在企业顶岗工作、从事生产实践、完成企业实习、项目设计环节，累计时间不少于 1 年。

1) 综合认识实习

(1) 综合认识实习的目的。

本专业综合认识实习的目的是让学生深入认识专业，了解专业的特点，通过认识实习在实际生产环境中熟悉专业。使课堂教学与实践教学有机结合，实现知识从抽象到直观的转化，从理论到实践的转化，为后续课程的学习、及早建立工程概念打好基础。

(2) 综合认识实习的内容。

对于电机认识实习，电气工程领域的核心设备是电机和变压器。因此，认识实习的对象首先是充分认识、理解和感悟各种电机、变压器及辅助设备的制造技术。主要实习的内容如下：掌握各种电机、变压器的结构部件，学会各种电机的装配；通过参与不同方式的电机和变压器实验，感悟理论与实际的关系，以及参与典型电机的故障试验，学会发现、分析和解决问题的思路；通过生产现场的观摩，了解电机、变压器及辅助设备的生产工艺。

对于火力发电厂认识实习，发电厂是电力系统各种常用设备集中的场所，通过对发电厂的参观，了解电力生产的过程和发电厂主要电气设备，了解变电所的总体概况及一、二次主要电气设备，对电力系统的运行及常用设备有初步认识。

对于其他能源发电的认识实习，参观水力发电站，了解水力发电的基本过程。了解其他新能源发电过程，包括核电站、风力发电和太阳能发电等。认识我国新能源发电的现状及发展前景。

(3) 综合认识实习的形式为现场观摩学习、参与调试训练、请教与座谈、现场专家上课、同专家交流与讨论，以及协助企业参与力所能及的工作。

(4) 实习时间为第三学期，时间 4 周。其中，电机认识实习 1.5 周，火力发电厂认识实习 1 周，其他能源发电认识实习 1.5 周。

(5) 实习企业为海尔电机厂、济南志友变压器有限公司、济南发电设备厂、华能黄台发电厂、华能长岛风电、三峡水电站、秦山核电站等。

2) 生产实习

(1) 生产实习的目的。生产实习是专业理论与实际相结合的重要环节，一般安排在专业课学习后的第六学期末进行，实习前学生已学完所有基础课、专业技术基础课以及部分专业课。因此该实习的目的是全面了解电气工程领域中电力的生产过程、电力生产过程中的控制、通信、电力使用等原理和特点；了解电气一次设备、电气二次设备等的功能特点；了解电气工程领域新技术的应用情况；了解电力工程经济问题等。使学生对专业的现实状况有较全面的认识和理解，巩固和扩大所学理论知识，增加学生的专业实践知识，为继续学习专业课打下必要的基础，初步培养学生运用所学理论知识分析生产实际问题的能力。

(2) 生产实习的内容。发电厂是电气工程领域显现设备最齐全的场所，几乎涉及电气工程领域所有的理论知识和技术问题。因此，生产实习以大型火力发电厂为主线索，深入现场跟班实习，兼顾区域电网、地区电网、电力营销部门和相关企业的观摩、考察和讲座等形式。主要内容如下：电气设备的了解，包括设备的功能、型式、参数、结构、布置方式以及相互连接方式；了解电力生产中的动力系统、输电、配电和用户的概念，形成完整动力系统的概念和意识；了解锅炉的燃烧系统、给水系统、蒸汽系统、风系统和烟系统的主要设备、运行及控制方式等；了解电厂锅炉的点火、升压、停炉和卸压的主要操作程序、注意事项和所需时间等；了解锅炉正常运行调整的知识；了解汽机的主蒸汽系统、凝结水系统、回热系统和给水除氧系统的主要设备及运行工况；熟悉电厂、变电所电气主接线系统正常的检修运行方式及主要操作规则，分析主接线的优缺点；了解发电机、变压器的型式、构造、主要参数和冷却方式；了解发电机的励磁系统及励磁装置；了解发电机起动、并列和停机的步骤以及正常运行中调节有功、无功的方法；了解厂用电系统接线及运行方式，分析其优缺点，了解厂用电源备用方式及自启动概念；了解各种类型隔离开关、断路器、熔断器、电流互感器、电压互感器等设备的结构及工作原理，了解各类设备的(发电机、变压器、母线、馈电线、厂用电等)继电保护原理、装置和作用；了解电压无功自动调节装置、自动重合闸装置和自动同期装置的原理、作用及简单的工作逻辑；了解二次信号及系统原理、装置及作用，以及交流系统的绝缘监视装置和中央信号的原理、装置及作用；了解发电厂在相应电网中的作用、地位和性质，了解发电厂建设的历史及发展远景；了解电厂的技术管理、生产指挥系统；了解发电厂的主要技术经济指标及降低煤耗、节约厂用电所采取的措施；了解中国电力工业改革的现状和电力工业商业化运营的发展趋势。

(3) 实习时间为第六学期，时间 5 周。

(4) 实习企业为上海电机厂、华电邹县发电厂、山西王曲发电厂、山东电力集团公司等。

3) 项目设计

(1) 项目设计的目的和意义。

项目设计是综合性很强的专业训练过程，对学生综合素质的提高和工程意识的增强起着举足轻重的作用，是知识深化、拓宽教学内容的重要过程，是对学生学习、研究和实践的全面总结，也是对学生综合素质与工程实践能力的全面检验，是实现本科培养目标的重要阶段。通过项目设计，着重培养学生综合分析和解决工程问题的能力、组织管理和社交的能力，培养学生独立工作的能力以及严谨、扎实的工作作风和事业心、责任感。为学生将来走上工作岗位，顺利完成所承担的任务奠定基础。

项目设计安排在第四年在相应企业进行，通过在企业实际项目的锻炼，将实际项目与理论联系在一起，加强实际项目的理论基础，通过理论分析，解决实际项目中的难点问题，具体功能体现如下。

培养学生综合运用所学基础课、技术基础课和专业课的知识，分析和解决工程技术问题的能力；巩固、深化和扩大学生所学基本理论、基本知识和基本技能；使学生受到高级工程技术人员能力的综合的初步训练，如调查研究、查阅文献和收集资料、专业外文资料阅读与翻译的能力，理论分析的能力，制定或设计试验方案的能力，设计、计算和识图的能力，实验、研究的能力，计算机的应用能力，技术经济分析和组织工作的能力，总结提高、撰写论文和设计说明书的能力等；参与校企合作的具体项目，增强产学研水平提升的力度，使企业、学校和学生达到共赢的局面；培养学生的创新能力和团队精神，树立良好的学术思想和工作作风。

(2) 项目设计时间安排及组织。

时间为大学四年级，时间为一年。

企业为上海电机厂、山西王曲发电厂、山东电力集团公司等。

项目设计方式为以相关企业某一工程项目或生产系统为对象，每位学生配有两名导师，即企业高级工程技术人员与学校教师，整个设计主要在企业完成。

(3) 项目设计要求。

项目设计题目由企业、学校、学生三者共同参与制定，并充分考虑学生个人发展需要；项目设计内容必须紧密结合行业发展需求，其形式不限，但是否达到培养要求，应根据专业培养标准，由企业高级工程技术人员与专业责任教师共同审定；项目设计进行过程中，学生应在充分调研国内外现状的前提下，根据项目研究或系统开发等要求，撰写开题报告、研究进展分析报告等，每周向导师汇报不少于 2 次；由企业高级工程技术人员与骨干教师共同担任学生项目设计指导工作，每位指导教师每周应安排不少于一次的指导；项目设计进度由导师把握，学生完成项目设计任务后，可随时提出申请，经导师同意后，组织学生答辩。

4) 组织实施

(1) 合作企业的选择。

利用校内基地。利用研究所、重点实验室、工程技术中心及创新设计平台等，制定相应的政策，将人才培养纳入其正常的教学工作内容。

改造现有的校外基地。改造目前已经建立的一批校外实践基地，可以使其承担卓越工程师的培养任务。

发展就业基地。挑选每年大量接收该院毕业生的企业，建立包括人才训练在内的全面校企合作伙伴关系。

加强与其他高校及科研单位的资源共享、交换交流培养。对于没有和学院建立联合培养的单位，如果其他院校和科研单位有联合培养计划，各院校之间可以进行资源共享，互派学生到企业学习，增大学生的选择范围。在企业学习阶段，考核评比参照所在院校的标准进行。

(2) 学生提出申请。

准备进入企业工作的卓越工程师培养人员首先向学校提出申请。在前期学业全部完成的条件下，学校批准学员进入企业工作阶段的培养过程，并且和学生一起，共同确定选择相应的培养企业。

(3) 企业培养计划开始。

培养接收企业可以由学生本人推荐，形成培养协议，也可以根据学校已建立的培训基地的企业接收。需要经过三方同意。

卓越工程师企业工作培训计划由三方根据各自的需要，根据卓越工程师培养的基本标准要求，根据企业的工作特点和需求，共同制定。其中，需要明确三方的责任和义务、任务和目标、管理监管环节等。

从三方签字之日起，卓越工程师企业培养阶段正式开始。

(4) 企业培养机制的形成。

企业建立人事行政、人力资源等部门为纽带的，贯穿企业各个部门的卓越工程师培养计划负责机制。负责规定周期内培养学生的工作和监督评价管理职责。

学校建立对进驻企业培养的学生的指导监督委员会，并且为每一学生进入企业上岗的培养配备学校指导教师。

学校指导教师的任务和职责如下：定期走访学生，了解进度和困难，帮助解决培养进程中的疑难问题，协调学生与企业间关系，以及工作过程中的疑难问题；代表学校，负责出具相应的培养意见和建议、学校专家的评价意见。

(5) 学生中途退出。

对于因合作企业的原因，或者学生本人的原因提出提前退出，结束卓越工程师培养的学生，可以转入普通本科、硕士或博士培养模式，按照普通本科、硕士、博士学生的培养目标和要求进行培养，在达到相应的目标要求后，正常毕业。

(6) 学生培养过程结束。

对于根据培养计划，顺利完成整个培养过程的学生，由学生本人提出申请，企业和学生指导教师分别填写推荐意见书，学生可毕业。

对于没有达到培养标准，或者培养计划没有完全实现的学生，根据学生的意愿，可以选择延续培养时间，最多不能超过两年。

对于培养期间表现优异的学员，可以推荐直接进入工程硕士阶段的培养。

(7) 总体评价的完成。

学校指导委员会；企业综合评价；指导教师的评价；平时各部门阶段性评价；综合各方面的意见共同决定，学员完成培养计划的结果[1]。

9.3 山东大学电气工程人才培养新探索

近年来，山东大学在推进开放、综合、研究环境下的人才培养模式改革，在提高人才方面进行了积极的探索。通过实施增加学生的“三种经历”、举办暑期学校、加强教育拓展等改革措施，在开放环境中增强学生的创新意识和创新能力。发挥学科综合的优势，促进学科的交叉融合，培养宽口径、复合型人才，培养新兴学科人才，营造浓郁的科学人文环境。倡导和实施教学内容改革，加强实践和创新能力的培养，鼓励课外科技创新活动。完善教师教学的激励约束机制，建立与培养创新性人才相适应的教学管理机制。

9.3.1 “一核心双符合”的目标设计

1) 一核心

“一核心”是指一切教育活动都以学生的能力培养为核心，运用专业知识和技能解决实际问题的能力，包括专业能力、创新能力、实践能力、终身学习能力等。这一核心是由大学教育的本质属性决定的，处于核心地位的是专业能力。

2) 双符合

“双符合”是指培养方案的设计要以符合社会对人才知识的复合型需求和符合社会对人才能力发展的综合化需求为原则。所谓符合社会对人才知识的复合型需求，要求在培养方案设计时，在专业知识与专业能力培养复合的同时，注意创新能力、实践能力和综合素养的培养，即复合型的终端培养目标。所谓符合社会对人才能力发展的综合化需求，则需在加强基本理论教学和基本素质培养的同时，通过强化知识与技能并举的综合性设计性实验技能的训练，通过强化教育教学过程的能力训练，提高社会能力、专业知识的运用能力以及终身学习的能力，以保证人才可持续发展的内在要求。

9.3.2　改革课程体系，优化知识结构

课程体系是教学内容和进程的总和，是大学教育的主要内容。课程体系设置得科学与否，决定着人才培养目标能否实现。如何根据社会发展和时代要求，科学合理地调整各专业的课程设置和教学内容，构建一个新型的课程体系，一直是山东大学电气工程学院努力探索、积极实践的核心。大学在应对社会发展提出的新要求时，往往以课程为突破口，注重通过改革大学课程结构、增设新的课程来增加新的职能，满足社会的需求，进而达到改革高等教育的目的。目前，山东大学电气工程及其自动化专业的课程体系如表 9-14 所示(部分小专业方向未列出)。

表 9-14　山东大学电气工程及其自动化专业的课程体系

课程类别	课程名称	专业方向
通识教育课程	高等数学、线性代数、大学物理、复变函数与场论、概率论与数理统计、工程制图、计算机技术基础、大学英语、思想道德修养、近代史纲要、马克思主义基本原理、军事理论、体育	
专业大类基础课程	电路、电磁场、电子技术、单片机原理与应用、自动控制理论、信号与系统	
专业基础课程	电气工程基础、电机学、电机设计、电力电子技术	
专业方向课程	电力系统分析、电力系统继电保护、电力系统自动控制技术等	电力系统及其自动化
	电力系统过电压、高电压绝缘技术、高电压试验技术等	高电压与绝缘技术
	电力电子装置及应用、电力电子自动控制等	电力电子与电气传动
	微特电机、永磁电机、电力拖动自动控制系统等	电机与电器

结合建设全球能源互联网对人才素质的新要求，现从以下三个方面对课程体系进行改进。

1）改善课程体系的连贯性与整体性

当前的基础理论教学存在碎片化严重、整体性欠缺的弊端，培养对象难以站在全局的层面看待电力系统作为一个有机整体在实际过程中的运维、控制和保护等各环节的问题，这与全球能源互联网所要求的电力系统全球性的大局观是不相符的。为此，可针对具体的实验案例或模拟电网事故，开设综合多门专业课程内容的研究性课题，并指导学生自主地对实验或仿真结果进行探索分析，从而将课程内容有机地串联起来。

以“电力系统分析”这门课程为例，可在教学过程中设置研究性教学环节，从模拟电网某个实际故障出发，分析故障处的故障电流、重构网络的潮流计算、继电保护动作情况、发电机暂态过程和调频措施、故障信号通信过程等电网实际运行控制过程。这一教学环节将涉及电力系统分析、电力系统继电保护、电机学、电力系统自动化和电力通信等多门课程的理论知识，不仅可以有效增强各门专业课程的联系，也帮助学生对所学知识学以致用，加深理解。

2）把握工程实际与学科前沿，增强课程内容的实用性

部分课程的教学内容虽然能够适应过去或当前电力发展对于电气工程人才的要求，但是已经无法满足全球能源互联网这一特大型电网的应用与创新需求，因此在实用性方面有所欠缺。此外，电气设备更新换代迅速，技术含量不断提升，如果相应的课程内容不能与时俱进，必将造成教学与实际的脱节，因此应当及时对课程内容进行更新，更多地考虑电力行业实际的应用需求。例如，可将“单片机原理与应用”升级为“DSP 原理及其应用”，因为当前越来越多的电力系统智能控制应用是采用 DSP 器件完成的，DSP 器件取代单片机的时机已经成熟；在“数据库技术及应用”中，除了保留原有的数据库原理、技术与方法，还应更多地涉及大数据的数据存储、处理和挖掘等大数据技术；在“电机学”“高电压绝缘技术”等面向实际电气设备的课程中，在保留核心理论知识的基础上，更多地吸收和反映最新的专业创新技术与成果。

3）体现知识结构的综合性与交叉性

根据前面所述的“新需求”，分别增设相应的课程，帮助学生迎接新能源革命所带来的挑战。增设课程“能源与环境”，主要介绍世界能源发展与环境变化的内在关系、现状与发展趋势以及全球能源观的基本内涵，帮助培养对象树立大的能源观与环境观；增设课程“国际政治关系、地缘关系概论”，主要介绍国际关系史、国际关系理论和地缘政治理论的基本内容，并探讨以上理论在全球能源开发利用问题中的应用；增设课程“国际贸易与国际贸易法概论”，主要介绍国际经济学、国

际贸易和国际贸易法的基本概念与理论，帮助培养对象在今后以电能作为商品的国际贸易中正确贯彻我国对外贸易的方针政策和经营意图，确保最佳经济效益；大力开展“新能源发电技术”“智能电网概论”“智能电网中的储能技术”“高压直流输电技术”等与全球能源互联网电源、电网和储能技术紧密联系的课程，帮助学生提升适应学科和行业迅速发展的能力，为全球能源互联网技术创新打下坚实的基础[2]。

9.3.3　开放、综合、研究环境下的教学创新

1)开放环境下的教学创新

山东大学根植于齐鲁大地，受益于儒家文化，形成了积淀深厚的文化底蕴和扎实朴实的学风校风。在经济、科技和教育国际化的今天，更需要以强烈的开放意识和宽广的国际视野，推进电气工程人才培养改革，充分利用国内外优质教育资源，优势互补，合作共赢，在开放的环境中增强学生的创新意识和创新能力。

(1)增加学生的“三种经历”。

山东大学大力推进和增加学生的“三种经历”，即第二校园学习经历、海外学习经历和社会实践经历，收到良好的成效。迄今为止，山东大学已与武汉大学、华中科技大学等 26 所重点大学签订了全面合作和学生访学协议，各自选择对方的优势学科互派学生，开展跨地域、高水平、大规模、长周期的校际合作，第二校园经历成为我国高校合作办学的重要形式和教育教学改革的新亮点，每年近 700 名山东大学学生到兄弟高校学习，山东大学接访的学生每年也达 700 人。山东大学电气工程学院与华中科技大学、西安交通大学等高校的电气学院进行人才合作培养，在这期间，交流生不仅可以学习合作院校的优质课程，体验合作院校的教育特色和学术氛围，而且受到了潜移默化的开放、交叉、创新的教育。

山东大学大力推进本科生“海外学习经历”，注重拓宽学生国际化视野。现与 19 个国家和地区的 72 所高校开展本科生交换培养，学生主要派往美国、英国、德国、法国、瑞典、澳大利亚、日本、韩国、新加坡等国家以及中国台湾、香港地区。在推进学生海外学习经历方面，山东大学电气工程学院借助不断拓展的国际交流合作网络，派本科生到海外名校实习。除此之外，还与德国奥格斯堡应用技术大学合作开展毕业设计交流项目，在这里本科生与硕士博士研究生一同在实验室学习，营造了一种没有学位界限的学术氛围，体验与国内不一样的学习环境。德国的教育体制在世界上以严苛著称，不仅体现在复杂的学制上，更体现在教学的严格要求上，在毕业设计进行期间学生可以养成更为严谨的学习态度和作风。

山东大学要求 100%的学生都参与社会实践。以一年级学生感恩父母、二年级学生接触社会、三年级学生专业实习、四年级学生毕业实习为主题规划设计学生的社会实践活动。

(2) 精心组织暑期学校。

培养复合型人才，关键在于形成自由、多样、开放的学习环境和氛围，为学生的自主学习、个性发展创造条件。基于这样的思想，山东大学按照“精品化、国际化、创新型、开放式”的目标和“邀请海外名师、面向校外开放，紧追学术前沿、强化实践环节，培养创新能力、提高专项技能”的总体要求，自 2004 年开始在国内高校率先开办暑期学校。山东大学开办的暑期学校充分体现了开放性特征，每年有超过 12000 名校内大学生参与。暑期学校的“自助餐”项目丰富多彩，大师授课和专家讲座、综合创新实验、创新大赛训练、专项技能培训，尽可能满足了学生的不同需求和选择。精心组织的暑期学校受到了学生的欢迎，灵活多样的项目为学生的个性化发展提供了舞台，教师的个性化指导和学生的自由探索使学生受益颇多。不少学生甚至带着部、校、院级大学生创新项目进入开放实验室，有的学生取得了较高层次的科研成果。

(3) 加强教育拓展。

山东大学在教育教学中实施教育拓展，面向中学不拘一格选拔人才，为培养创新人才奠定优秀生源基础。在招生过程中，按大类招生，学生在第一学年末选、转学科大类，第二学年末自主选择专业，体现了以人为本的理念。允许保送生提前一年入校选修学分，进国家基础人才培养基地班。

2) 综合环境下的教学创新

如何发挥电气工程学科优势，促进学科交叉融合，培养宽口径、复合型、新兴学科人才，营造浓郁的科学人文环境，是需要学校认真研究和亟待解决的问题。山东大学通过对国内外兄弟院校进行调研，组织校内各院系专家座谈、讨论，达成了合校后优势资源共享、整体构建学科类人才培养方案的共识。对学科综合环境下的教育教学创新举措如下。

(1) 着力改革建设平台课程。

学校多年来一直按照“宽口径、厚基础、强素质、重能力”的思路，着力建设公共基础课、专业基础课、专业课、通识核心教育课等 4 大类课程。在公共基础课层面，重点抓大学英语的分级教学、分类教学和自主学习改革试点，着力建设延伸性选修课程等特色课程，计算机系列课程的网上考试、免修跳级和后期模块课程的教学改革，大学数学的立体化教材建设和教学改革，学生普遍受益。在专业基础课层面，在以往集中建设学科门类口径的专业基础课基础上，与宽口径招生相匹配，2005 年和 2009 年两次修订教学计划，逐步形成医科、工科、人文、社科等课程大平台，体现通专结合、夯实基础的思想。在通识核心教育课层面，山东大学发挥人文学科优势，面向全校本科生开设“中华民族精神概论”和“传统文学修养”等文化素质必修课，开设了种类繁多、适合不同学科学生需要的通选课程，创造条件鼓励学生跨院选课、跨校区选课，受到学生的普遍欢迎。山东大学将进一步实施政策倾斜，挖掘校内教师潜力，聘请校外兼职教师，开设更多品种、学生欢迎的通选课程，满足学生的需要。

(2) 创建大学校园文化。

山东大学电气工程学院结合大学文化建设，已形成了“稷下风”“四季风”等多类文化品牌。人文、医学、理工等专业的学生共享文化资源，如人文社科、经济、法律等专业的学生欣赏“科学畅想”，医学、理工科学生品味“人文纵横”，畅谈学业、话说人生，春风化雨、润物无声。山东大学不仅学术讲座丰富多彩，学生社团也十分活跃，学生专业实践与校园文化活动融为一体。

3) 研究环境下的教育教学创新

山东大学具有良好的师资、实验室、图书、网络等条件，历来重视理论与实践、实习、实验相结合的教学，为培养适应时代的发展和经济建设所需要的创新性人才，学校拓展了研究环境下的教育教学方面的探索，并取得了成效。

(1) 实施科研立项，促进教学内容与教学方法的改革。

积极开展创新性教育和创业教育教学研究，形成“以立项促教改，以教改助教学”的良性循环。每年结合省级、国家部级立项课题，学校专设一批教改项目，以骨干教师的精品课程为主带动教学改革。教师通过教研立项的研究促进了课程教学改革，教学内容的改革推动了学生的创新性思维。

教学方法的改革成为我校教育教学改革的重点内容。学校各院系推行考试方法多元化改革，口试与笔试结合，开卷与闭卷结合，平时与期末结合，课堂考试与实践实验结合，在一定程度上推动了教学方法的改进，其中，公共政治课、外语、计算机的考试方法都进行了不同程度和方法的改进。山东大学还推广应用讨论式教学法、案例教学法和 PBL (problem/project based learning) 教学法，通过信息传递、师生互动、学生主动，推进了教改，改善了效果。

(2) 依托国家重点实验室，加强学生的创新能力培养。

不仅要重视学生学科、理论知识的培养和教育及教学方式方法的改革，要把加强学生实践、实验和实习环节的训练，作为创新能力培养手段来抓。对理工类专业的学生，重点依托学校工程训练中心、临床技能培训中心、国家及省部级重点实验室作为实习、实验、实训基地。

(3) 政策激励科技创新活动。

学校为学生的科技创新活动给予政策上的支持。为着力培养创新性人才，各学院调动了教师和学生参与，教师付出的是热情和精力，学生获得的是创新兴趣。例如，请教师讲授“发明学”课程，给予学生专业指导，提供创新基金、训练空间等。学校的工程训练中心、数学学院、控制科学与工程学院的教师在指导学生方面不辞辛劳，使学生在多次挑战杯、数学建模、电子设计、机器人等大赛中获得卓越成绩。学校承办的2006年“挑战杯”决赛、山东省机械设计作品大赛、艺术设计作品展中，学生的创新才艺都得到了充分展示[3]。

4) 导师制建设

实行本科生导师制是配合高等教育改革的一项创新性关键机制，是继辅导员、班主任之后重要的人才培养资源的补充，弥补了以往学生教育管理中缺少的个性化服务，为学生的个性发展提供了平台，为创新人才的培养打下了坚实的基础。

导师不仅是知识的传授者，更是获取知识的引导者，换言之，导师应成为当代的“伯乐”。导师的重点工作是解决学生的个性化发展中存在的方向性、学术性以及学与用、传承与创新的深层次问题，引导学生获得自身发展所需的知识储备，为后期发展创造有利的机遇空间。

9.3.4 切实强化实践性教学

实践是创新的基础，实践教学是教学过程中的重要环节。构建科学合理培养方案的一个重要任务是要为学生构筑一个合理的实践教学体系，并从整体上策划每个实践教学环节。应尽可能为学生提供综合性、设计性、创造性比较强的实践环境，使每个学生在4年中能经过多个实践环节的培养和训练，不仅培养学生扎实的基本技能与实践能力，而且对学生的综合素质大有好处。在实践方面，山东大学电气工程学院努力践行“卓越工程人才”培养的指导思想。

目前，山东大学电气工程专业的实践教学主要包括课程实验、课程设计、生产实习、毕业设计和课外科技活动等环节。首先，对于课程实验部分，其实验内容多为贯穿专业基础课和专业课的验证性实验，缺乏综合型与创新型实验，学生的主观能动性不强，没有对所学知识灵活运用，难以在此教学环节培养学生的创新意识。因此应当适当减少课程实验中的验证性实验，鼓励并引导学生更多地进行研究设计性实验，由学生自主设计实验项目，充分调动学生的积极性和创造能力；努力搭建或完善包含新能源发电和储能等电气工程学科新方向的实验平台，为科学研究和技术创新提供良好的实践环境。其次，对于生产实习部分，山东大学已建立了多个专业实践基地，涵盖火力发电企业，变压器、电动机制造企业，以及多家电网设计单位，帮助学生对电力企业生产过程获得感性认识。为使学生对全球能源互联网形成更加具体的认识，了解建设全球能源互联网的研究与实践基础，可组织学生对特高压示范工程、风光储输示范工程、智能变电站等最新研究实践成果进行参观。针对人才需求，借鉴人才培养改革思路，一套更为完善的实践教学体系可以用“一个教学理念、两个培养阶段、三项具体措施”来概括。

1) 一个教学理念

工程能力培养与基础理论教学并重的教学理念，把工程化教学和职业素质培养作为人才培养的核心任务之一，通过全面改革人才培养模式、调整课程体系、充实教学内容、改进教学方法，建立电气工程专业的工程化实践教学体系。

2) 两个培养阶段

把人才培养阶段划分为工程化教学阶段和企业实训阶段。在工程化教学阶段，一方面对传统课程的教学内容进行工程化改造，另一方面根据合格电气工程人才所应具备的工程能力和职业素质专门设计阶梯状的工程实践学分课程，从而实现实践课程体系的工程化改造。在企业实训阶段，要求学生参加一年全时制企业实习，在真实环境下进一步培养学生的工程能力和职业素质。如果实习单位有合适的课题，毕业设计可以在校外导师的指导下进行。

3) 三项具体措施

按照人才培养基本要求，教学计划是一个整体。实践教学体系只能是整体计划的一部分，是一个与理论教学体系有机结合的、相对独立的完整体系。只有这样，才能使实践教学与理论教学有机结合，构成整体。

(1) 建立“3+1”人才培养模式下的实践教学体系。为了加强电气工程专业的实践性环节，增强学生适应能力，构建以通识教育为基础、能力培养(实践能力、创新能力)为重点、特长培养为特色的“三位一体”人才培养模式，实现“基础+实践+专长”相结合的人才培养目标，需要构建“3+1”人才培养模式。所谓“3+1”人才培养模式就是指学生前三年在校接受基础知识和专业知识的学习，并掌握一定的实践和创新能力，为以后的发展打好基石。在这一培养阶段，会穿插短期企业参观实习，接触实际工程，对工程形成初步认识。然后在第四年安排企业岗位实习，根据自身实际情况跟随校内或校外导师的指导进行毕业设计。

(2) 改革实践教学的考核方法。目前高校电气实验课往往以出勤和最后的实验报告作为考核依据，这样的评价体系往往纵容了学生的惰性心理，很多学生表面上完美地完成了实验任务，实际上本身能力没有提高。因此，应当建立健全科学合理的实验评价体系，将实验过程中的思路和效果也要纳入评价体系中来，加强学生在实验过程中的实践能力和创新意识的培养，达到实验本身的目的[4]。

(3) 构建校外实习基地，实现校内外相结合的实习形式。电气工程专业具有很强的实践性，对电气工程专业理论、方法的理解与研究，都必须建立在掌握实际现场电气工程技术的需求与发展的基础上。在原有的金工实习的基础上建设校内工程实践中心，设立支撑活动的实践场所，使得校内实践教学更加符合工程实际。

另外山东大学电气工程学院与上海电机厂、华电邹县发电厂、山西王曲发电厂和山东电力集团公司等实施联合培养计划，以跟班学习、听专题讲座、阅读技术资料、参观等方式进行实践学习，通过现场技术人员对学生的指导，起到理论与实践相结合的支撑作用。

9.4 本章小结

本章首先介绍了国家“985 工程”“211 工程”重点建设高校山东大学以及山东大学电气工程学院的发展概况，然后从近 5 年电气本科人才输出的角度分析了电气工程人才培养的基本情况，并从培养方案、师资队伍和培养特色等方面全方位阐述了电气工程学院人才培养的现状，着重介绍了卓越工程师人才培养计划。基于构建全球能源互联网背景下的人才培养新需求和人才培养框架，根据山东大学现有的资源，从培养目标、课程体系、理论和实践教学等方面提出了电气工程人才培养新探索的建议。

参考文献

[1] 山东大学电气工程学院. 山东大学电气工程及其自动化专业卓越工程师培养方案. 2010.

[2] 张恒旭. 全球能源互联网人才培养之三: 适应全球能源互联网需求的人才培养框架建议(待发表).

[3] 樊丽明, 王仁卿. 开放、综合、研究环境下的创新人才培养模式探索——山东大学的本科教学模式改革[J]. 中国大学教学, 2009, (11): 14.

[4] 钟建伟. 校企合作构架下电气工程人才培养实践教学体系的研究[J]. 湖北科技学院学报, 2015, (5): 162-164.